建筑工程制图识图快速上手系列

建筑设备工程制图识图实例导读

谢 慧 主编

机 械 工 业 出 版 社

本书系统地介绍了采暖空调、建筑给水排水、建筑电气工程、冷热源机房的制图标准和识图方法。

本书收集图纸量多，介绍详细，涉及范围广，可作为高等院校建筑环境与设备工程专业、给水排水专业学生的教材，也可供采暖空调、给水排水、建筑电气的设计、施工、预算及管理人员参考使用。

图书在版编目（CIP）数据

建筑设备工程制图识图实例导读/谢慧主编. —北京：机械工业出版社，2010.3（2015.1重印）

（建筑工程制图识图快速上手系列）

ISBN 978-7-111-29801-4

Ⅰ.①建… Ⅱ.①谢… Ⅲ.①房屋建筑设备—建筑制图②房屋建筑设备—识图法 Ⅳ.①TU8

中国版本图书馆 CIP 数据核字（2010）第 028087 号

机械工业出版社（北京市百万庄大街 22 号 邮政编码 100037）

策划编辑：范秋涛 责任编辑：范秋涛 版式设计：张世琴

责任校对：陈立辉 封面设计：王伟光 责任印制：乔宇

北京画中画印刷有限公司印刷

2015 年 1 月第 1 版第 3 次印刷

184mm×260mm · 12.5 印张 · 306 千字

标准书号：ISBN 978-7-111-29801-4

定价：28.00元

前　言

近年来，我国国民经济的蓬勃发展，带动了建筑行业的快速发展，许多大楼拔地而起，随之而来的是对建筑设计、施工、预算、管理人员的大量需求。这些工程技术人员迫切需要一本既浅显易懂，又比较系统、全面地介绍建筑设备工程图纸识读方法的图书。为此，我们编写了本书。

建筑设备工程包括建筑给水排水、采暖、燃气、通风、空调、冷热源机房、建筑电气等内容。本书从这几个方面出发，力求做到系统、全面、实用。书中收集图纸量多、介绍详细、涉及范围广，可作为高等院校建筑环境与设备工程专业、给水排水专业学生的教材，也可供采暖空调、给水排水、建筑电气的设计、施工、预算及管理人员参考。

在识读建筑设备施工图之前，应先了解建筑施工图的相关知识。本书共分为八章，第 1 章主要介绍了建筑施工图的基础知识，如图纸的相关知识、尺寸标注、图样画法等，另外介绍了建筑总平面图、平面图、立面图、剖面图及详图的识读方法和实例解读；第 2 章简单介绍了建筑设备工程图的基本规定和主要内容；第 3 章主要介绍了建筑给水排水工程以及建筑给水排水施工图的识读方法和实例解读；第 4 章主要介绍了采暖工程以及采暖施工图的识读方法和实例解读；第 5 章主要介绍了空调通风工程以及空调通风施工图的识读方法和实例解读；第 6 章主要介绍了空调冷热源以及锅炉房、制冷机房施工图的识读方法和实例解读；第 7 章主要介绍了建筑燃气工程以及燃气施工图的识读方法和实例解读；第 8 章主要介绍了建筑设备控制电路图和建筑电气工程图的实例解读。

北京科技大学设备系刘寿松、刘亚昱、吉玉保、甘晓爱、朱文亮、张淼、魏文丁等同学在本书编写过程中帮助整理了大量资料和排版工作，在此表示衷心的感谢！

由于编者水平有限，有不妥和错误之处恳请读者给予批评指正。

编　者

2009. 12

目　　录

第1章　建筑制图的基本知识

《房屋建筑制图统一标准》（GB/T 50001—2001）是房屋建筑制图的基本规定，适用于总图、建筑、结构、给水排水、暖通空调、电气等各专业制图。本章主要介绍房屋建筑制图统一标准中对制图的各项规定，一些常用的建筑和建筑材料的图例以及建筑图的识读方法。

1.1　图纸

1.1.1　图幅和图框

图纸幅面即图纸大小，图框是图纸上所供绘图范围的边线。为了便于图纸的装订、查阅和保存，满足图纸现代化管理要求，图纸的大小规格应力求统一。工程图纸的幅面尺寸应符合表1-1的规定。图纸的标题栏（简称图标）、会签栏及装订线的位置应按规定布置，如图1-1所示。

表1-1　图纸幅面尺寸　（单位：mm）

幅面尺寸＼幅面代号	A0	A1	A2	A3	A4
$b \times l$	841 × 1189	594 × 841	420 × 594	297 × 420	210 × 297
c	10			5	
a	25				

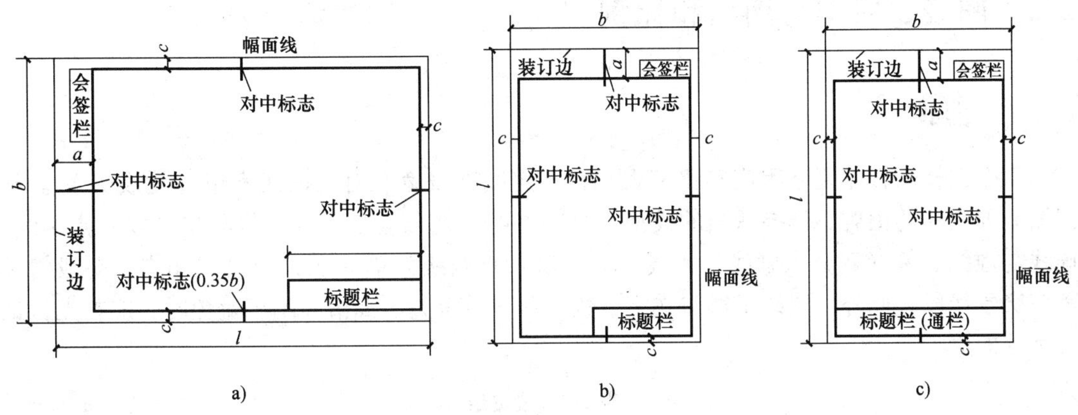

图1-1　图纸布置

a）A0～A3横式幅面　b）A0～A3立式幅面　c）A4立式幅面

图纸的短边一般不应加长，长边可以加长，但应符合表1-2的规定。图纸以短边作为垂直边称为横式，以短边作为水平边称为立式。一般A0～A3图纸宜横式使用。一个工程设计中，每个专业所使用的图纸，一般不宜多于两种幅面，目录及表格所采用的 A4 幅面不计入在内。

表 1-2 图纸幅面的加长尺寸 （单位：mm）

幅面代号	长边尺寸	长边加长后尺寸
A0	1189	1486 1635 1783 1932 2080 2230 2378
A1	841	1051 1261 1471 1682 1892 2102
A2	594	743 891 1041 1189 1338 1486 1635 1783 1932 2080
A3	420	630 841 1051 1261 1471 1682 1892

1.1.2 图标

图纸的标题栏（简称图标）、会签栏及装订线的位置如图 1-1 所示，标题栏和会签栏的尺寸及内容如图 1-2 所示。

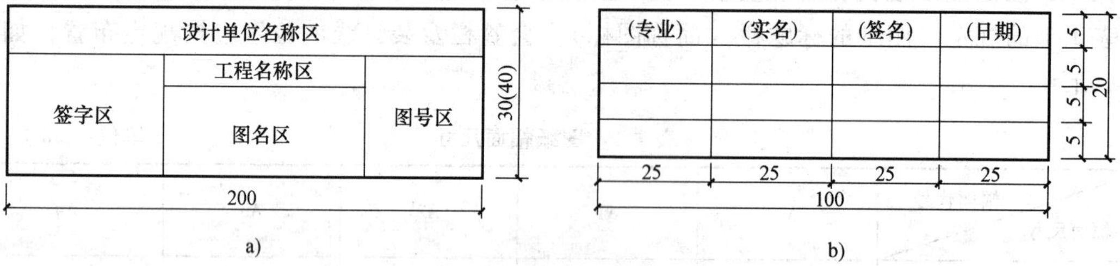

图 1-2 图纸尺寸及内容

a）标题栏 b）会签栏

1.2 图线、字体与图名和比例

1.2.1 图线

每个图样应根据复杂程度和比例大小，选定基本线宽和对应的线宽组（见表 1-3）。根据图线要表达的内容，选择适当的线型（见表 1-4）。虚线与实线、虚线与单（双）点画线、虚线与虚线、单（双）点画线与实线、单（双）点画线与单（双）点画线相交，一般情况都应交于线段。此外，图线不得与文字、数字和符号重叠、混淆，不可避免时，应首先保证文字等的清晰。

表 1-3 线宽组 （单位：mm）

线宽比	线宽组					
b	2.0	1.4	1.0	0.7	0.5	0.35
$0.5b$	1.0	0.7	0.5	0.35	0.25	0.18
$0.25b$	0.5	0.35	0.25	0.18	—	—

表 1-4　线型

名称		线　　型	线宽	用　　途
实线	粗		b	主要可见轮廓线
	中		0.5b	可见轮廓线
	细		0.25b	可见轮廓线、图例线
虚线	粗		b	见有关专业制图标准
	中		0.5b	不可见轮廓线
	细		0.25b	不可见轮廓线、图例线
单点长画线	粗		b	见有关专业制图标准
	中		0.5b	见有关专业制图标准
	细		0.25b	中心线、对称中心线等
双点长画线	粗		b	见有关专业制图标准
	中		0.5b	见有关专业制图标准
	细		0.25b	假想轮廓线、成型前原始轮廓线
折断线			0.25b	断开界线
波浪线			0.25b	断开界线

1.2.2　字体

字体是指图中文字、字母、数字的书写形式。字高从下列序列中选用：3.5mm、5mm、7mm、10mm、14mm、20mm。如需书写更大的字，其高度应按$\sqrt{2}$的比值递增。

汉字应采用简化汉字，书写成长仿宋字体。长仿宋字体的字高与字宽的比例大约为10:7（或 3:2）。

拉丁字母及数字（包括阿拉伯数字和罗马数字及希腊字母）有一般字体和窄字体两种，其中又有直体字和斜体字之分。如需写成斜体字，其斜度应是从字的底线逆时针向上倾斜75°，斜体字的高度与宽度应与相应的直体字相等。拉丁字母、阿拉伯数字与罗马数字的字高，应不小于 2.5mm。

分数、百分数和比例数的注写应采用阿拉伯数字和数学符号，例如：3/4、25%、1:20。当注写的数字小于 1 时，必须写出个位的“0”，例如：0.01。

1.2.3　图名和比例

图样的比例为图形与实物相对应的线性尺寸之比。比例宜注写在图名的右侧，字的基准线应取平；比例的字高宜比图名的字高小一号或二号。图名和比例的书写如图 1-3 所示。绘图所用比例应根据图样的用途与被绘对象的复杂程度，从表 1-5 中选用，并优先选用常用比例。

平面图 1:100　　⑥ 1:20

图 1-3　图名和比例的书写

表 1-5 绘图比例

常用比例	1:1、1:2、1:5、1:10、1:20、1:50、1:100、1:150、1:200、1:500、1:1000、1:2000、1:5000、1:10000、1:20000、1:50000、1:100000、1:200000
可用比例	1:3、1:4、1:6、1:15、1:25、1:30、1:40、1:60、1:80、1:250、1:300、1:400、1:600

1.3 定位轴线

定位轴线是用来确定主要承重构件（墙、柱、梁）位置及尺寸标注的基准。定位轴线为细点画线。定位轴线编号注写在轴线端部的圆内。圆应用细实线（0.25*b*）绘制，直径为 8～10mm。定位轴线的编号宜标在图样的下方和左侧。横向或横墙编号为阿拉伯数字，从左到右；竖向或纵墙编号用拉丁字母，自下而上，如图 1-4 所示。

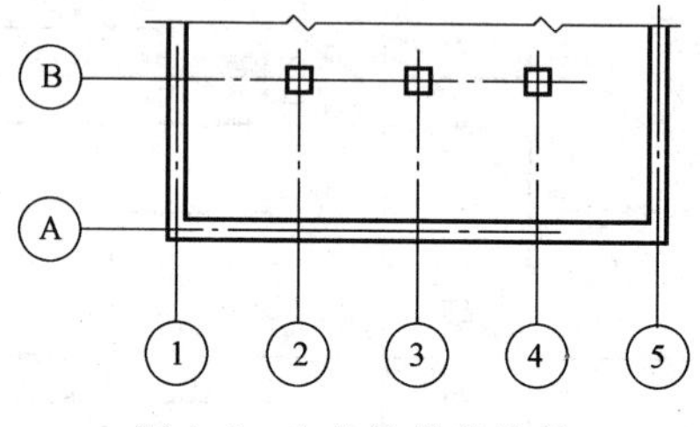

图 1-4 定位轴线的编号

在两个定位轴线之间，如需附加定位轴线时，其编号可用分数表示。并应按下列规定编写：

1）两根轴线间的附加轴线，应以分母表示前一轴线的编号，分子表示附加轴线的编号，编号宜用阿拉伯数字顺序编写，例如：

1/2 表示 2 号轴线之后附加的第一根轴线。

3/C 表示 C 号轴线之后附加的第三根轴线。

2）1 号轴线或 A 号轴线之前附加轴线的分母应以 01 或 0A 表示，例如：

1/01 表示 1 号轴线之前附加的第一根轴线。

3/0A 表示 A 号轴线之前附加的第三根轴线。

一个详图适用几根轴线时，应同时注明各有关轴线的编号；通用详图中的定位轴线，应只画圆，不注写轴线编号，如图 1-5 所示。

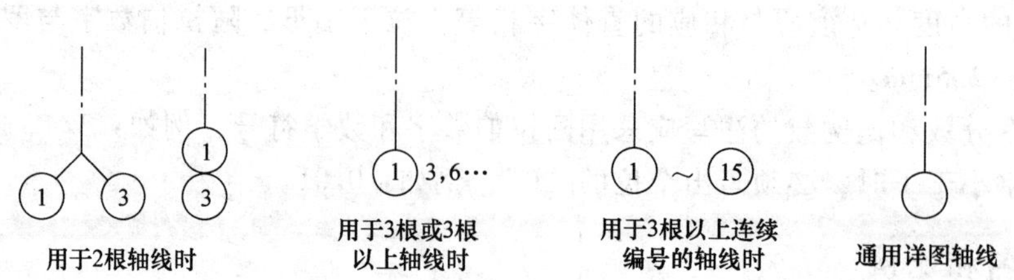

图 1-5 详图的轴线编号

组合较复杂的平面图中定位轴线也可采用分区编号，编号的注写形式应为“分区号——该分区编号”，如图 1-6 所示。分区号采用阿拉伯数字或大写拉丁字母表示。

圆形平面图中定位轴线的编号，其径向轴线宜用阿拉伯数字从左下角开始，按逆时针顺序编写；圆周轴线用大写拉丁字母自外向内顺序编写，如图 1-7 所示。折线形平面图中定位轴线编号可按图 1-8 所示进行编写。

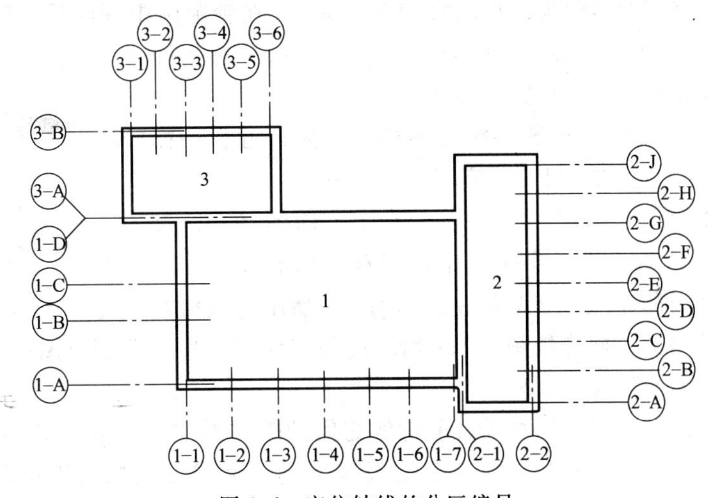

图 1-6　定位轴线的分区编号

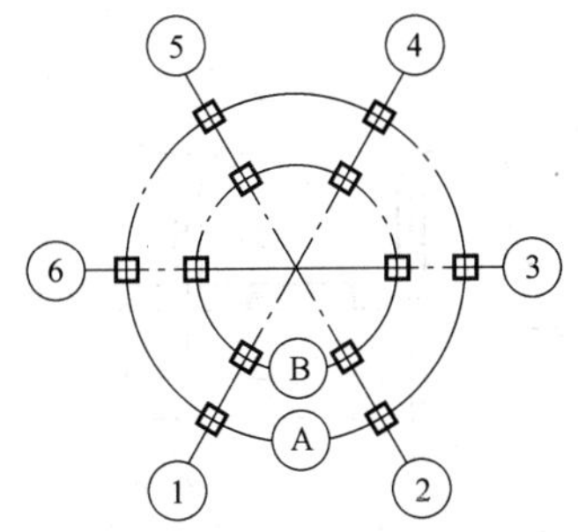

图 1-7　圆形平面图定位轴线编号

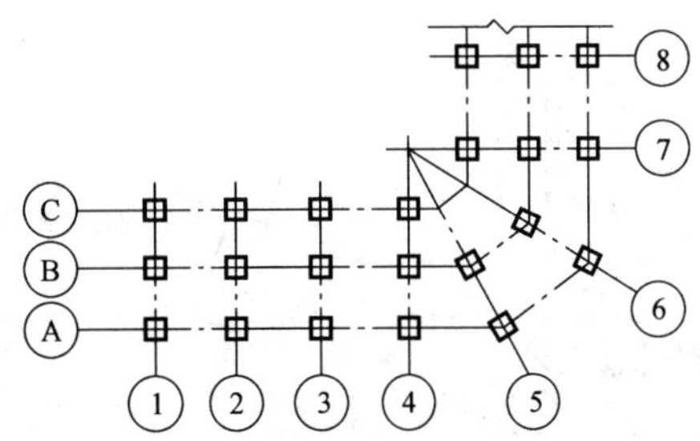

图 1-8　折线形平面图定位轴线编号

1.4　尺寸标注

1.4.1　尺寸的组成

图样上的尺寸标注包括尺寸界线、尺寸线、尺寸起止符号和尺寸数字，如图 1-9 所示。

(1) 尺寸界线　用细实线绘制，与被注长度垂直，其一端应离开图样的轮廓线不小于 2mm，另一端应超出尺寸线 2 ~ 3mm。必要时可利用图样轮廓线、中心线及轴线作为尺寸界线。

(2) 尺寸线　用细实线绘制，并与被注长度平行，与尺寸界线垂直相交，但不宜超出尺寸界线外。图样轮廓线以外的尺寸线，距图样最外轮廓线之间距离不宜小于 10mm，

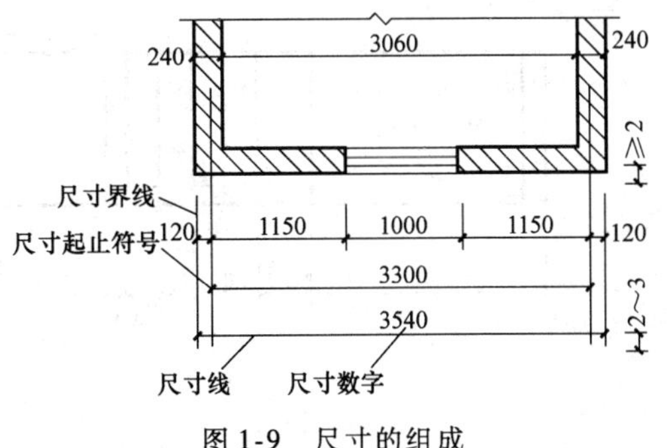

图 1-9　尺寸的组成

平行排列的尺寸线的间距为 7 ~ 10mm，并应保持一致。图样上任何图线都不得用作尺寸线。

（3）尺寸起止符号　用中粗短斜线绘制，并画在尺寸线与尺寸界线的相交处，其倾斜方向应与尺寸界线成顺时针 45°角，长度宜为 2 ~ 3mm，在轴测图中标注尺寸时，其起止符号宜用小圆点。半径、直径、角度与弧长的尺寸起止符号宜用箭头表示，箭头的画法如图 1-10 所示。

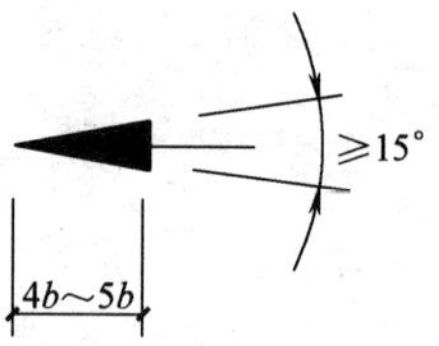

图 1-10　箭头尺寸起止符号

（4）尺寸数字　用阿拉伯数字标注图样的实际尺寸，一律以毫米（mm）为单位，图上尺寸数字不再注写单位。

尺寸数字一般注写在尺寸线的中部。水平方向的尺寸，尺寸数字要写在尺寸线的上面，字头朝上；竖直方向的尺寸，尺寸数字要写在尺寸线的左侧，字头朝左，如图 1-9 所示；倾斜方向的尺寸，尺寸数字的方向应按图 1-11a 所示的规定注写，尺寸数字在图中所示 30°影线范围内时可按图 1-11b 的形式注写。

图样轮廓以外的尺寸线距图样最外轮廓线之间的距离不宜小于 10mm，平行排列的尺寸线的间距宜为 7 ~ 10mm，并保持全图一致。总尺寸的尺寸界线应靠近所指部位，中间的尺寸界线可稍短，但其长度要相等，如图 1-12 所示。

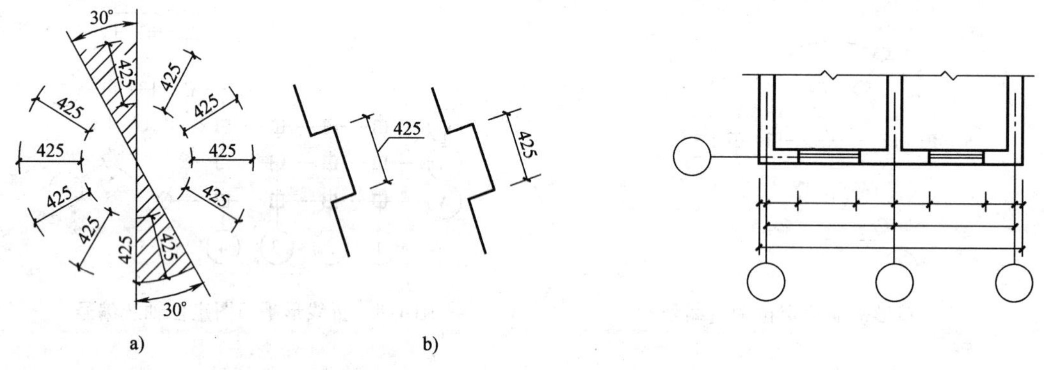

图 1-11　尺寸数字的书写方向

图 1-12　尺寸排列

尺寸数字如果没有足够的注写位置时，两边的尺寸可以注写在尺寸界线的外侧，中间相邻的尺寸可以错开注写，如图 1-13a 所示。尺寸宜标注在图样轮廓之外，不宜与图线、文字及符号等相交，如图 1-13b 所示。

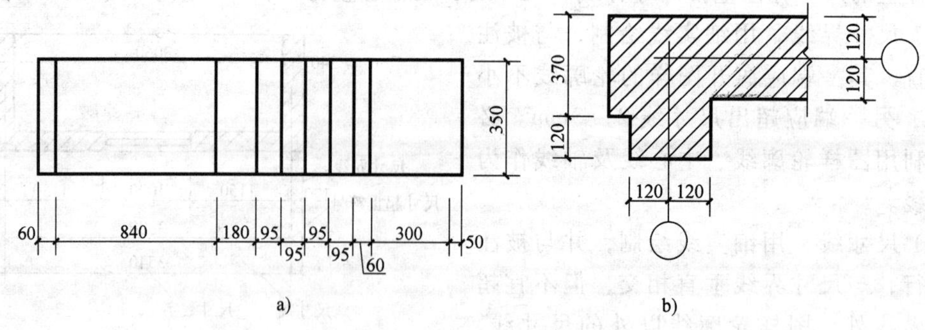

图 1-13　尺寸数字的注写位置

1.4.2　常见图形的尺寸标注

圆、球、圆弧等常见图形的尺寸标注见表 1-6。

表 1-6　尺寸标注示例

标注内容		示　例	备　注
半径	一般	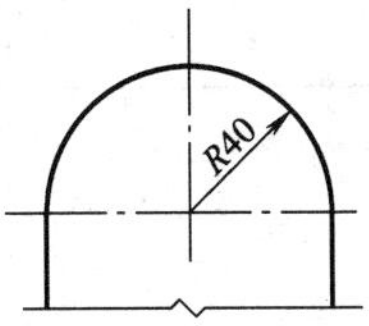 R40	半径的尺寸线应一端从圆心开始，另一端画箭头指向圆弧，半径数字前加注半径符号"*R*"
	较大	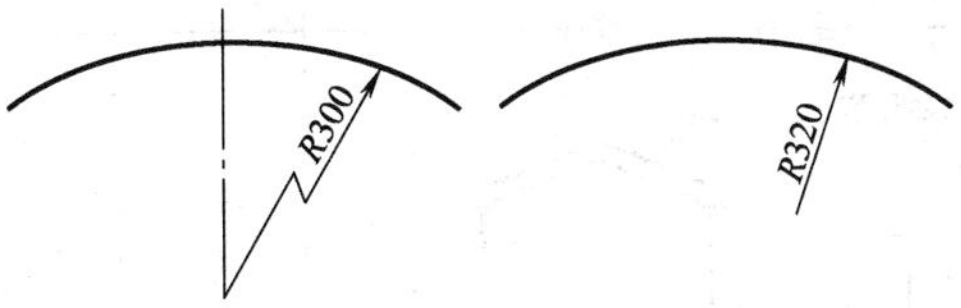 R300　R320	
	较小	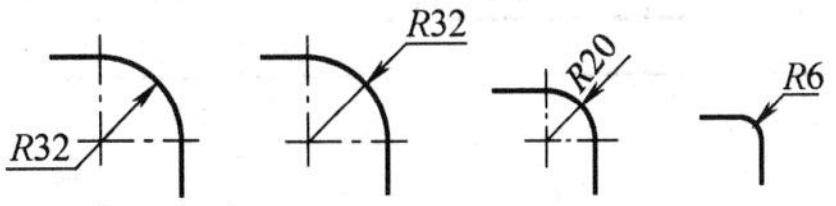 R32　R32　R20　R6	
直径	一般	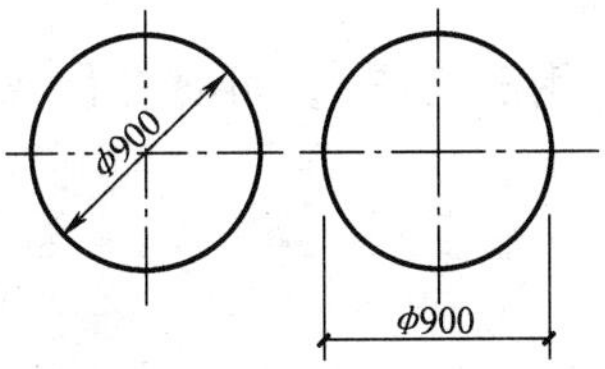 φ900　φ900	圆的尺寸前标注直径符号"φ"，圆内标注的尺寸线应通过圆心，两端画箭头指至圆弧
	较小	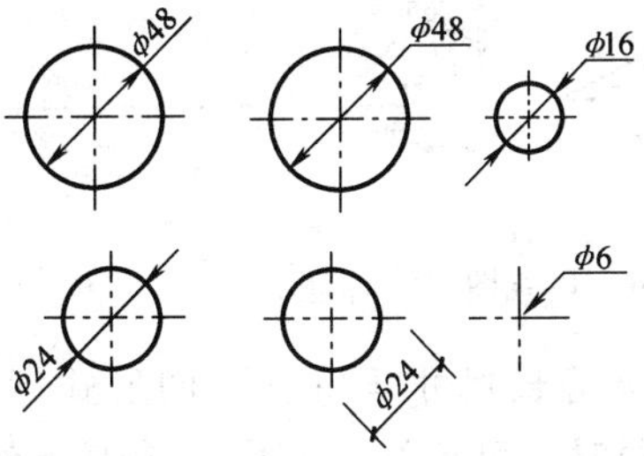 φ48　φ48　φ16　φ24　φ24　φ6	
球		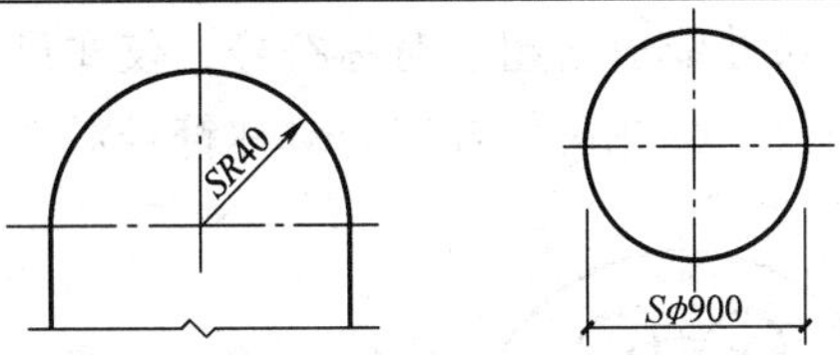 SR40　Sφ900	标注球的半径、直径时，应在尺寸前加注符号"*S*"，即"*SR*"、"*S*φ"，注写方法同圆弧半径和圆直径
角度		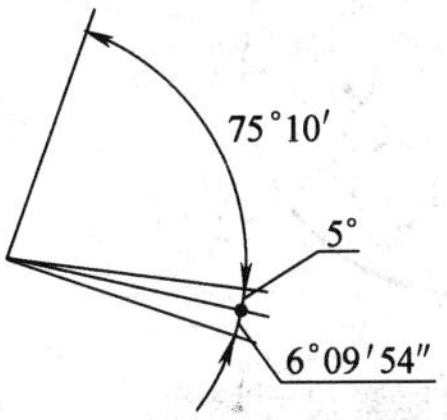 75°10′　5°　6°09′54″	角度的尺寸线应以圆弧表示，圆弧的圆心应是该角的顶点，角的两条边为尺寸界线，起止符号用箭头表示，若没有足够位置画箭头，可用圆点代替，角度数字应按水平方向注写

（续）

标注内容	示　例	备　注
弧长	$\overset{\frown}{120}$	标注圆弧的弧长时，尺寸线为与该圆弧同心的圆弧线，尺寸界线垂直于该圆弧的弦，起止符号用箭头表示。弧长数字上方应加圆弧符号“⌒”
弦长	113	标注圆弧的弦长时，尺寸线应平行于该弦的直线，尺寸界线垂直于该弦，起止符号用中粗斜短线表示
坡度	2%　1:2　2.5　2%	坡度符号为单面箭头，箭头指向下坡方向

1.4.3　尺寸的简化标注

一般的单线图（如管线图、桁架简图、钢筋简图），可将杆件或管线长度的尺寸数字沿杆件或管线的一侧注写，如图 1-14 所示。

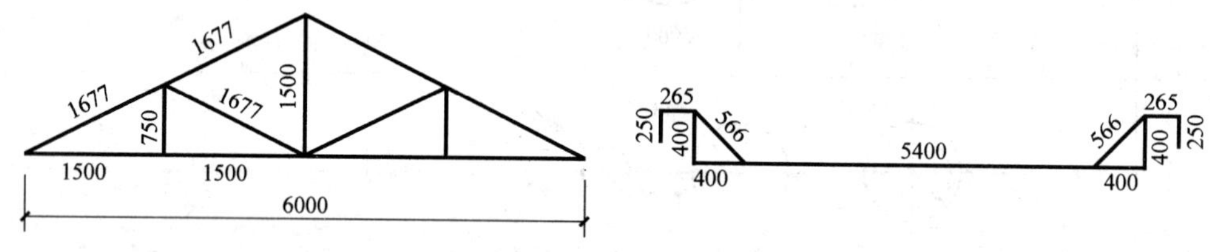

图 1-14　单线图尺寸标注

连续排列的等长尺寸，可用“个数 × 等长尺寸 = 总长”的形式标注，如图 1-15 所示。构配件内的构造（如孔、槽等）要素相同时，可仅标注其中一个要素的尺寸，如图 1-16 所示。对称构配件采用对称省略画法时，尺寸线应略超过对称符号，仅在尺寸线的一端画尺寸起止符号，尺寸数字应按整体全尺寸注写，其注写位置宜与对称符号对齐，如图 1-17 所示。

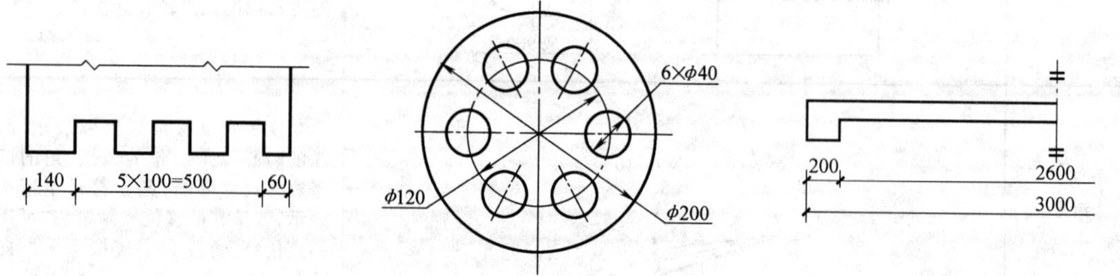

图 1-15　等长尺寸简化标注　　图 1-16　相同要素尺寸标注　　图 1-17　对称构配件尺寸标注

1.4.4 标高

标高是标注建筑物各部分高度的另一种尺寸形式。个体建筑物图样上的标高符号，用细实线绘制，如图 1-18a 所示；如标注位置不够时，如图 1-18a 所示。总平面图上的室外地坪标高符号，宜涂黑表示，如图 1-18b 所示。

标高数字应以米（m）为单位，注写到小数点后第三位；在总平面图中，可注写到小数点后第二位。标高符号的尖端应指至被注高度的位置。尖端一般应向下，也可向上。标高数字应注写在标高符号的左侧或右侧，如图 1-18c 所示。

在图样的同一位置需表示几个不同标高时，标高数字可按图 1-18d 所示的形式注写。

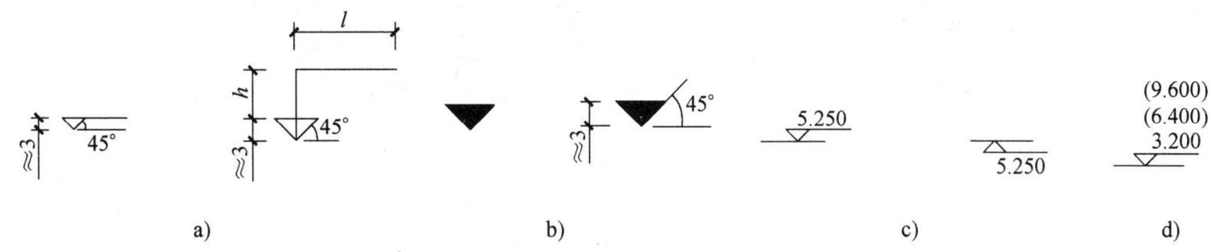

图 1-18　标高符号

a）个体建筑标高符号　b）总平面图室外地坪标高符号　c）标高的指向　d）同一位置注写多个标高

1.4.5 索引符号与详图符号

1. 索引符号

图样中的某一局部或构件，如需另见详图，应以索引符号索引。索引符号应用细实线绘制，由直径为 10mm 的圆、水平直径、引出线和编号组成（如图 1-19a 所示）。索引出的详图，如与被索引的图样同在一张图纸内，应在索引符号的上半圆中用阿拉伯数字注明该详图的编号，并在下半圆中画一段水平细实线，如图 1-19b 所示。索引出的详图，如与被索引的图样不在同一张图纸内，应在索引符号的上半圆中用阿拉伯数字注明该详图的编号，在索引符号的下半圆中用阿拉伯数字注明该详图所在图样的编号，如图 1-19c 所示。索引出的详图，如采用标准图，应在索引符号水平直径的延长线上加注该标准图册的编号，如图 1-19d 所示。

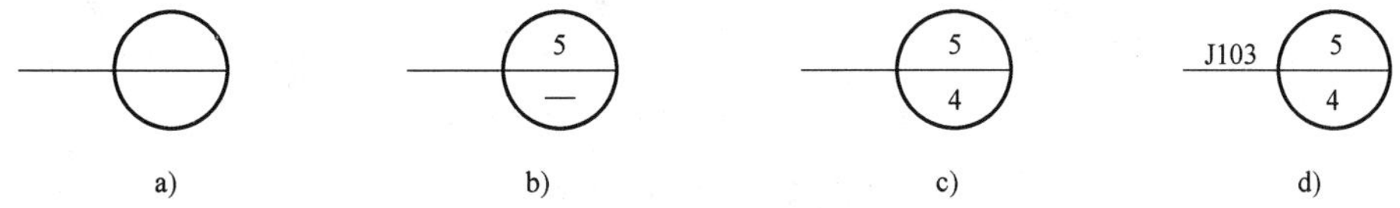

图 1-19　索引符号

索引符号如用于索引剖面详图，应在被剖切的部位绘制剖切位置线，并以引出线引出索引符号，引出线所在的一侧为投射方向，如图 1-20 所示。

2. 详图符号

详图的位置和编号，应以详图符号表示。详图符号为一直径 14mm 的粗实线圆。详图与被索引的图样同在一张图纸内，应在详图符号内用阿拉伯数字注明详图的编号，如图 1-21a 所示。详图与被索引的图样不在同一张图纸内，应用细实线在详图符号内画一水平直径，在

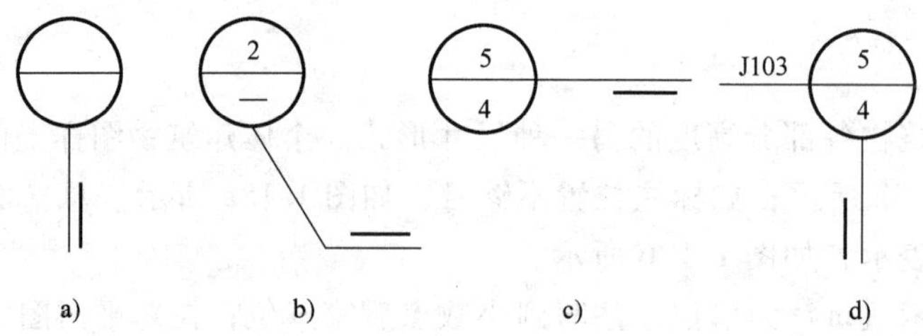

图 1-20　索引剖面详图的索引符号

上半圆中注明详图编号，在下半圆中注明被索引的图纸编号，如图 1-21b 所示。

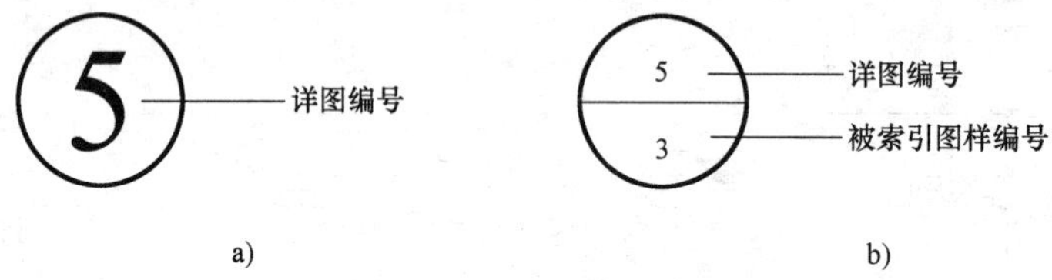

图 1-21　详图符号

1.4.6　引出线

图样中某些部位的具体内容或要求无法标注时，常用引出线注出文字说明或详图索引符号。文字说明注写在水平线的上方，或注写在水平线的端部，如图 1-22 所示。同时引出几个相同部分的引出线，宜相互平行，也可画成集中于一点的放射线，如图 1-23 所示。

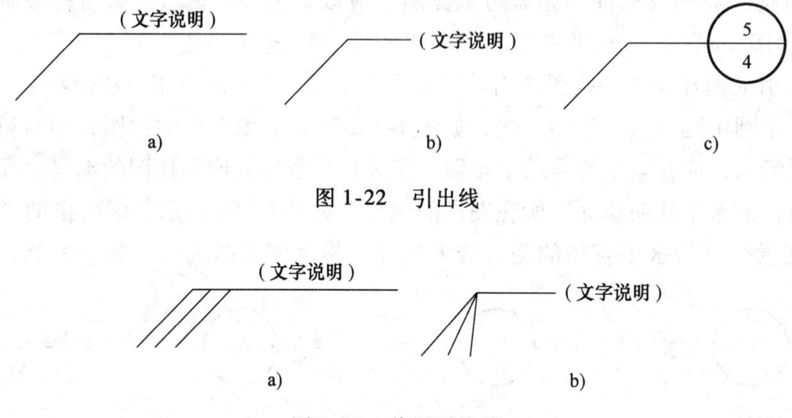

图 1-22　引出线

图 1-23　共用引出线

多层构造或多层管道共用引出线，应通过被引出的各层。说明的顺序应由上至下，并应与被说明的层次相互一致。如层次为横向排序，则由上至下的说明顺序应与由左至右的层次顺序相互一致，如图 1-24 所示。

1.4.7　指北针和风玫瑰

风玫瑰（如图 1-25 所示）是总平面图上用来表示该地区每年风向频率的标志。实线表示各个方向吹风次数的百分数值，虚线表示夏季的主导风向，风从外面吹向地区中心。

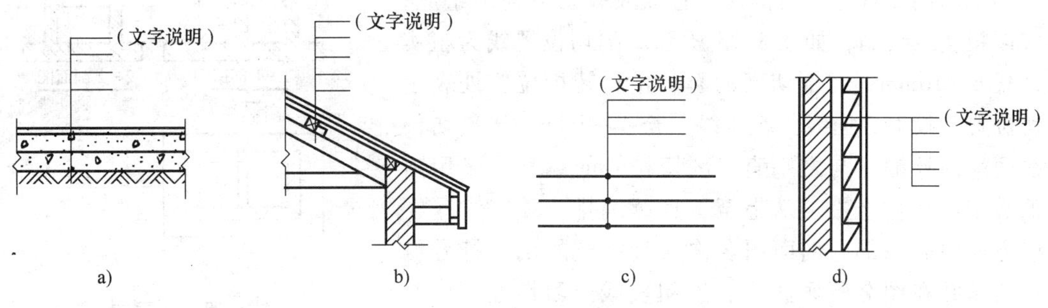

图 1-24　多层构造引出线

在首层建筑平面图上，一般都绘有指北针，表示该建筑物的朝向。指北针的形状如图 1-26 所示，其圆的直径为 24mm，用细实线绘制；指针尾部的宽度宜为 3mm，指针头部应注“北”或“N”字。

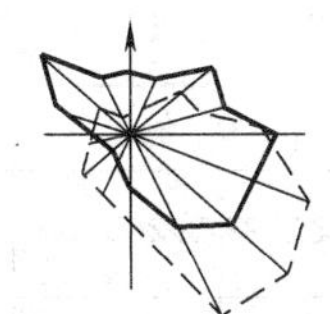

图 1-25　风玫瑰

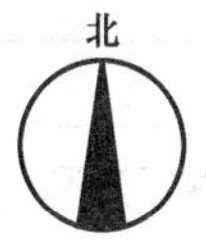

图 1-26　指北针

1.5　图样画法

1.5.1　视图配置

房屋建筑的视图应按照正投影法并用第一角画法绘制，六个基本视图的位置宜按照图 1-27 所示的顺序进行配置。工程上有时也称六个基本视图为主视图、俯视图、左视图、右视图、仰视图和后视图。画图时，根据实际情况，选用其中必要的几个基本视图。建（构）筑物的某些部分，如与投影面不平行（如圆形、折线形、曲线形等），在画立面图时，可将该部分展至与投影面平行，再以正投影法绘制，并应在图名后注写“展开”字样。

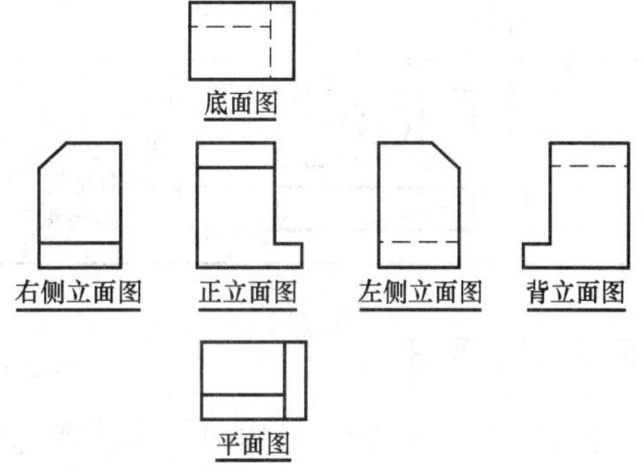

图 1-27　视图配置

1.5.2　剖面图

假想用剖切面（平面或曲面）剖开物体，移去观察者和剖切面之间的部分，将剩余部分物体（与剖切面接触的区域内画上剖面线或材料图例）向投影面投射所得的图形，称为剖面图。剖面图除应画出剖切面切到部分的图形外，还应画出沿投射方向看到的部分，被剖切面切到部分的轮廓线用粗实线绘制，剖切面没有切到、但沿投射方向可以看到的部分，用中粗实线绘制。

剖视的剖切符号应由剖切位置线及投射方向线组成，均应以粗实线绘制，如图1-28所示。剖切位置线为粗实线，长6~10mm，在剖切面的起、止和转折位置处表示剖切位置。投射方向线为粗实线，长4~6mm，于剖切位置线两端的外侧并与之垂直。剖切符号的编号宜采用阿拉伯数字，从左至右、从上至下连续编排，并应注写在投射方向线的端部。剖面图名称与其相应的剖切符号编号一致，并在图名下画相应长度粗实线。习惯上，剖面图的图名写"×—×剖面图"。剖切面切物体的实体部分即剖面区域图示，应在此区域内画剖面线或材料图例。

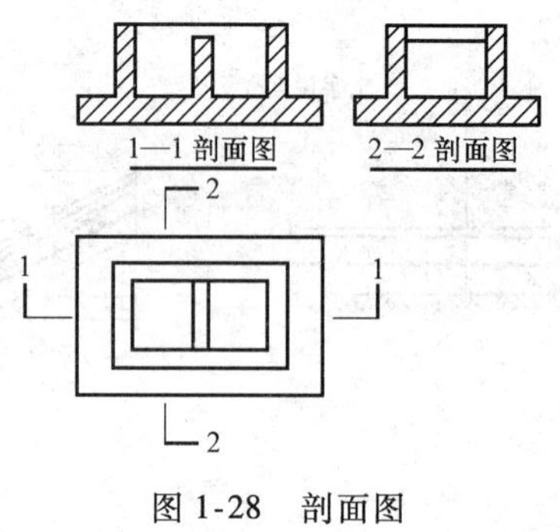

图1-28 剖面图

常用建筑材料图例见表1-7。当一张图纸内的图样只用一种图例或图形较小无法画出建筑材料图例时，可不画图例，但应加文字说明。

表1-7 常用建筑材料图例（摘自GB/T 50001—2001）

名称	图例	备注	名称	图例	备注
自然土壤		包括各种自然土壤	夯实土壤		
砂、灰土		靠近轮廓线绘较密的点	砂砾土、碎砖三合土		
混凝土		1. 本图例指能承重的混凝土及钢筋混凝土。包括各种强度等级、骨料、添加剂的混凝土 2. 在剖面图上画出钢筋时，不画图例线。断面图形小，不易画出图例线时可涂黑	石材		
钢筋混凝土			多孔材料		包括水泥珍珠岩、沥青珍珠岩、泡沫混凝土、非承重加气混凝土、软木、蛭石制品等
木材		1. 上图为横断面，上左图为垫木、木砖或木龙骨 2. 下图为纵断面	金属		1. 包括各种金属 2. 图形小时，可涂黑

1.5.3 断面图

假想用剖切平面将形体切开，仅画出剖切平面与形体接触部分即截断面的形状，所得到的图形称为断面图，简称断面。断面图与剖面图的区别在于：断面图只画出剖切平面切到部分的图形，如图1-29c所示；而剖面图除应画出断面图形外，还应画出剩余部分的投影，如图1-29b所示。即剖面图是"体"的投影，断面图只是"面"的投影。

断面图的剖切符号应只用剖切位置线表示，并应以粗实线绘制，长度宜为6~10mm。断面剖切符号的编号宜采用阿拉伯数字，从左至右、从上至下连续编排，编号所在的一侧为该断面的剖视方向。断面图名称与其相应的剖切符号编号一致，并在图名下画相应长度粗实线。习惯上，断面图的图名只写“×—×”，不写“断面图”三汉字。

1.5.4　投影图的简化画法

在不影响生产和表达形体完整性的前提下，为了节省绘图时间，提高工作效率，《房屋建筑制图统一标准》（GB/T 50001—2001）规定了一些将投影图适当简化的处理方法，这种处理方法称为简化画法。

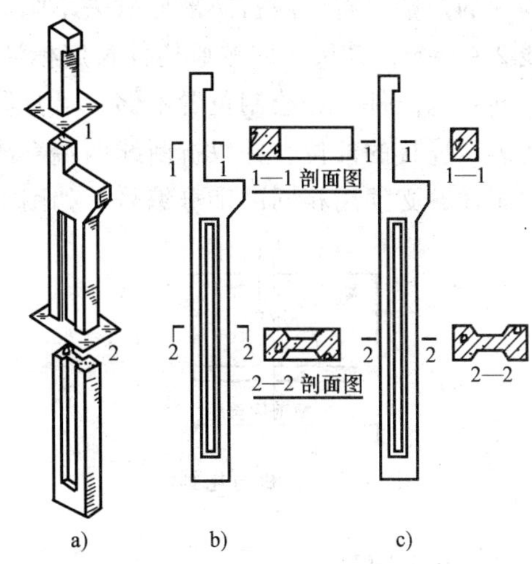

图 1-29　剖面图与断面图的区别

a）剖开后的牛腿柱　b）剖面图　c）断面图

当视图对称时，可以只画一半视图（单向对称图形，只有一条对称线）或 1/4 视图（双向对称的图形，有两条对称线），但必须画出对称线，并加上对称符号，如图 1-30 所示。对称线用细点画线表示，对称符号用两条垂直于对称轴线、平行等长的细实线绘制，其长度为 6 ~ 10mm，间距为 2 ~ 3mm，画在对称轴线两端，且平行线在对称线两侧长度相等，对称轴线两端的平行线到投影图的距离也应相等。

当视图对称时，图形也可画成稍超出其对称线，即略大于对称图形的一半，此时可不画对称符号，如图 1-31 所示。这种表示方法必须画出对称线，并在折断处画出折断线或波浪线（适用于连续介质）。

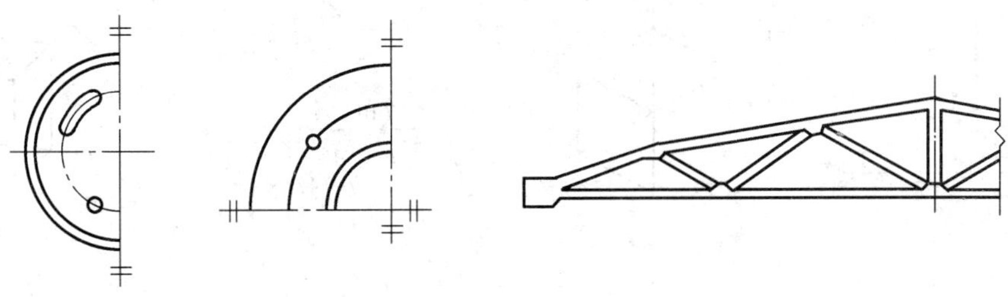

图 1-30　画出对称符号　　图 1-31　不画对称符号

形体内有多个完全相同而连续排列的构造要素，可仅在两端或适当位置画出其完整图形，其余部分以中心线或中心线交点表示，如图 1-32a、b、c 所示。如果形体中相同构造要素只在某一些中心线交点上出现，则在相应的中心线交点处用小圆点表示，如图 1-32d 所示。

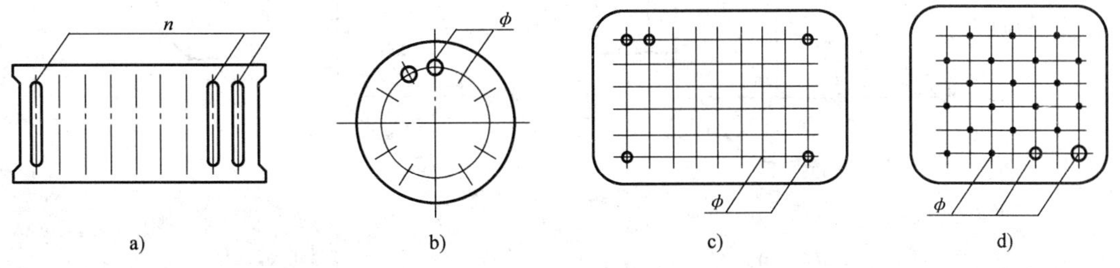

图 1-32　相同要素简化画法

对于较长的构件，如沿长度方向的形状相同或按一定规律变化，可采用折断画法。即只画构件的两端，将中间折断部分省去不画。在折断处应以折断线表示，折断线两端应超出图形线 2~3mm，其尺寸应按原构件长度标注，如图 1-33 所示。

同一构配件，如绘制位置不够，可分段绘制，再以连接符号表示相连。连接符号应以折断线表示连接的部位，并以折断线两端靠图样一侧的大写拉丁字母表示连接编号。两个被连接的图样，必须用相同的字母编号，如图 1-34 所示。

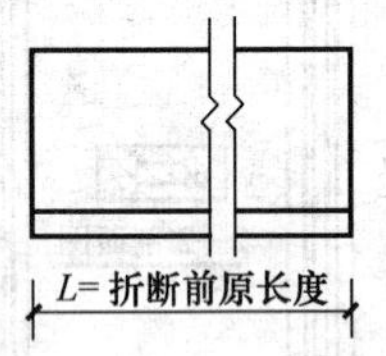

图 1-33 折断简化画法

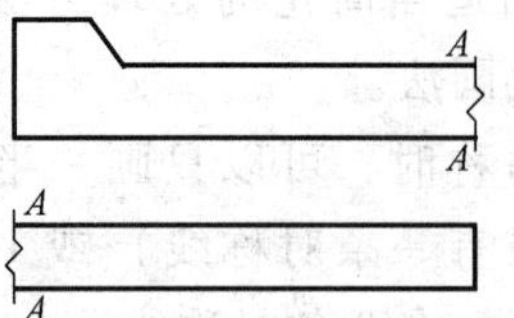

图 1-34 同一构件分段画法

1.5.5 轴测图

工程上广为采用的是多面正投影图，为弥补直观性差的缺点，常常要画出形体的轴测投影。所以轴测投影图是一种辅助图样。《房屋建筑制图统一标准》（GB/T 50001—2001）推荐房屋建筑的轴测图，宜采用以下四种轴测投影绘制：正等测（如图 1-35 所示）、正二测（如图 1-36 所示）、正面斜等测和正面斜二测（如图 1-37 所示）、水平斜等测和水平斜二测。

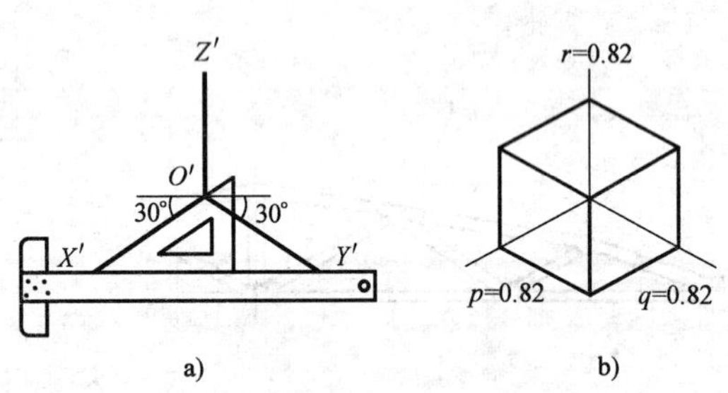

图 1-35 正等测画法

a）轴测轴的画法 b）$p=q=r=0.82$

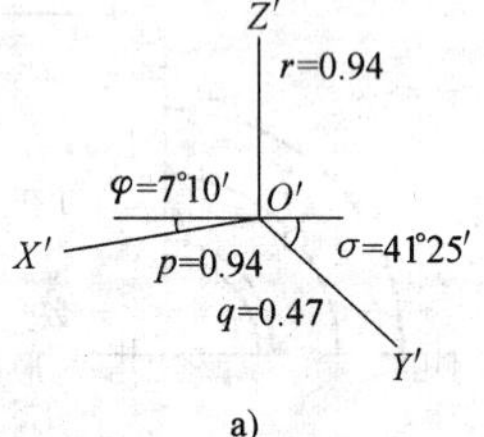

图 1-36 正二测画法

a）轴间角和轴向伸缩系数 b）$p=r=0.94$

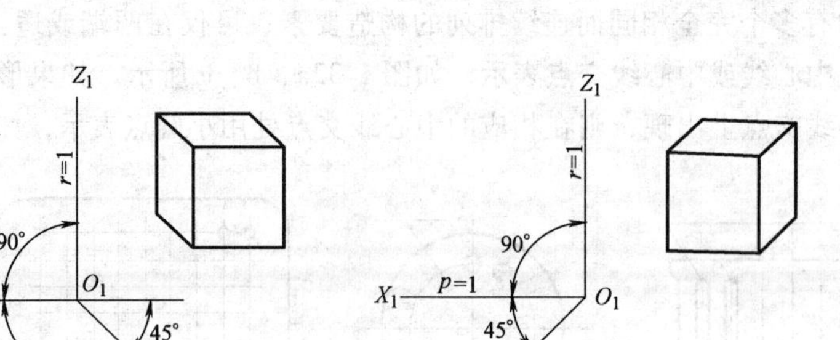

图 1-37 正面斜二测画法

1.6 建筑施工图导读

建筑施工图（简称建施图）主要用来表示建筑物的规划位置、外部造型、内部各房间的布置、内外装修、构造及施工要求等。建筑施工图的内容主要包括施工图首页、总平面图、各层平面图、立面图、剖面图及详图。

1.6.1 建筑总平面图

将新建建筑物在一定范围内的建筑物、构筑物连同其周围的环境状况，用水平投影方法和相应的图例所画出的图样，称为建筑总平面图，简称总平面图或总图。它表明了新建筑物的平面形状、位置、朝向、高程，以及与周围环境（如原有建筑物、道路、绿化等）之间的关系。因此，总平面图是新建建筑物施工定位和规划布置场地的依据，也是其他专业（如水、暖、电等）的管线总平面图规划布置的依据。

1. 建筑总平面图的图示特点

（1）比例 由于总平面图包括地区较大，国家制图标准规定总平面图的比例应用1:500、1:1000、1:2000来绘制。

（2）图例 由于比例较小，故总平面图上的房屋、道路、桥梁、绿化等都用图例表示，总平面图中常用图例见表1-8。在较复杂的总平面图中，如用了一些国家标准上没有的图例，应在图纸的适当位置加以说明。

表1-8 总平面图的常用图例（摘自GB/T 50103—2001）

名称	图例	备注	名称	图例	备注
新建建筑物	8 ▲	1. 需要时，可用▲表示出入口，可在图形内右上角用点数或数字表示层数 2. 建筑物外形（一般以±0.00高度处的外墙定位轴线或外墙面线为准）用粗实线表示 3. 需要时，地面以上建筑用中粗实线表示，地面以下建筑用细虚线表示	散状材料露天堆场		需要时可注明材料名称
			其他材料露天堆场或露天作业场		
原有建筑物		用细实线表示	铺砌场地		
计划扩建的预留地或建筑物		用中虚线表示	敞棚或敞廊		
拆除的建筑物		用细实线表示	建筑物下面的通道		

（续）

名称	图例	备注	名称	图例	备注
围墙及大门		上图为实体性质围墙，下图为通透性质围墙，若仅表示围墙时不画大门	烟囱		实线为烟囱下部直径，虚线为基础，必要时可注写烟囱高度和上、下口直径
挡土墙		被挡土在“突出”一侧	方格网交叉点标高	−0.50　77.85 78.35	
挡土墙上设围墙					
测量坐标	X105.00 Y425.00		建筑坐标	A105.00 B425.00	
填挖边坡		1. 边坡较长时，可在一端或两端局部表示 2. 下边线为虚线时表示填方	台阶		
护坡					

（3）建（构）筑物定位　新建房屋的位置可用定位尺寸或坐标确定。定位尺寸应标明与其相邻的原有建筑物或道路中心线的距离。在地形图上以南北方向为 X 轴，东西方向为 Y 轴，以 100m×100m 或 50m×50m 画成的细网格线称为测量坐标网。在此坐标网中，房屋的平面位置可由房屋三个墙角的坐标来定位。当房屋的两个主向平行坐标轴时，标注出两个相对墙角的坐标就够了，如图 1-38 所示。

当房屋的两个主向与测量坐标网不平行时，为方便施工，通常采用建筑坐标网定位。其方法是在图中选定某一适当位置为坐标原点，以竖直方向为 A 轴，水平方向为 B 轴，同样以 100m×100m 或 50m×50m 进行分格，即为建筑坐标网，只要在图中标明房屋两个相对墙角的 A、B 坐标值，就可以确定其位置，还可算出房屋总长和总宽，如图 1-39 所示。如果总平面图上同时画有测量坐标网和建筑坐标网时，应注明两坐标系统的换算公式。

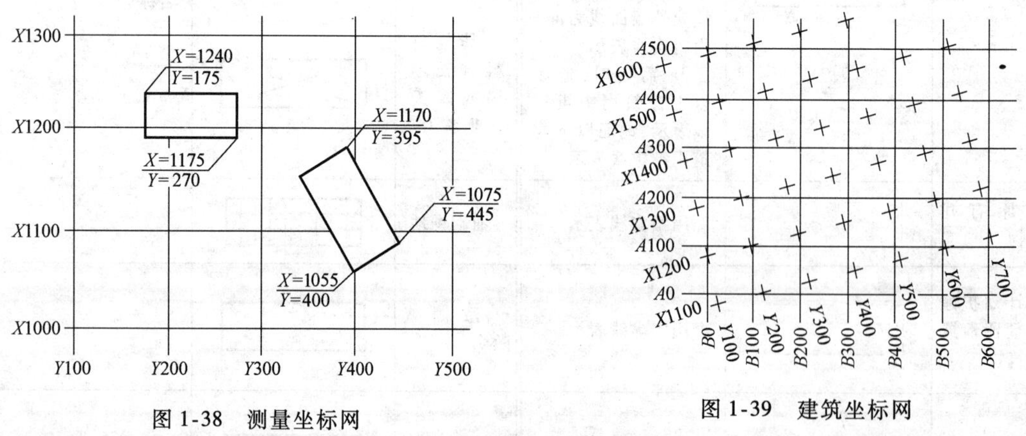

图 1-38　测量坐标网　　图 1-39　建筑坐标网

（4）房屋的尺寸标注与标高注法　总平面图中尺寸标注的内容包括：新建建筑物的总长和总宽、新建建筑物与原有建筑物或道路的间距、新增道路的宽度等。

总平面图中标注的标高应为绝对标高。所谓绝对标高，是指以我国青岛市外的黄海海平面作为零点而测定的高度尺寸。假如标注相对标高，则应注明其换算关系。新建建筑物应标注室内外地面的绝对标高，如图1-40所示。标高及坐标尺寸宜以米（m）为单位，并保留至小数点后两位。

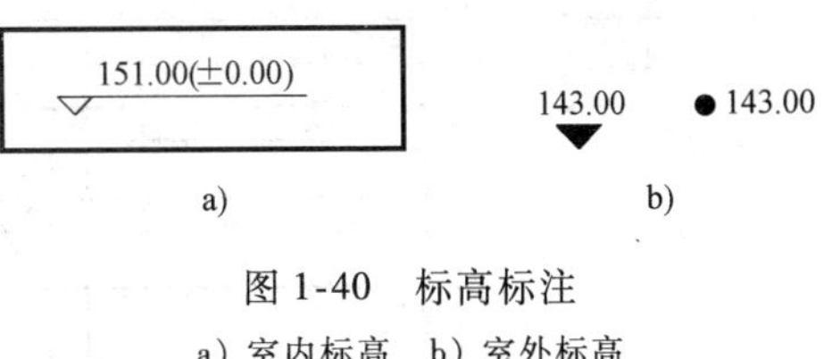

图1-40　标高标注

a）室内标高　b）室外标高

（5）建筑物、构筑物的名称与楼层数（略）

（6）指北针与风玫瑰　新建房屋的朝向与风向，可在图纸的适当位置绘制指北针或风向频率玫瑰图来表示，如图1-25和图1-26所示。

2. 建筑总平面图的阅读步骤

1）看图样的比例、图例及有关的文字说明。

2）了解工程的性质、用地范围、地形地貌和周围环境等情况。

3）了解地势高低以及建筑的朝向和风向。

4）明确新建建筑物所处的地形和准确位置。

因为工程的规模和性质的不同，总平面图的阅读繁简不一，以上只列出相关读图之要点。

3. 某住宅小区总平面图的导读

某住宅小区的总平面图如图1-41所示，设计说明这里略去。

该图采用1:1000的比例绘制。图中用粗实线画出的是新建住宅楼的底层平面轮廓，各个平面图内有表示层数的小黑点；新建住宅楼共有3栋（*G*、*I*、*L*楼），均为六层。入小区的道路由西南方向进入，小区的西南地势较低，而东南地势较高。所以各栋房屋的室内首层地面±0.000标高的绝对标高值不同，*G*楼最高132.8m，*I*和*L*楼较低均为132.3m。用细实线画出的是原有的住宅楼（*A*、*B*、*C*、*D*、*E*、*F*、*H*、*J*、*K*楼）和1栋要拆除的房屋。

该图使用的是建筑坐标网，每座房屋的平面定位是以房屋外墙角点（西南角）所在位置的坐标网（*A*，*B*）的数值确定的。图中没有每座房屋的占地面积和长宽尺寸，这要从各个房屋的单项建筑平面图中查看。从风玫瑰图可见全年南风较多。

1.6.2　建筑平面图

建筑平面图是用一个假想的水平剖切平面沿略高于窗台的位置（距地面1.2m左右）剖切房屋，移去上面部分，剩余部分向水平面做正投影，所得的水平剖面图，称为建筑平面图，简称平面图。

建筑平面图反映新建建筑的平面形状、房间的位置、大小、相互关系、墙体的位置、厚度、材料、柱的截面形状与尺寸大小，门窗的位置及类型。建筑平面图除了表示本层的内部情况外，还需表示下一层平面图中未反映的可见建筑构配件，如雨篷等。首层平面图也需表示室外的台阶、散水、明沟和花池等。因此，建筑平面图是施工放线、砌墙、安装门窗、室内外装修及编制工程预算的重要依据，是建筑施工中的重要图纸。

一般情况下，房屋有几层，就应画几个平面图，并在图的下方注写相应的图名。由于多

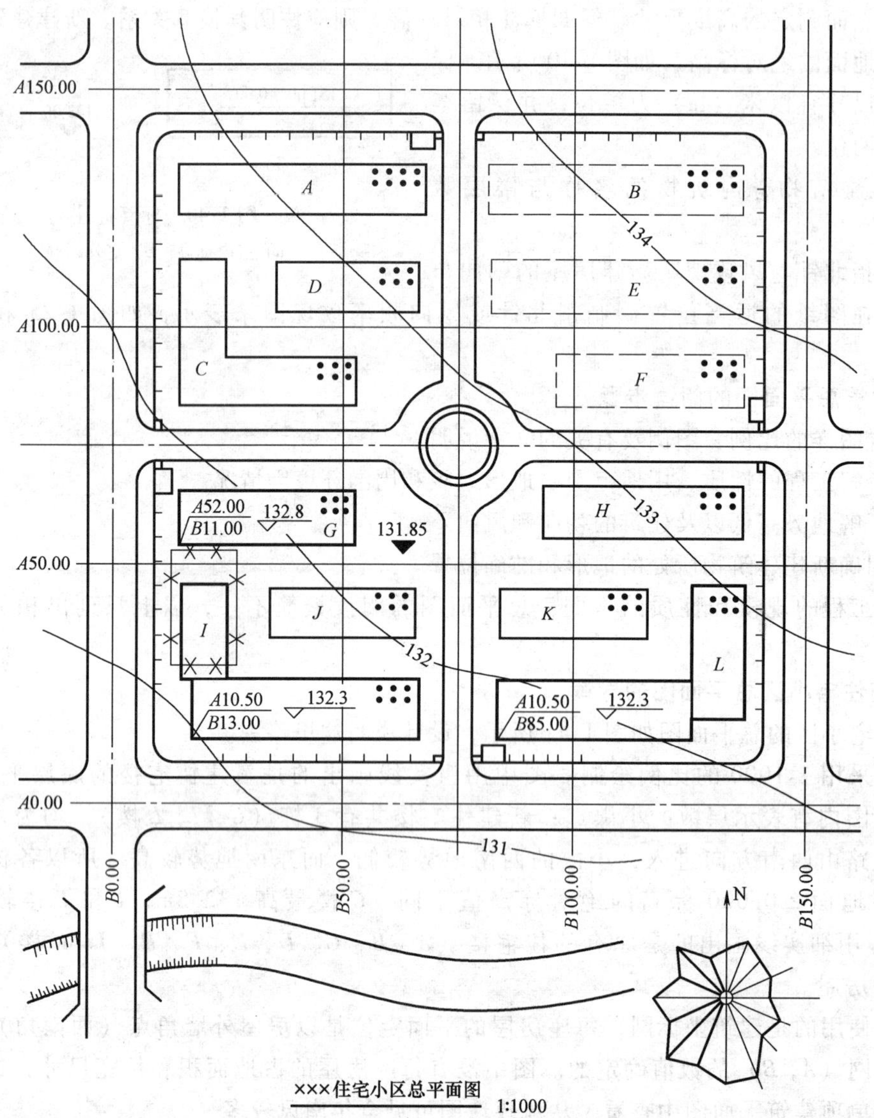

图 1-41　某住宅小区总平面图

层房屋其中间层构造、布置情况基本相同，相同的楼层可用一个平面图表示，称为标准层平面图。屋顶平面图是从建筑物上方向下所做的平面投影，主要是表明建筑物屋顶上的布置情况和屋顶排水方式。

1. 建筑平面图的图示特点

（1）图名与比例　通过图名，可以了解这个建筑平面图是表示房屋的那一层平面。比例根据房屋的大小和复杂程度而定，建筑平面图的比例宜采用 1∶50、1∶100、1∶200。

（2）图例及编号　由于绘制建筑平面图的比例较小，所以在平面图中的某些建筑构造、配件和卫生器具等都不能按照真实的投影画出，而是要用国家标准规定的图例来绘制，而相应的具体构造在建筑详图中使用较大的比例来绘制。房屋施工图中常用建筑图例见表 1-9。

表 1-9　常用建筑图例（摘自 GB/T 50104—2001）

名称	图　例	名称	图　例	名称	图　例
墙体		隔断		检查孔	
坡道	下 下 下	楼梯	上 下 上 下	烟道	
孔洞		坑槽		通风道	
空门洞		单扇门(包括平开或单面弹簧)		单扇双面弹簧门	
双扇门(包括平开或单面弹簧)		对开折叠门		推拉门	
单层中悬窗		单层外开平开窗		单层固定窗	
单层外开上悬窗		双层内外开平开窗		高窗	*h*=
墙预留洞	宽×高或φ 底(顶或中心)标高	墙预留槽	宽×高×深或φ 底(顶或中心)标高		

平面图中门、窗均按以上图例画出，门线 90°或 45°的中实线表示开启方向。门窗的代号分别为“M”和“C”，门窗代号的后面都注有编号，编号为阿拉伯数字，同一类型和大小的门窗为同一代号和编号。为了方便工程预算、订货与加工，通常还需有门窗明细表，列出该房屋所选用的门窗编号、洞口尺寸、数量、采用标准图集及编号等。

(3) 定位轴线　定位轴线的画法和编号已在“1.3 定位轴线”节中详细介绍。定位轴线确定了房屋各承重构件的定位和布置，同时也是其他建筑构、配件的尺寸基准线。

(4) 图线　被剖切到的墙、柱的断面轮廓线用粗实线画出。没有剖切到的可见轮廓线，如窗台、台阶、明沟、楼梯和阳台等用中实线画出；当绘制较简单的图样时，也可用细实线画出。尺寸线与尺寸界线、标高符号、定位轴线等用细实线和细单点长画线画出。

(5) 尺寸与标高　平面图的尺寸包括外部尺寸和内部尺寸：

1）外部尺寸通常为三道尺寸，一般注写在图形下方和左方。第一道尺寸为房屋外廓的总尺寸，即从一端的外墙边到另一端的外墙边的总长和总宽。第二道尺寸为定位轴线间的尺寸，其中横墙轴线间的尺寸称为开间尺寸，纵墙轴线间的尺寸称为进深尺寸。第三道尺寸为分段尺寸，表达门窗洞口宽度和位置，墙垛分段以及细部构造等。标注这道尺寸应以轴线为基准。

2）内部尺寸是指外墙以内的全部尺寸，它主要用于注明内墙门窗洞的位置及其宽度、墙体厚度、房间大小、卫生器具、灶台和洗涤盆等固定设备的位置及其大小。

平面图中应标注不同楼地面标高房间及室外地坪等标高，且以米（m）为单位，精确到小数点后两位。

(6) 剖切符号、指北针、房间名称及其他符号　房间应根据其功能注上名称或编号。楼梯间是用图例按实际梯段的水平投影画出，同时还要表示“上”与“下”的关系。剖切符号、指北针只在底层标注。当平面图上某一部分另有详图表示时，应画上索引符号。对于部分用文字更能表示清楚，或者需要说明的问题，可在图上用文字说明。

(7) 抹灰层、楼地面、材料图例（略）

2. 建筑平面图的阅读步骤

1）阅读图名了解工程项目以及图样名称。

2）看指北针寻找主要出入口的朝向。

3）由底层（或首层）到顶层依次分析平面图形状及布局情况，分析楼梯位置及其形式，查找剖切符号及其位置。

4）分析定位轴线及其尺寸：开间尺寸、进深尺寸、墙厚尺寸、房间面积、地坪或地面标高、门窗尺寸等。

5）阅读屋顶平面图，分析屋面（包括屋檐）构造和做法及排水情况等。

3. 某住宅楼平面图的导读

某住宅楼的平面图如图 1-42 ~ 图 1-44 所示。首先，阅读底层平面图（如图 1-42 所示），从图中可知：

1）该图是以 1:100 比例绘制的，由指北针可知该建筑坐北朝南，出入口朝北。

2）该住宅楼共 2 个单元，每单元 2 户，其户型相同，每户住宅有南北两间卧室，客厅、餐厅、厨房各一间，阳台设在南侧，楼梯间内有 2 个管道井。

3）房屋的轴线以外墙和内墙墙中定位，横向轴线从 1 ~ 13，纵向轴线从 A ~ F，剖切到的墙体用粗实线绘制。

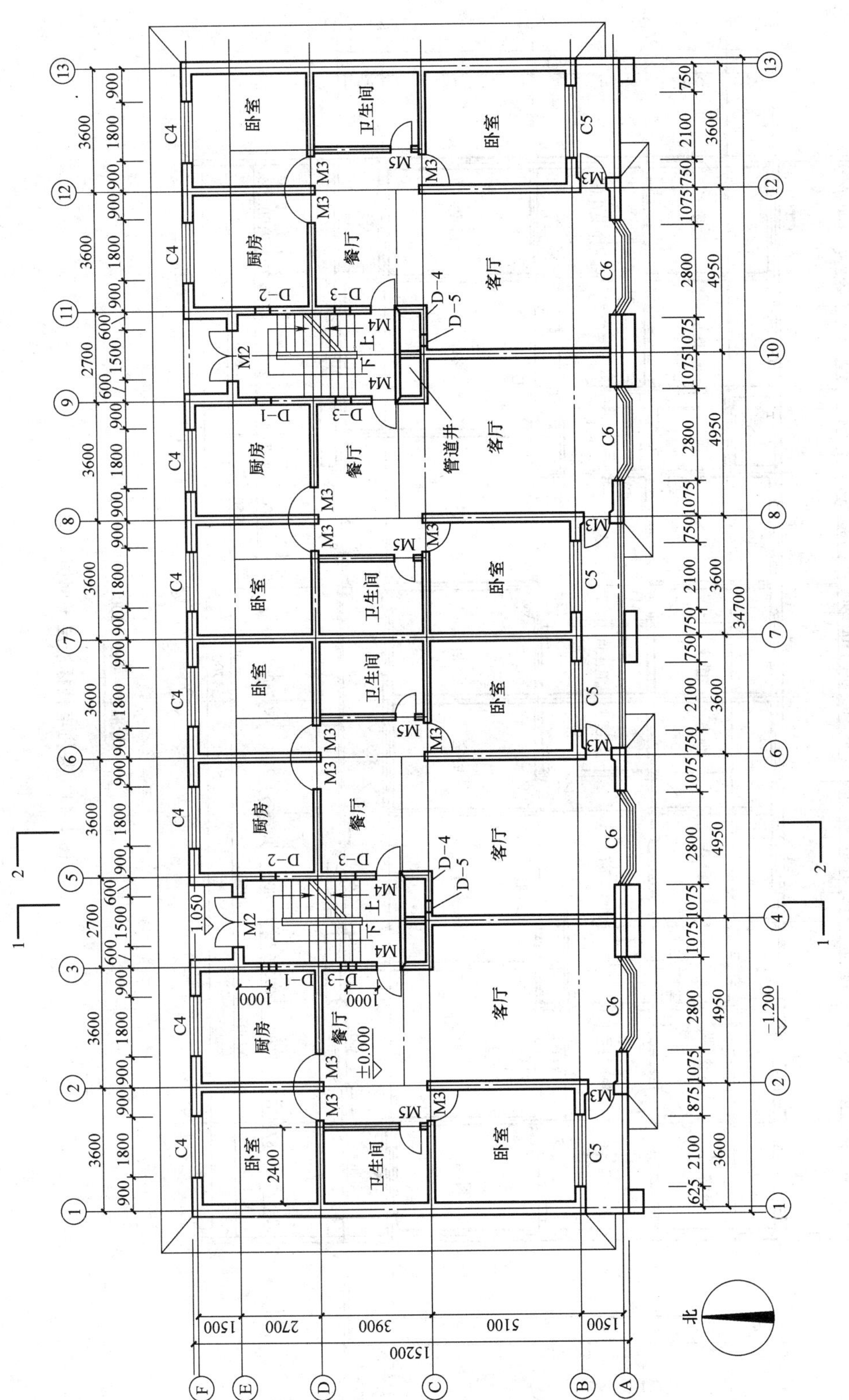

图 1-42　某住宅楼底层平面图

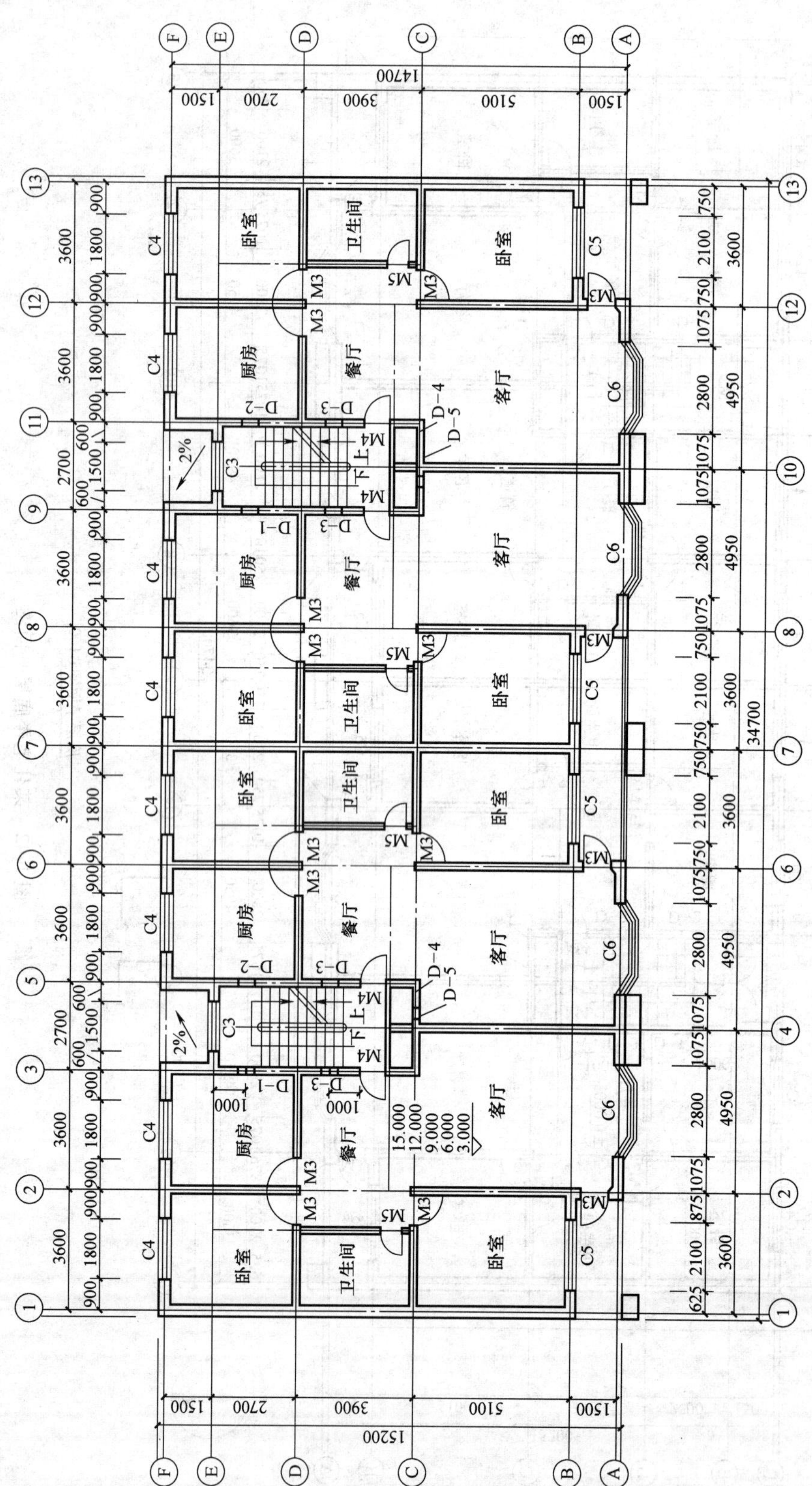

标准层平面图 1:100

图 1-43 某住宅楼标准层平面图

4）图上标注的尺寸均为未经装饰的结构表面尺寸。平面图外侧标注三道尺寸线，由外向内分别为建筑物外包总尺寸、轴线间尺寸（柱距、跨度）、门窗洞口尺寸。建筑物外包尺寸表示建筑物外墙轮廓的尺寸，从一端外墙到另一端外墙边的总长和总宽，图中建筑总长是 34700mm，总宽 15200mm。轴线间尺寸表示主要承重墙体及柱的间距。相邻横向定位轴线之间的尺寸称为开间，相邻纵向定位轴线之间的尺寸称为进深。例如，图中客厅开间为 4950mm，进深为 6600mm。门窗洞口尺寸应详细标注外墙门窗洞口等各细部位置的大小及定位尺寸。例如，1 ~2 轴线间北向窗洞宽为 1800mm，1 ~2 轴线间南向窗洞宽为 2100mm。

5）图中建筑物的地面、楼面、楼梯平台面等处分别注明标高，这些标高均采用相对标高（小数点后保留 3 位数）。该建筑物底层室内地面标高为 ±0.000，入口标高 1.050，室外地面标高 -1.200。

6）图中以代号表示门窗，以 M 代表门，以 C 代表窗，并在说明中的门窗表中列出门窗的尺寸和形式。

7）图中 4 ~5 轴间标注了剖切符号 1-1，5 ~6 轴间标注了剖切符号 2-2，表示剖面图的剖切位置，剖面图类型为全剖面图，剖视方向向左。

其次，阅读标准层平面图（如图 1-43 所示），图中大部分内容与首层相同，并且所有的定位轴线的编号及轴间尺寸都与首层完全一致；不同之处有楼梯的图例发生变化，二 ~ 六层的室内标高分别为 3.000、6.000、9.000、12.000、15.000。

最后，阅读屋顶平面图（如图 1-44 所示），它主要反映屋面排水分区、排水方向、雨水口位置和尺寸等内容，以及采用标准图集的代号。本图所示为有组织的二坡挑檐排水方式，中间有分水线，水从屋面（坡度 2%）向檐沟汇集，檐沟排水坡度为 1%。雨水管设在

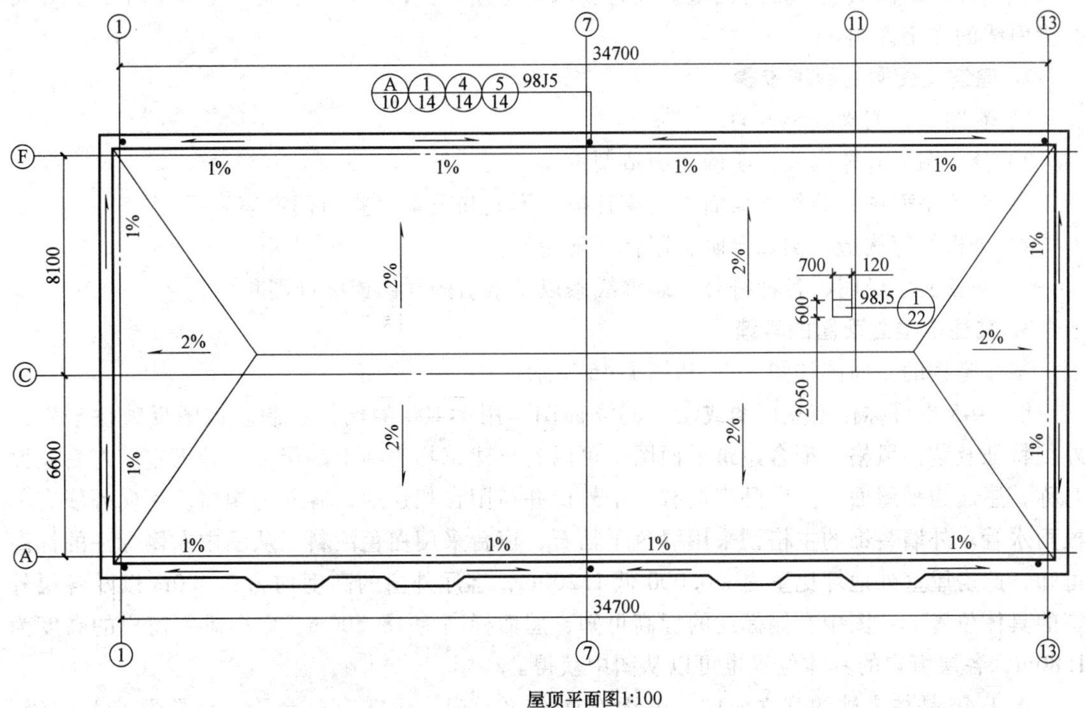

图 1-44　某住宅楼屋顶平面图

A 和 F 轴线墙上 1、7、13 轴线处，构造做法采用标准图集 98J5。屋面人孔位于 11 轴左侧，构造做法采用标准图集 98J5。

1.6.3 建筑立面图

在与建筑立面平行的铅直投影面上所做的正投影图称为建筑立面图，简称立面图。立面图主要反映房屋各部位的高度、外貌和装修要求，是建筑外装修的主要依据。

立面图的命名方式有三种：

(1) 以建筑两端的定位轴线命名　如①～⑦立面图。

(2) 以建筑各墙面的朝向命名　东立面图、西立面图、南立面图、西南立面图等。

(3) 以建筑墙面的特征命名　正立面图（入口所在墙面）、背立面图、侧立面图。

建筑立面图表达建筑的外部造型、装饰，如门窗位置及形式、雨篷、阳台、外墙面装饰及材料和做法等。

1. 建筑立面图的图示特点

(1) 定位轴线　一般只标出图两端的轴线及编号，其编号应与平面图一致。

(2) 图线　立面图的外形轮廓用粗实线表示；室外地坪线用 1.4 倍的加粗实线表示；门窗洞口、檐口、阳台、雨篷、台阶等用中实线表示；其余的，如墙面分隔线、门窗格子、雨水管以及引出线等均用细实线表示。

(3) 图例　在立面图上，门窗应按标准规定的图例画出。

(4) 尺寸标注　在立面图上高度尺寸主要用标高表示，一般要注出室内外地坪、一层楼地面、窗洞口的上下口、女儿墙压顶面、进口平台面及雨篷底面等的标高。

(5) 外墙装修做法　外墙面根据设计要求可选用不同的材料及做法；在图面上，选用带有指引线的文字说明。

2. 建筑立面图的阅读步骤

1）看图名，明确投影方向。

2）分析图形外轮廓线，明确立面造型。

3）对照平面图，分析外墙面上门窗种类、形式和数量（查对门窗表）。

4）分析细部构造，例如台阶、阳台、雨篷等。

5）阅读文字说明、各种符号、装饰线条以及索引的详图或标准图集。

3. 某住宅楼立面图的导读

某住宅楼的立面图如图 1-45 和图 1-46 所示。

图 1-45 也可称作南立面图或①～⑬立面图，用 1:100 的比例绘制。该图反映住宅楼的外貌特征及装饰风格。配合建筑平面图，可以看出建筑物为地上六层加半地下室，左右立面对称，屋面为平屋面。南向卧室均有一个外窗并与阳台相连通，客厅为飘窗。南向外墙有三根雨水管。外墙装饰的主格调采用绿色干粘石，窗台采用白色涂料。从图中左侧标注的标高可知，此房屋室外地坪比室内 ±0.000 低 1.200m，客厅外窗的高度均为 2.400m 以及各层外窗的具体位置。从图中右侧标注的标高可知，屋面标高为 18.400m，南向卧室窗户的高度为 1.80m，各层窗户的具体位置也可以从图中获得。

图 1-46 是住宅楼的背立面图。北面有两个单元门，门前有一台阶，台阶踏步为一级。北向卧室外窗与厨房外窗的尺寸和外形均相同，窗户高 1.800m，窗檐高 0.300m，各层窗户

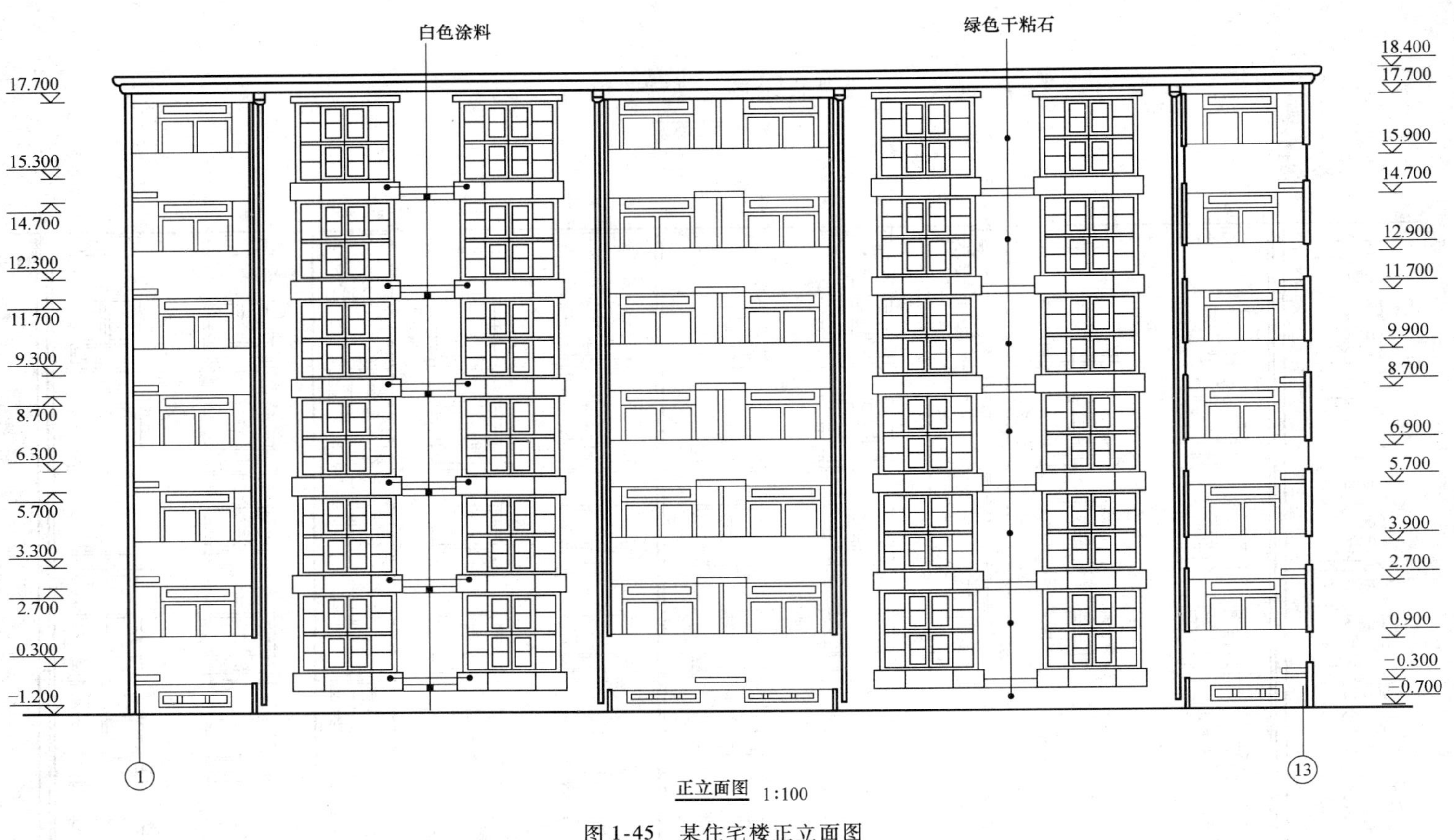

图 1-45　某住宅楼正立面图

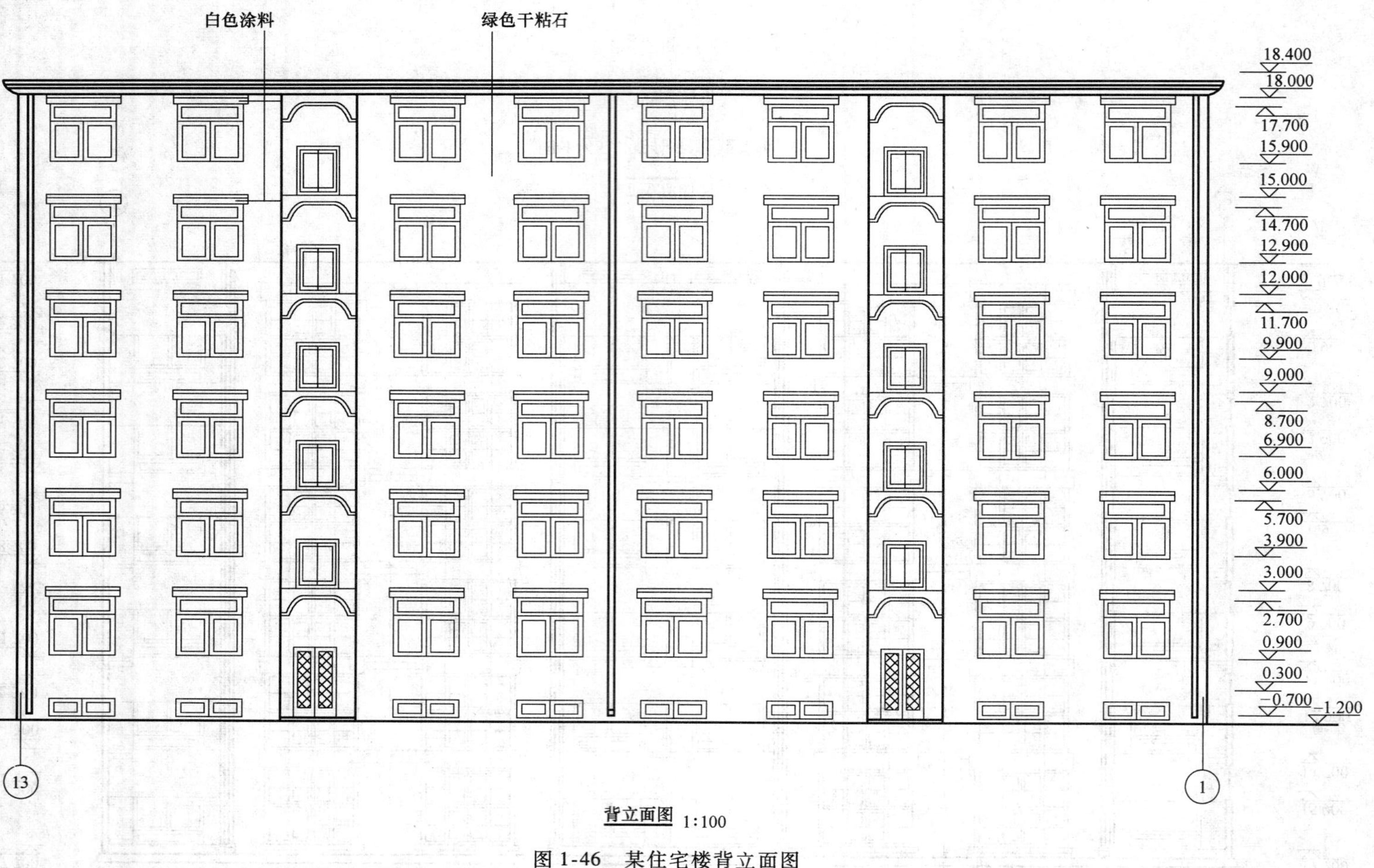

背立面图 1:100

图 1-46 某住宅楼背立面图

的具体位置也可以从图中获得。外墙装饰的主格调采用绿色干粘石，窗檐和窗台采用白色涂料。

1.6.4　建筑剖面图

假想用一个或一个以上的铅垂剖切平面剖切建筑物，得到的剖面图称为建筑剖面图，简称剖面图。建筑剖面图用以表示建筑内部的结构构造、垂直方向的分层情况，各层楼地面、屋顶的构造及相关尺寸、标高等。剖切的位置常取楼梯间、门窗洞口及构造比较复杂的典型部位。剖面图的数量，则根据房屋的复杂程度和施工的实际需要而定。剖面图的名称必须与底层平面图上所标的剖切位置和剖视方向一致。

1. 建筑剖面图的图示特点

（1）定位轴线　应注出被剖切到的各承重墙的定位轴线及与平面图一致的轴线编号和尺寸。

（2）图线　室内外地坪线用加粗实线表示；地面以下部分，从基础墙处断开，另由结构施工图表示；剖面图的比例应与平面图、立面图的比例一致。在剖面图中一般不画材料图例符号，被剖切平面剖切到的墙、梁、板等轮廓线用粗实线表示，没有被剖切到但可见的部分用细实线表示，被剖切断的钢筋混凝土梁、板涂黑。但宜画出楼地面、屋面的面层线。

（3）尺寸标注　在剖面图中，应注出垂直方向上的分段尺寸和标高。垂直分段尺寸一般分三道：①最外一道是总高尺寸，表示室外地坪到楼顶部女儿墙的压顶抹灰完成后的顶面的总高度；②中间一道是层高尺寸，主要表示各层的高度；③最里一道是门窗洞、窗间墙及勒脚等的高度尺寸。

应标注被剖切到的外墙门窗口的标高，室外地面的标高，檐口、女儿墙顶的标高，以及各层楼地面的标高。

（4）抹灰层、楼地面、材料图例（略）

2. 建筑剖面图的阅读步骤

1）阅读图名及轴号，并与底层平面图上的剖切标记相对照，明确剖切位置和投影方向。

2）分析建筑物的内部空间布局与构造，了解建筑物从地面到屋顶各部位的构造形式，墙体、柱、梁、板之间的相互关系，查明建筑材料以及工程做法。

3）阅读剖面图上的尺寸及其他标注。

3. 某住宅楼剖面图的导读

2-2 剖面图（如图 1-47 所示）的剖切位置需见图 1-42 底层平面图，位于轴线⑤和轴线⑥之间，向左投射观看。该剖面图剖到了客厅、餐厅、厨房、各楼层、地面和屋面。屋面为带挑檐的“平屋面”。看此图室内空间高度一目了然。左侧的标高尺寸表达了各层客厅外窗上下檐标高以及半地下室外窗上下檐标高，中间的标高尺寸表达了各层楼面标高，右侧的标高尺寸表达了各层厨房外窗上下檐标高、半地下室外窗上下檐标高以及屋面标高。右侧标注的尺寸分为三道，最外一道是总高尺寸；中间一道是层高尺寸，地下室层高 2400mm，其他六层均为 3000mm 层高；最里一道是门窗洞、窗间墙及勒脚等的高度尺寸，地下室外窗高 400mm，厨房外窗均高 1800mm。此外，入户门的高度为 2100mm。

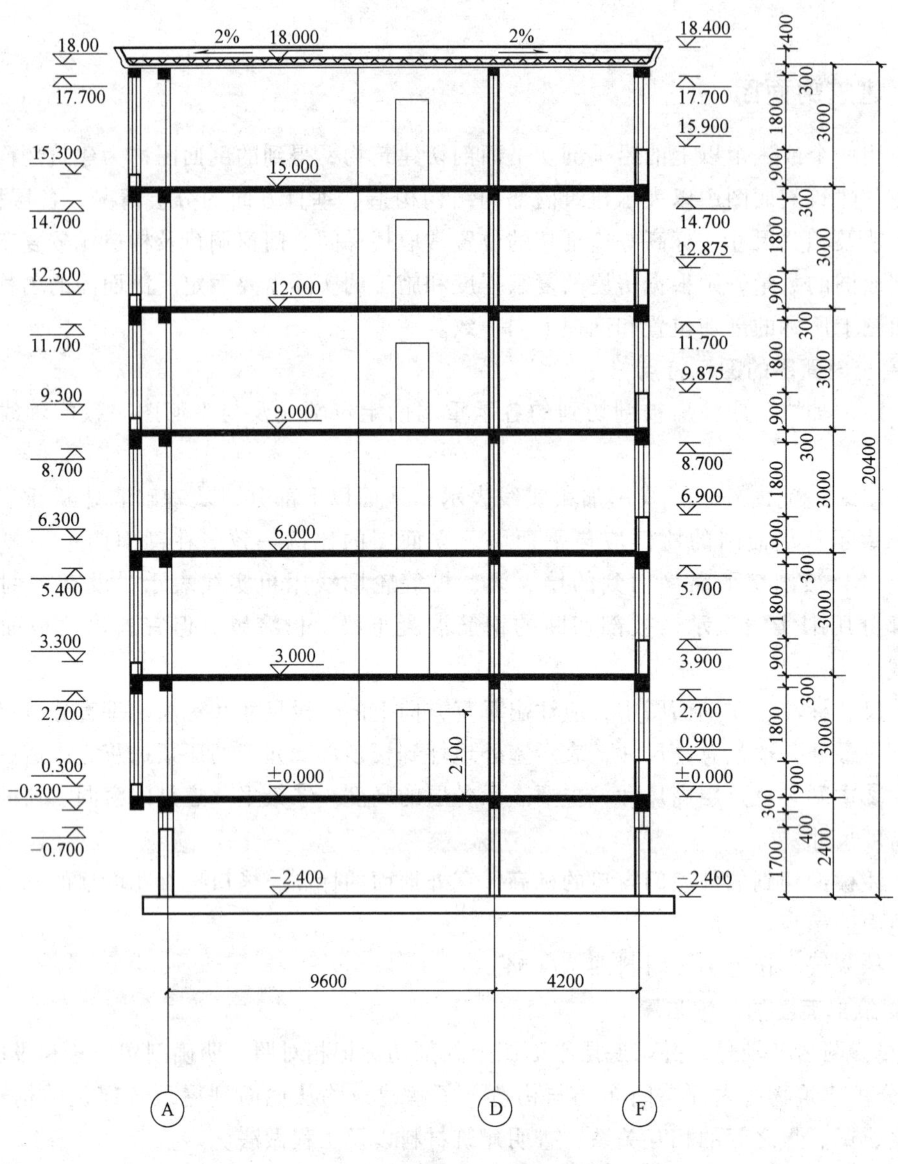

图 1-47 某住宅楼剖面图

1.6.5 建筑详图

建筑平面图、立面图、剖面图表达建筑的平面布置、外部形状和主要尺寸，但因反映的内容范围大，比例小，对建筑的细部构造难以表达清楚，为了满足施工要求，对建筑的细部构造用较大的比例详细地表达出来，这样的图样称为建筑详图，简称详图，有时也叫做大样图。有时详图中还可再次索引详图，甚至多次嵌套索引。

1. 建筑详图的图示特点

(1) 门窗详图　特殊情况下新设计的非标准门窗，必须绘制门窗详图，并要求表达正确、图样齐全、尺寸完整，以便照图施工。凡是在门窗表中注有图集号的就是标准门窗。

(2) 墙身详图　如果墙身做法在标准图中也找不到合适的，那么也须绘制墙身详图。

(3) 楼梯详图　楼梯主要由楼梯板（梯段）、休息平台和扶手栏杆（或栏板）组成。楼梯详图主要表明楼梯类型、结构形式、各部位的尺寸及装修做法。

楼梯平面图是各层楼梯的水平剖面图，其剖切位置在本层的休息平台以下，窗台以上的范围。多层房屋至少应有“底层”、“中间层”和“顶层”三个楼梯平面图。

楼梯平面图应标有楼梯间的轴线编号、水平长度尺寸和宽度尺寸、标高、上下行指示箭头、两层之间的踏步级数，底层应有楼梯的剖切位置符号，细部构造由索引符号另索详图。

(4) 建筑构配件详图　各种构件、配件的形状、大小（尺寸）、材料、位置及其连接方式等，都必须通过详细的图样来表达它们的详细情况，其他各种详图都类似。

详图的特点是比例大，反映的内容详尽，常用的比例有1:50、1:20、1:10、1:5、1:2、1:1等。

2. 建筑详图的阅读步骤

1）根据详图索引符号找到相对应的详图（包括新设计的图样和标准图集）。

2）根据投影基础和表达方法联系图形，想象出构配件的形体构造。

3）根据图中尺寸分析构配件的大小。

4）根据图中符号或文字说明弄清各部分的材料及其连接关系。

5）把看懂了的构配件放到原索引处想象其与建筑整体的关系。

3. 某住宅楼详图的导读

前述某住宅楼的外墙身节点详图如图1-48所示，图中的结构主体是钢筋混凝土挑檐、屋面板、楼板、过梁、砖墙、基础，当结构主体完成后就要进行建筑装修施工了。图中左边为南外墙详图，而右边为北外墙详图，分别表达了四个节点：

(1) 檐口　屋面、挑檐与墙身、窗框连接及屋顶圈梁的形状、大小、材料及其构造情况。

(2) 中间部分　楼板与外墙的关系，以及楼板层、门窗过梁、圈梁的形状、大小、材料及其构造情况，右图还表达了客厅飘窗的做法及窗内护窗栏杆的做法。

(3) 墙脚　散水、防潮层、勒脚、地面的形状、大小、材料及其构造情况。

(4) 地下室　地下室地面与外墙的关系以及地面的做法。

此外，图中有两处二次索引分别是檐口和散热器槽，其详图见标准图集98J5，此处从略。

前述某住宅楼的楼梯详图如图1-49所示。楼梯详图由楼梯平面图、楼梯剖面图和楼梯节点详图三部分构成。楼梯节点详图主要表达楼梯栏杆、踏步、扶手的做法，一般采用标准图集，故图1-49只有平面图和剖面图。

从楼梯平面图可以看出：

1）楼梯间的开间、进深、墙体的厚度、门窗的位置。

2）楼梯段、楼梯井和休息平台的平面形式、位置、踏步的宽度和数量。

3）楼梯的走向以及上下行的起步位置，该楼梯走向如图中箭头所示，两面平台的起步尺寸，楼梯段各层平台的标高。

4）在底层平面图中标注楼梯剖面图的剖切位置及剖视方向。

从楼梯剖面图可以看出：

1）楼梯的构造形式。

2）楼梯在竖向和进深方向的有关尺寸。

3）楼梯段、平台、栏杆、扶手等的构造和用料说明。

4）被剖切梯段的踏步级数。

此外，楼梯剖面图中有一处二次索引详图是标准图集 98J5 中第 18 页的 1 号详图表达木扶手金属栏杆的形状尺寸材料等，此处从略。

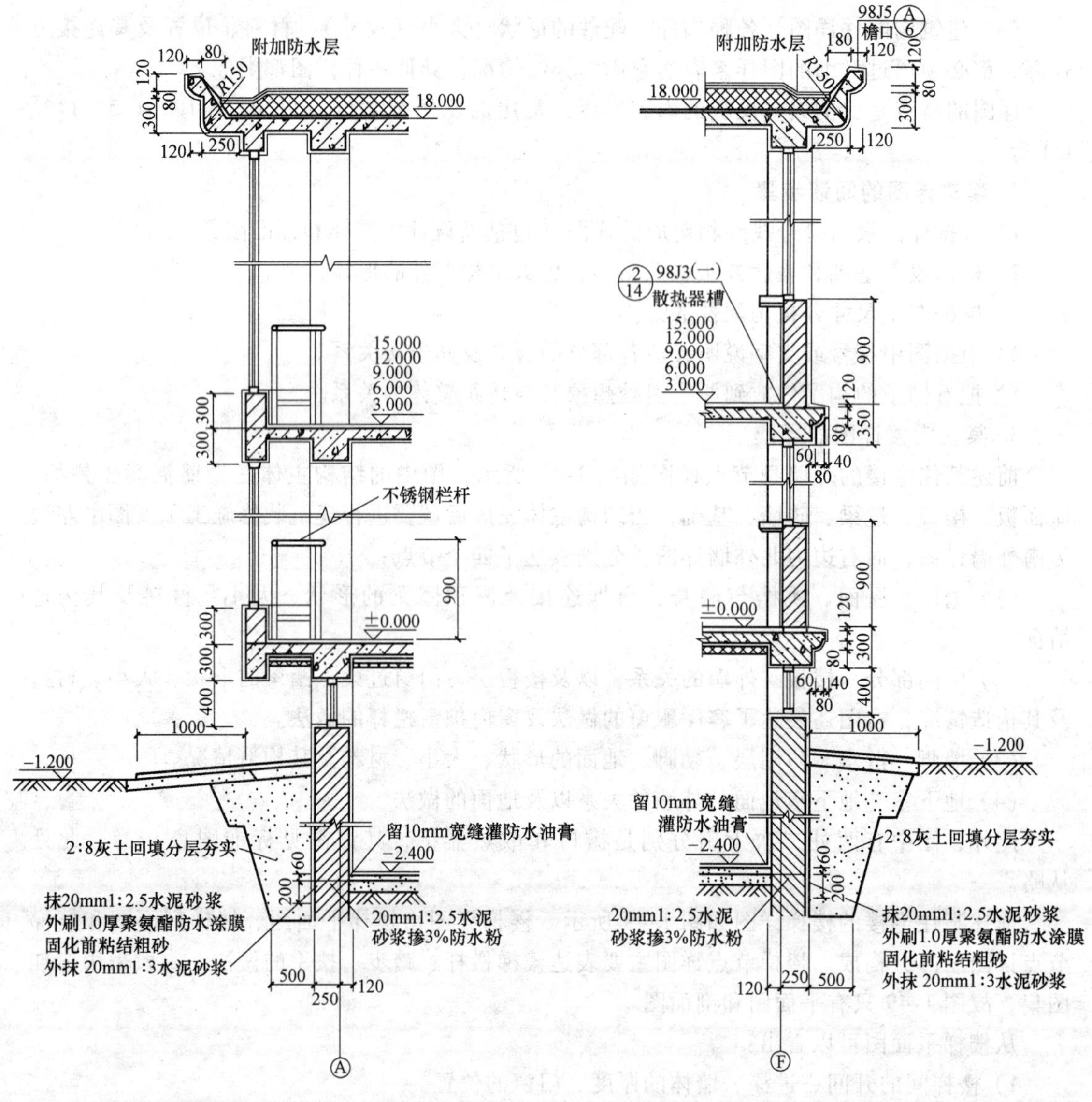

图 1-48 外墙身节点详图

地上室平面图 1:50
一层平面图 1:50
标准层平面图 1:50
顶层平面图 1:50

98J8
木扶手 金属栏杆
1—1剖面图

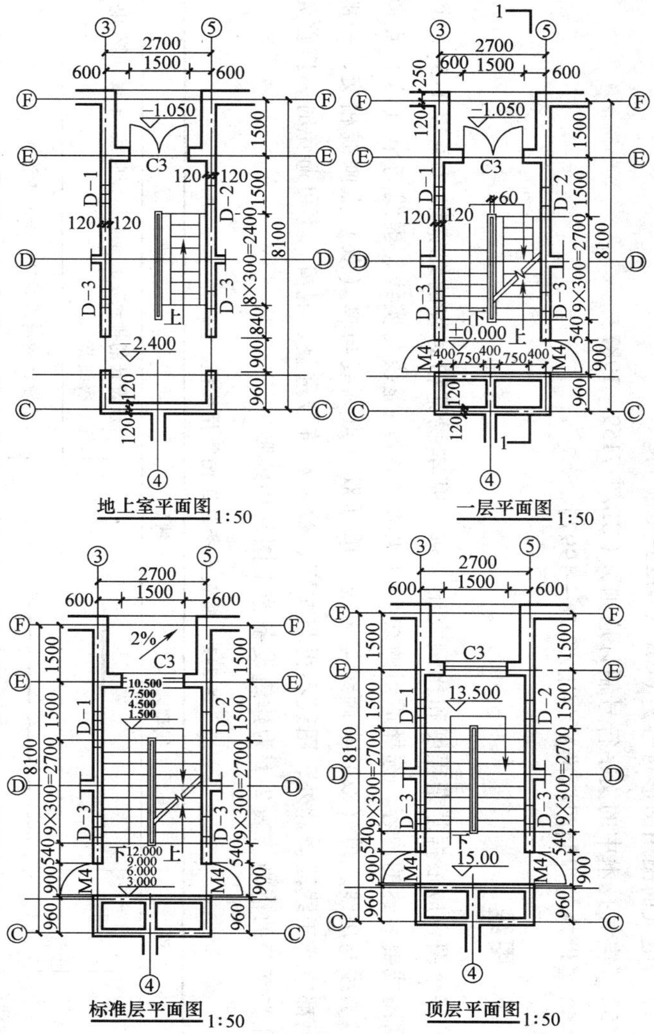

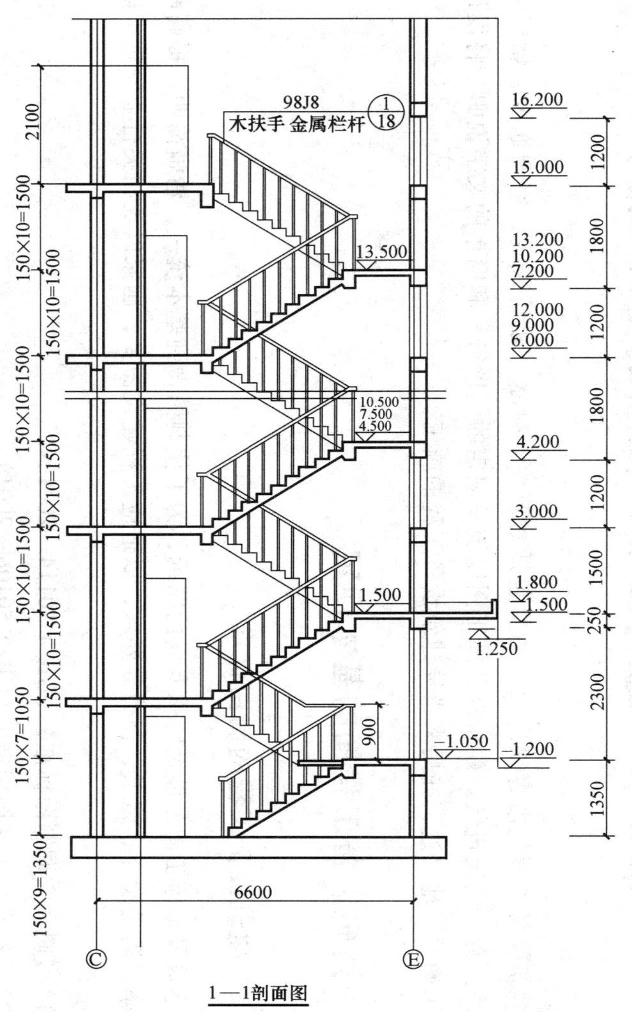

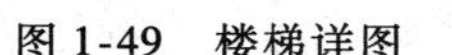

图 1-49 楼梯详图

第2章　建筑设备工程图的基本知识

建筑设备工程的内容很广泛，主要包括建筑给水排水、建筑采暖、空调通风、燃气工程、冷热源、建筑电气。建筑设备施工图以统一规定的图形符号和简单的文字说明，将设计意图正确明了地表达，并用来指导建筑设备工程的施工。

2.1　建筑设备工程图的基本规定

2.1.1　建筑设备工程的制图标准

建筑设备施工图是涉及特殊专业的图纸，为了使制图做到基本统一，清晰简明，提高制图效率，满足设计、施工、存档等要求，以适应工程建设需要，国家以及相关行业制定了以下标准：

1）《暖通空调制图标准》（GB/T 50114—2001）。

2）《给水排水制图标准》（GB/T 50106—2001）。

3）《电气技术用文件的编制》（GB/T 6988—1997）。

4）《电气简图用图形符号》（GB/T 4728—1985）。

5）《电气技术中的文字符号制订通则》（GB/T 7159—1987）。

6）《供热工程制图标准》（CJJ/T 78—1997）。

2.1.2　图线

每个图样应根据复杂程度和比例大小，选定基本线宽和对应的线宽组（见表1-3）。再根据图线要表达的内容，选择适当的线型（见表1-4）。虚线与实线、虚线与单（双）点画线、虚线与虚线、单（双）点画线与实线、单（双）点画线与单（双）点画线相交，一般情况都应交于线段。此外，图线不得与文字、数字和符号重叠、混淆，不可避免时，应首先保证文字等的清晰。表2-1为建筑设备施工图常用线型。

表2-1　建筑设备施工图常用线型

名称		线型	线宽	用途
实线	粗	————	b	新设计的排水及其他重力流管线、单线风管、电气一次线路
	中粗	————	$0.75b$	新设计的给水及其他压力流管线
	中	————	$0.5b$	本专业设备可见轮廓线、双线表示的管道
	细	————	$0.25b$	建筑物轮廓线、图例线、尺寸标注线及引出线、电气二次线路

（续）

名　　称		线型	线宽	用　　途
虚线	粗	- - - - - - - - - -	b	回水管线、非金属风道的内表面轮廓线
	中	- - - - - - - - - -	$0.5b$	本专业设备不可见轮廓线、被遮挡管道
	细	- - - - - - - - - -	$0.25b$	地下管沟、示意性连线、屏蔽线、机械连接线
单点长画线		—·—·—	$0.25b$	中心线、对称中心线、轴线等，电气用结构围框线、功能围框线、分组围框线
双点长画线		—··—··—	$0.25b$	假想轮廓线，电气用辅助围框线
折断线		—\/\—	$0.25b$	断开界线
波浪线	中	～～～	$0.5b$	单线表示的软管
	细	～～～	$0.25b$	断开界线

2.1.3　比例

建筑设备工程平面图的比例尽可能与工程项目设计的主导专业一致，其余可参考表 2-2 选用。

表 2-2　建筑设备施工图常用比例

图　　名	比　　例
剖面图	1:50、1:100、1:150、1:200；可用比例 1:300
局部放大图、管沟断面图	1:20、1:50、1:100；可用比例 1:30、1:40
详图	1:1、1:2、1:5、1:10、1:20；可用比例 1:3、1:4、1:15

2.1.4　图例

建筑设备工程中的许多设备、配件、附件等，在图纸上不需反映实物的具体形象与结构，而应该采用国家规定的统一符号来表示。为了能够阅读建筑设备施工图，应先了解相关图例，在后续章节将一一介绍。

2.2　建筑设备施工图的主要内容

建筑设备施工图样，通常包括以下几项：

（1）图样目录　为了便于图样管理和对整个工程概貌的了解，必须提供所有图样的目录清单。图样目录的范例如图 2-1 所示，目录所提供的图纸清单应能充分反映这一阶段整个工程的全貌。对于通风工程，常采用“风施”；对于采暖工程，常采用“暖施”；对于燃气工程，常采用“燃施”；对于给水排水工程，常采用“水施”；对于冷热源工程，常采用“动施”、“设施”或“热施”；对于电气工程，常采用“电施”；对于空调工程，常采用“设施”、“风施”或“暖施”。

（2）设计说明　设计说明是工程设计的重要组成部分，它包括对整个设计的总体描述（如设计条件、方案选择、安装调试要求、执行的标准），以及对设计图样中没有表达或表达不清晰内容的补充说明等。

图 纸 目 录					
序号	文件或图纸名称	图号	实际张数	图纸规格	备注
一	工程图				
1	图纸目录	燃施 01	2	3 号	
2	燃气专业设计说明书	燃施 02	2	3 号	
3	燃气专业主要设备材料表	燃施 03	3	3 号	
4	6 区天然气管道外线平面图	燃施 04	1	1 号	
5	6—1#住宅楼首层天然气管道平面图	燃施 05	1	2 号	
6	6—1#住宅楼天然气管道系统图	燃施 06	1	2 号	
7	6—2#6—3#住宅楼首层天然气管道平面图	燃施 07	1	2 号	
8	6—2#6—3#住宅楼二层天然气管道平面图	燃施 08	1	2 号	
9	6—2#6—3#住宅楼天然气管道系统图	燃施 09	1	2 号	
10	6—4#6—5#住宅楼首层天然气管道平面图	燃施 10	1	2 号	
11	6—4#6—5#住宅楼二层天然气管道平面图	燃施 11	1	2 号	
12	6—4#6—5#住宅楼天然气管道系统图	燃施 12	1	2 号	
13	6—6#6—7#住宅楼首层天然气管道平面图	燃施 13	1	2 号	
14	6—6#6—7#住宅楼二层天然气管道平面图	燃施 14	1	2 号	
15	6—6#6—7#住宅楼天然气管道系统图	燃施 15	1	2 号	
二	套用图				
1	燃气专业施工图技术说明书(0.4MPa 钢管)	02RQSSM-01	3	3 号	
2	*DN*200 燃气单管阀室工艺安装尺寸图(*PN*1.6MPa)	02RQDY1-03	1	2 号	
3	*DN*200 燃气单管阀室结构图	02RQDG1-03	1	2 号	
	(*PN*1.6MPa、*PN*4.0MPa)				
4	混凝土小室人孔爬梯、集水坑及洞口做法	99GXG-02	1	2 号	
5	90°钢梯结构图(一)	99GGT-01	1	2 号	

××设计院					工程名称	××小区燃气工程(户内)	
专业负责人			审　定				
设　计			审　核		工 程 号		图号
日　期			校核		第 1 页　共　页		

图 2-1　图样目录范例

（3）主要设备材料表　主要设备材料表可书写于平面图的标题栏上方，如图 2-2 所示。这时项目名称写在下面，从下往上编号。设备表至少包括序号（编号）、设备名称、型号规格、件数、备注栏；材料表至少包括序号（编号）、材料名称、规格、单位、数量、备注栏。设备材料表也可单独成图，如图 2-3 所示。

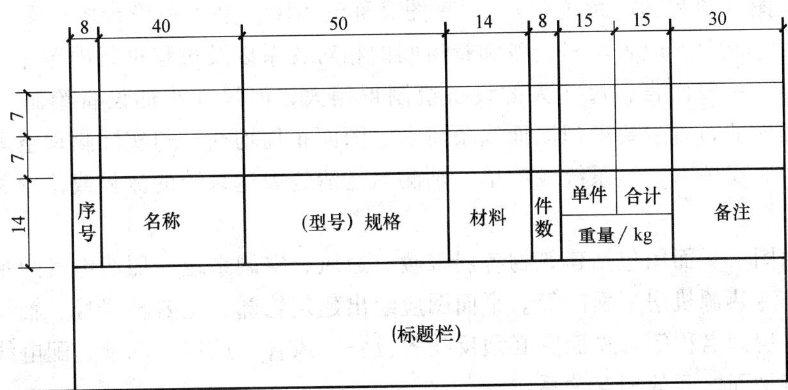

图 2-2 明细栏（适合字高为5的情况）

燃气专业主要设备材料表							
序号	名 称	型号及规格	单位	数量	重量/kg		备注
					单重	总重	
	室外						
1	焊接钢管	Q235B $\phi426\times7$	m	118			
		Q235B $\phi325\times6$	m	73			
2	无缝钢管	Q215 钢 $\phi219\times5$	m	673			
		Q215 钢 $\phi108\times4.5$	m	1470			
		Q215 钢 $\phi89\times4$	m	41			
		Q215 钢 $\phi57\times3.5$	m	647			
3	塑化沥青防蚀带		m^2	1332			加强级
4	警示带		m	3022			
5	机制三通	Q235B $DN400\times DN400$	个	1			
6	机制三通	Q235B $DN400\times DN300$	个	1			
7	机制三通	Q235B $DN400\times DN200$	个	4			
8	机制弯头	Q235B $DN200R=1.5D$ 90°	个	1			
9	绝缘接头	$DN200$ $PN1.6$MPa	套	2			

××设计院					工程名称	××小区燃气工程(户内)		
专业负责人			审 定					
设 计			审 核		工 程 号		图 号	
日 期			校 核		第3页 共 页			

图 2-3 主要设备材料表范例

（4）原理图（流程图、系统图） 原理图又称流程图，是工程设计图中重要的图样，它表达系统的工艺流程，应表示出设备和管道间的相对关系以及过程进行的顺序，不按比例和投影规则绘制。一般而言，尺寸大的设备绘制得稍大，而尺寸小的设备绘制得小一些，设备、管道在图面的布置主要考虑图面线条清晰、图面布局均衡，与实际物理空间的设备管道布置没有投影对应关系。当系统较简单、轴测图能清楚表达系统的流程或位置关系时，可省略原理图。

（5）平面图 平面图包括建筑物各层采暖、通风、空调系统、照明电气的平面图、空调机房平面图、冷热源机房平面图等。平面图应绘出建筑轮廓、主要轴线号、轴线尺寸、室内外地面标高、房间名称等。平面图必须反映各设备、风管、风口、水管、配电线路等安装平面位置与建筑平面之间的相互关系。

（6）剖面图 剖面图是为了说明平面图难以表达的内容而绘制的，与平面图相同，采用正投影法绘制。图中所说明的内容必须与平面图一致。建筑设备工程中常见的有空调机房剖面图、冷冻机房剖面图、锅炉房剖面图等，用于说明立管复杂、部件多以及设备、管道、风口等纵横交错时垂直方向上的定位尺寸。图中设备、管道与建筑之间的线型设置等规则与平面图相同。当系统较简单、轴测图能清楚表达系统的流程或位置关系时，可全部或部分省略剖面图。

（7）系统轴测图 系统轴测图采用三维坐标，其主要作用是从总体上表明系统的构成情况。具体地说，系统轴测图包括系统中设备、配件的型号、尺寸、数量以及连接于各设备之间的管道在空间的曲折、交叉、走向和尺寸等。系统轴测图上还应注明系统编号。建筑设备工程中的系统轴测图可以单线绘制，也可以用双线绘制。一般采用45°投影法，以单线按比例绘制，比例应与平面图相符。常见的有采暖水系统轴测图、空调风系统轴测图、空调冷冻水系统轴测图、冷却水系统轴测图等。

（8）详图 建筑设备工程中常用的详图有：设备、管道安装的节点详图，如热力入口大样详图、散热器安装详图；设备、管道的加工详图；设备、部件的基础结构详图，如水泵的基础、冷水机组的基础。

第3章　建筑给水排水工程图

建筑给水排水工程图是建立在相应的房屋建筑工程图、结构工程图基础之上，用来表达房屋内部给水排水管网的布置、用水设备以及附属配件设置的图样。本章主要介绍室内给水排水工程图的图示内容、表达特点以及阅读方法；在此基础上，对一套室内给水排水施工图进行详细解读。

3.1　建筑给水排水概述

3.1.1　给水系统组成及其原理

建筑给水又称建筑内部给水，也称室内给水，包括生活给水系统、生产给水系统、消防给水系统和热水供应等。其任务是将水自城镇给水管网输送到生产生活和消防用水设备处、并满足各用水点对水质、水量、水压的要求。

1. 给水系统组成

室内给水系统如图3-1所示，由以下部分组成：

(1) 引入管（进户管）　建筑物的总进水管，它是城市给水管网（配水管网）与建筑给水系统的连接管道。

(2) 水表节点　引入管上装设的水表及前后设置的阀门、进水装置的总称。总水表前后应装有阀门及跨越管，以便维修。

(3) 干管　系统中的水平管道，连接引入管和各个立管。干管应尽量靠近立管，供水要求严格的系统，布置成环形供水；如果置于管沟、地下室，形成下行上给式供水系统；置于建筑顶层，形成上行下给式供水系统。

(4) 立管　向各楼层供水的垂直管道，根据干管有下行上供（干管在下）和上行下供两种供水方式（干管在上）；通常靠近用水设备，并沿墙柱（墙角）向上延伸。

(5) 支管　立管后续的管道，包括各楼层的水平管及家庭立管，直接向各用水点供水。支管不得穿越橱柜、风道及卧室等处，要避免支管过长而引起的管道与门窗、梁柱、其他管道的交叉。

(6) 用水设备和附件　水龙头、各种阀门、过滤器、减压装置等。

(7) 升压设备　水泵、水箱、水池、气压给水设备、升压或储水设备。

2. 给水方式

给水方式是建筑给水系统的给水方案。按照增压和储水设备情况，给水方式可分为：

(1) 直接给水方式　当室外管网的水量水压都能满足建筑物的要求时，无需储水池、水泵和水箱，通过管道直接把水输送到建筑物内各用水点，如图3-2所示。

(2) 单设水箱给水方式　城市管网的压力在大部分时间能满足室内管网的要求，用水高峰时，压力不足，增设水箱用于储水和稳压，如图3-3所示。

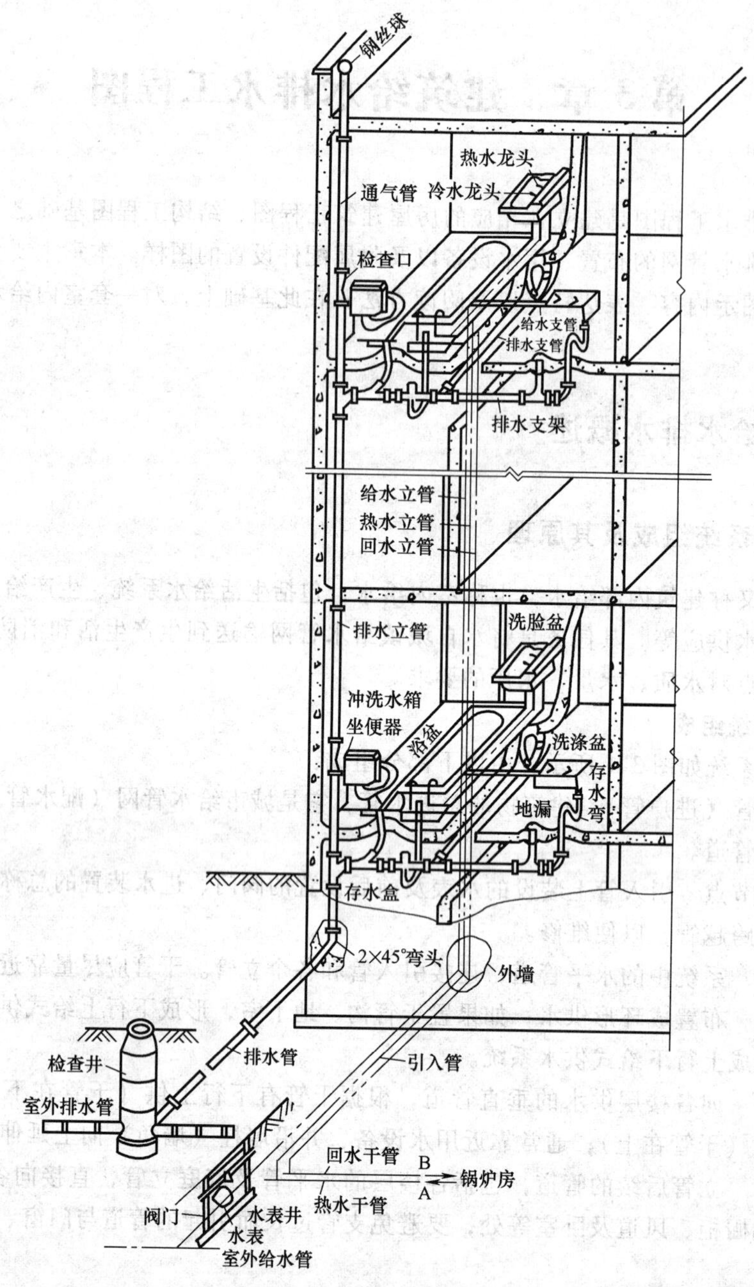

图 3-1 室内给水系统

（3）水泵加压给水方式　由于外网水压不能满足建筑给水设备水压要求，建筑室内的用水量大且稳定在一定值范围，可通过水泵加压给水。

（4）分区给水方式　下部楼层由城市管网直接供水，上部楼层设水泵和水箱联合供水，形成上下分区供水系统，多适用于多（高）层建筑，如图 3-4 所示。这种供水方式既可充分利用城市配水管网，又可减小上区供水设备的储水容量。

（5）气压给水方式　当室外管网压力经常不足且不宜设置高位水箱时可采用气压给水方

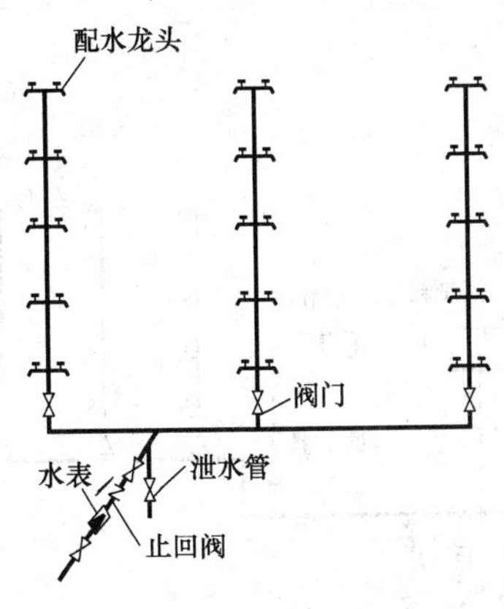

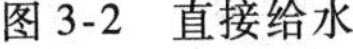

图 3-2 直接给水

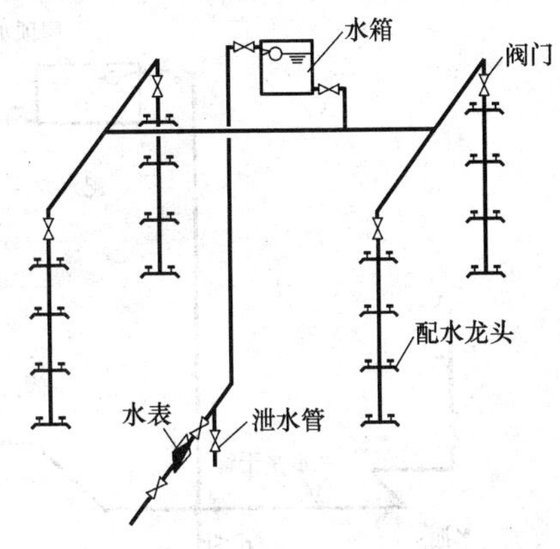

图 3-3 单设水箱给水

式（如图 3-5 所示）。气压给水设备是利用空气压力使气压罐中的储水得到位能的增压设备，可设置在建筑物的高处或低处。该方式采用由水泵、气压水罐、补气装置、电控装置组成的气压给水设备给水，其作用相当于高位水箱和水塔。水泵从储水池或市政给水管网吸水，经加压后送至给水系统和气压水罐内，停泵时再由气压水罐向室内给水系统供水，由气压水罐调节储存水量及控制水泵运行。

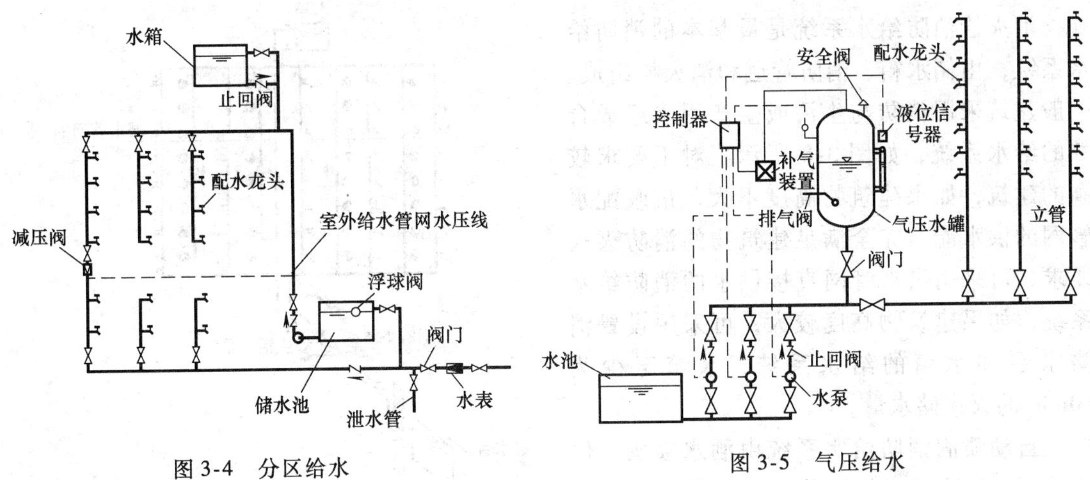

图 3-4 分区给水

图 3-5 气压给水

(6) 设置水箱和水泵的给水方式 城市管网水压经常性不足，且建筑用水不均匀时，采用水箱和水泵联合运行的给水方式，如图 3-6 所示。水泵用以提高供水压力，同时向水箱供水，再由水箱向室内供水。水箱满，水泵停；水箱水少到一定量时，水泵重新起动。这种供水方式既减小了水箱的容积，又提高了水泵的运行效率。

(7) 变频给水 在实际给水系统中，用水量在大多数时间里都小于最不利工况时的流量，其扬程将随流量的下降而上升，使水泵经常处于扬程过剩的情况下运行。势必会形成水泵能耗增高、效率降低的运行工况。为了解决供需不相吻合的矛盾，采用能自动调节水泵转速的变速泵，如图 3-7 所示。

3. 消防给水系统

建筑消防给水系统一般可分为消火栓系统、自动喷洒消防系统。此外还有水雾、蒸汽及

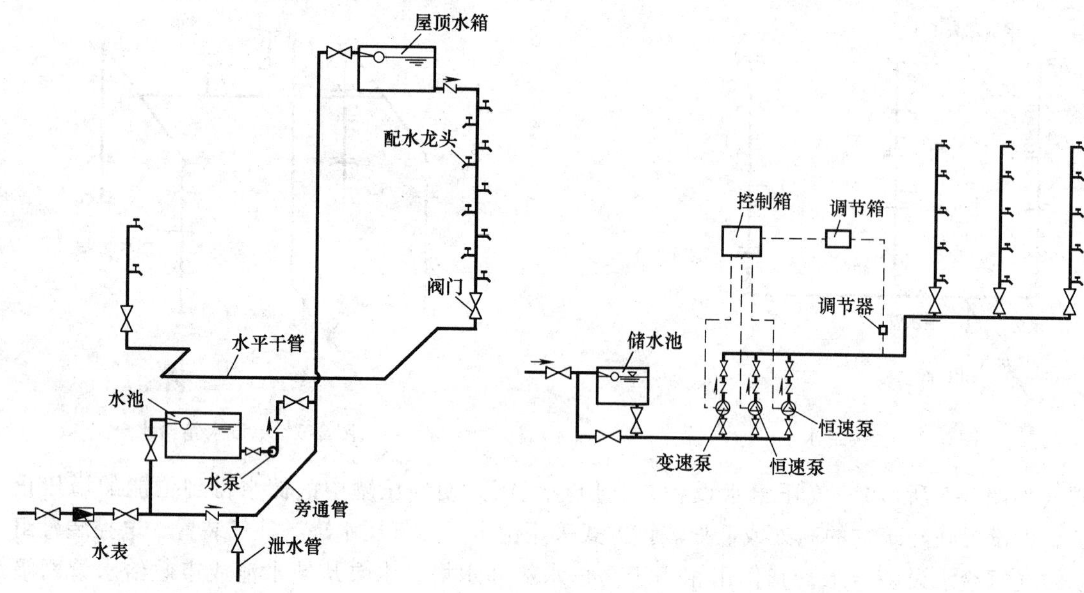

图 3-6 设置水箱和水泵给水

图 3-7 变频给水

化学药物消防系统。

消火栓消防给水系统是最基本的消防给水系统，由储水箱、消防管道和消火栓组成。一般建筑采用消防与生活或生产用水组成合并的给水系统，如图 3-8 所示。对于要求较高的建筑，如果建筑物高度不大，市政配水管网的供水能力完全满足建筑物的消防灭火要求，可采用供水管网直接供水的消防给水系统；如果建筑物高度较大，可采用设置消防水泵和水箱的给水系统，水箱至少为 10min 的灭火储水量。

自动喷洒消防给水系统由洒水喷头、供水管网、储水箱、控制信号阀和供水设备及自动报警器组成。

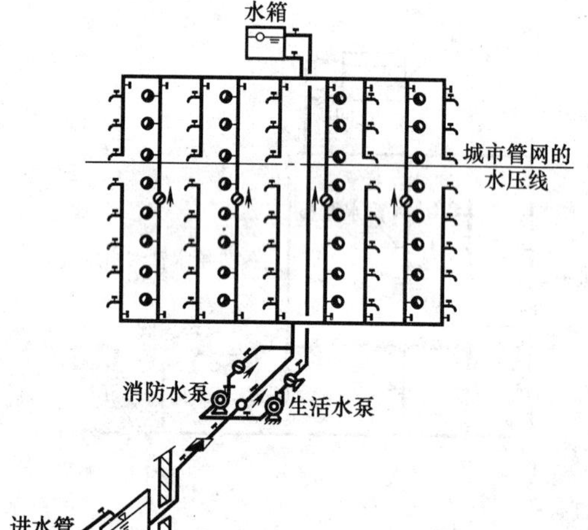

图 3-8 生活和消防合用给水系统

3.1.2 排水系统介绍

建筑排水系统分为生活污水系统、生产废水系统和雨水排水系统。依据排放污水的种类数量，建筑排水系统又分为合流制（同时排除生活污水和雨水）和分流制（只排除一种污水）。

1. 排水系统组成

室内排水系统如图 3-1 所示，由以下部分组成：

（1）排水设备　卫生器具或生产设备受水器。

（2）存水弯　用于隔断排水管与室内，防止有害气体进入室内。分为管式、瓶式、筒式。

(3) 排水横支管 通常沿墙敷设，不应敷设在厨房的灶台上空，不应穿越卧室和橱柜。管道应有一定的坡度并坡向立管。最小管径不小于50mm，粪便排水管径不小于100mm。

(4) 排水立管 设在水量大而水质污浊的设备附近，沿墙角或柱敷设。管径不能小于相连横支管的管径。

(5) 排出管 埋设于地下，要穿越外墙，管顶上的净空不得小于建筑物的沉降量，并且排出管坡向室外排水检查井。室外检查井距建筑物外墙宜3～10m。

(6) 通气管 为了使室内排水管系统与大气相通，尽可能使管内压力接近大气压力，以保护水封不遭受破坏，同时排放管道内的有害腐气，应安装通气管。

1) 伸顶通气管（如图3-9所示）：将立管上端延伸出屋面300mm以上；通气效果差，排水量较小，用于低层建筑的单立管排水管系统。

2) 专用通气管：构造简单、排水量大，节省材料和投资省，用于一般的高层住宅建筑。

3) 环形通气管：构造复杂，通气效果好，用于卫生条件要求高的高级住宅、旅馆。

(7) 排水管附属设备 检查口（双向）和清扫口（单向）、地漏、检查井。

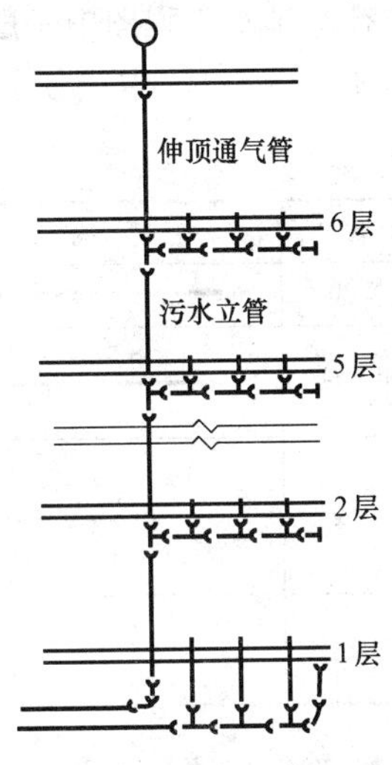

图3-9 伸顶通气管排水系统

2. 雨水排水系统

雨水排水系统是指有组织地从雨落管或雨水管系统排出屋面的降水，分为外排水系统和内排水系统。如屋顶面积较小，可采用雨落管排水系统（如图3-10所示）；如屋面较大，可采用天沟外排水系统（如图3-11所示）；如屋顶面积很大，可采用内排水系统。

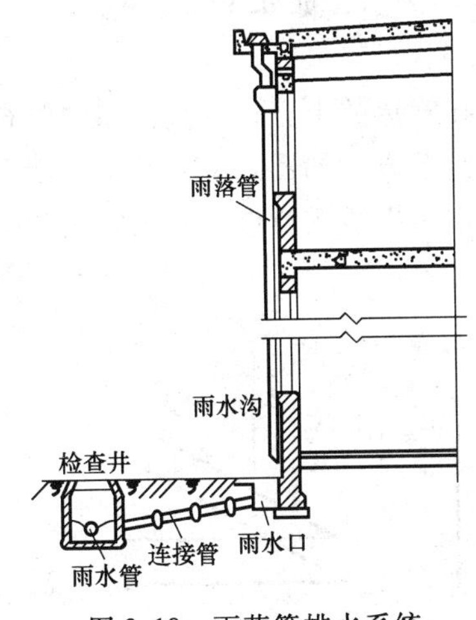

图3-10 雨落管排水系统

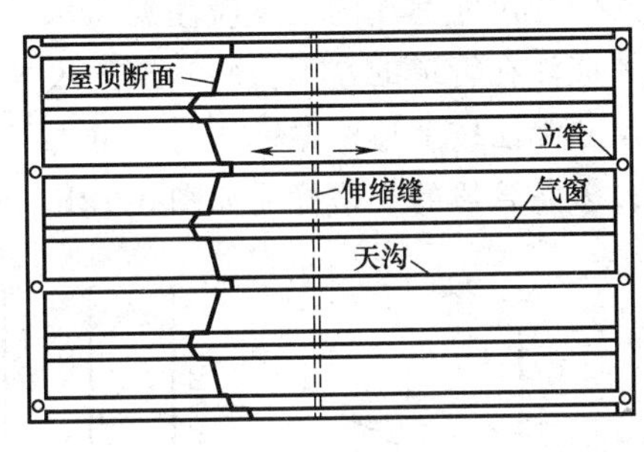

图3-11 天沟外排水系统

3.2 建筑给水排水工程图的特点及阅读方法

建筑给水排水工程图主要包括室内给水排水平面图、系统轴测图以及大样详图，用于表达建筑室内外管道及其附属设备、水处理构筑物、存储设备的结构形状、大小、位置、材料以及有关技术要求等，是给水排水工程施工的主要技术依据。

3.2.1 管道表达

1. 图线

给水排水工程图中一般用单线绘制管道，图线宽度 b 一般为 0.7mm 或 1.0mm，各图线的用途见表 3-1。虚线分别为相应宽度实线所描述物体的不可见轮廓线。

表 3-1 给水排水施工图常用线型

名称	线 型	线宽	用 途
粗实线	————	b	新设计的排水及其他重力流管线
中粗实线	————	$0.75b$	新设计的给水及其他压力流管线，原有排水及其他重力流管线
中实线	————	$0.5b$	给水排水设备、零(附)件的可见轮廓线；原有的给水和其他压力流管线；总图中新建建筑物和构筑物的可见轮廓线
细实线	————	$0.25b$	各种标注线；总图中原有建筑物和构筑物的可见轮廓线；建筑物的可见轮廓线

2. 管径标注

管道规格的单位为毫米（通常省略不写），标注时应符合以下规定：

1）对于镀锌钢管、铸铁管等，用“*DN* 公称直径”表示，如 *DN*100。

2）对于无缝钢管、焊接钢管、铜管、不锈钢管等，用“*D* 外径 × 壁厚”表示，如 *D*108 ×4。

3）对于混凝土管、陶土管、陶瓷管等，用“*d* 管道内径”表示，如 *d*230。

4）对于塑料管材，用“*De* 管道外径”表示，如 *De*110。

管径尺寸标注的位置应注意：水平管道的管径尺寸应注在管道的上方，垂直管道的管径尺寸应注在管道的左侧，斜管道的尺寸应平行标注在管道的斜上方，如图 3-12a 所示；当管径尺寸无法按上述位置标注时，可再找适当位置标注，但应用引出线示意该尺寸与管段的关系；多条管段的规格标注如图 3-12b、c、d 所示。

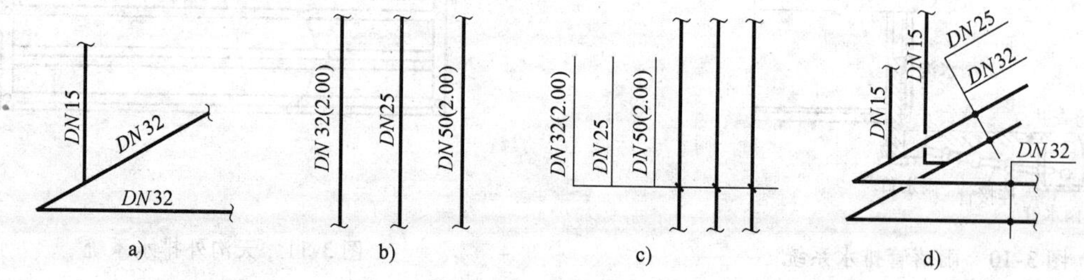

图 3-12 管径尺寸标注位置

3. 管道标高标注

管道所注的标高未予说明时表示管中心标高；标注管外底或顶标高时，应加注“底”或“顶”字样。平面图中，无坡度要求的管道标高可标注在管道尺寸后的括号内，如图 3-12b、c

所示。轴测图中，管道标高如图3-13a、b所示。剖面图中，管道标高如图3-13c所示。

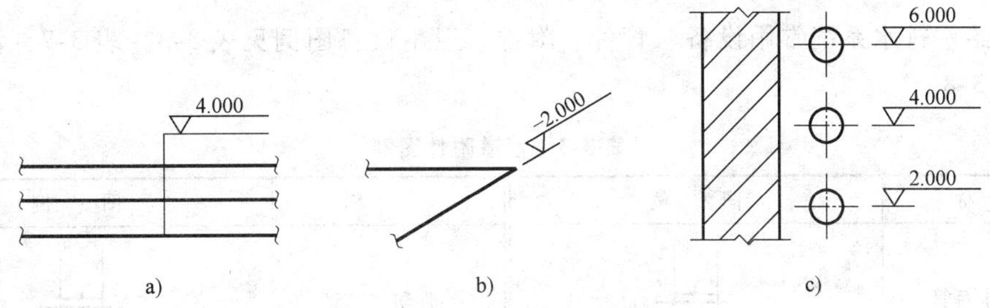

图3-13 管道标高

4. 管道编号

室内给水引入管或排水排出管应用英文字母和阿拉伯数字进行编号，以便查找和绘制系统轴测图，编号宜按图3-14所示方法表达。室内给水排水立管是指穿过一层或多层楼板的竖向供水管道或排水管道，表示方法如图3-15所示。用指引线注明管道的类别代号，如"JL"表示给水立管，"PL"表示排水立管。

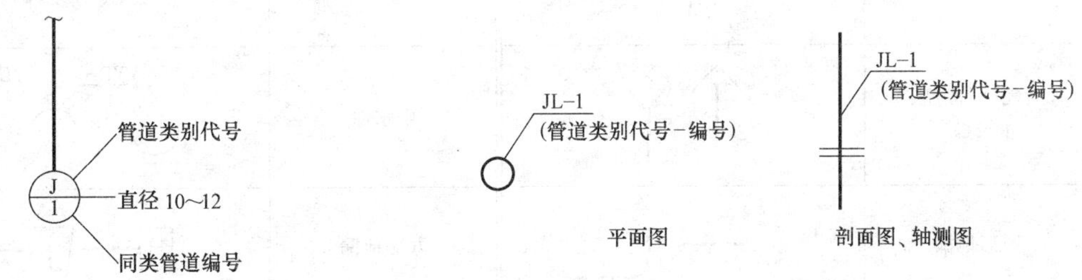

图3-14 给水引入（排水排出）管编号

图3-15 立管编号

5. 管道代号

管道的代号的名称，取自汉语拼音，具体代号见表3-2。绘制时，将管道断开，于断开处写管道代号。文字方向和管道标注文字方向遵守相同的书写规则。管道代号应优先采用制图标准中规定的符号，对于其中没有的内容，可以自行建立代号，并在图样中对这些代号的含义进行说明。

表3-2 管道代号

名　称	图　例	名　称	图　例
生活给水管	—J—	热水给水管	—RJ—
中水给水管	—ZJ—	热水回水管	—RH—
循环给水管	—XJ—	热媒给水管	—RM—
循环回水管	—XH—	热媒回水管	—RMH—
废水管	—F—	通气管	—T—
压力废水管	—YF—	膨胀管	—PZ—
污水管	—W—	雨水管	—Y—
压力污水管	—YW—	压力雨水管	—YY—

3.2.2 常用图例

室内给水排水系统常用设备、管件、附件、卫生设备图例见表3-3～表3-7，消防设施图例见表3-8。

表3-3 管道附件图例

名称	图例	名称	图例
刚性防水套管		柔性防水套管	
方形伸缩器		波纹管	
管道滑动支架		可曲挠橡胶接头	
检查口		清扫口	
通气帽（成品、钢丝球）		雨水斗	YD- YD-
圆形地漏		方形地漏	
排水漏斗		自动冲水箱	
水表		疏水器	
承接插头		活接头	
管堵			

表3-4 管件图例

名称	图例	名称	图例
偏心异径管		异径管	
乙字弯		转动接头	

（续）

名　　称	图　　例	名　　称	图　　例
喇叭口	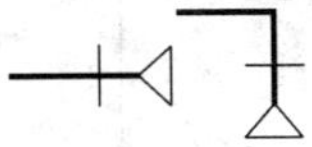	存水弯	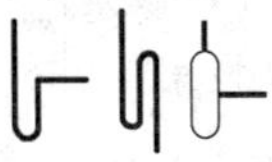
短管		弯头	
三通	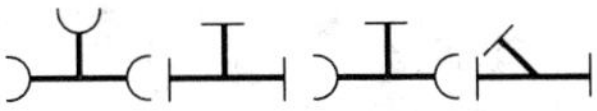	四通	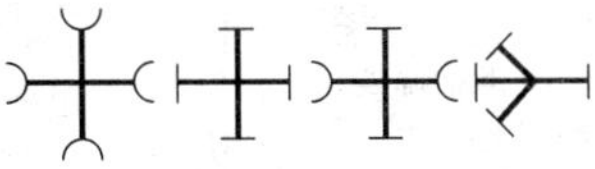

表 3-5　阀门图例

名　　称	图　　例	名　　称	图　　例
液动阀		气动阀	
减压阀	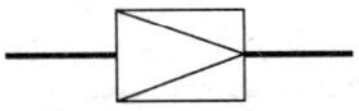	旋塞阀	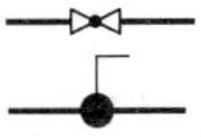
隔膜阀		气开隔膜阀	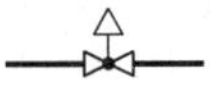
气闭隔膜阀		温度调节阀	
压力调节阀	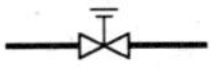	消声止回阀	
浮球阀	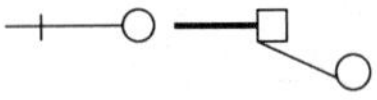	安全阀	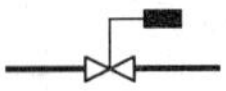
延时自闭冲洗阀		截止阀	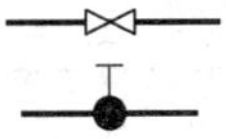
球阀			

表 3-6　给水配件、卫生设备图例

名　　称	图　　例	名　　称	图　　例
普通水龙头	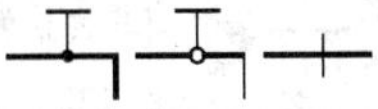	洒水（栓）龙头	
实验室龙头	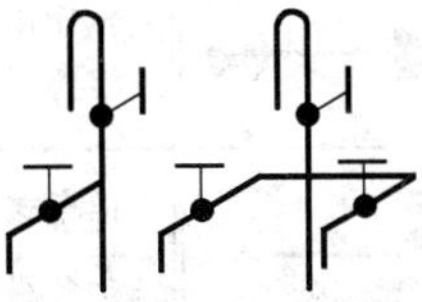	旋转水龙头	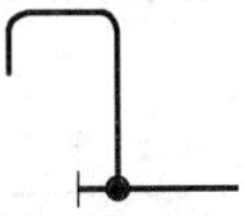
蹲式大便器	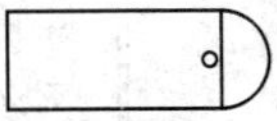	浴缸	

（续）

名　称	图　例	名　称	图　例
坐式大便器	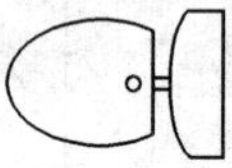	污水池	
盥洗槽	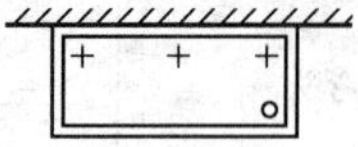	小便槽	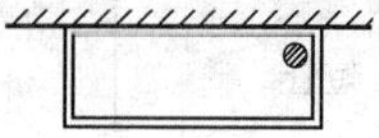
淋浴喷头	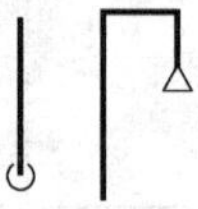	洗脸盆	

表 3-7　给水排水设备、仪表图例

名　称	图　例	名　称	图　例
转子流量计	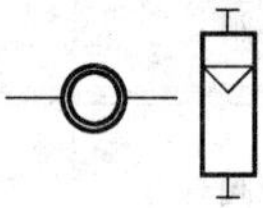	浮球液位器	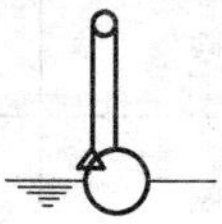
水泵	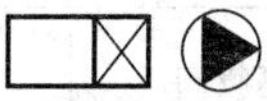	水流指示器	 L
自动记录流量计	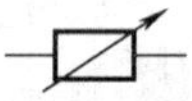	除垢器	
自动记录压力表		压力控制器	
喷射器			

表 3-8　消防设施图例

名　称	图　例	名　称	图　例	名　称	图　例
自动喷洒头（开式）	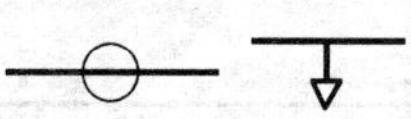	侧喷式喷洒头	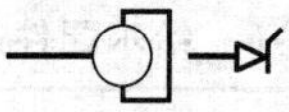	干式报警器	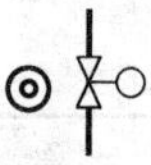
自动喷洒头（闭式上下）	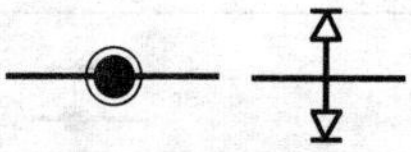	室内消火栓（单口）		湿式报警器	
自动喷洒头（闭式上喷）		室内消火栓（双口）		预作用报警器	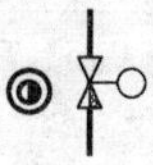
自动喷洒头（闭式下喷）		室外消火栓		推车式灭火器	
侧墙式自动喷洒头	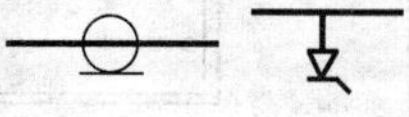	水炮	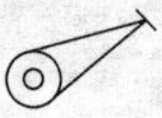	手提式灭火器	

3.2.3 给水排水施工图的阅读方法

给水排水工程所需的图样包括图样目录、设计说明、平面图、轴测图、原理图和大样详图。

1. 给水排水平面图

室内给水排水平面图通常是将同一建筑相应的给水平面图和排水平面图绘制在同一图样上，用来表达室内给水用具、卫生器具、管道及其附件的平面布置。以上内容都是用图例的形式表示，管线是示意性的，因此在读图前应熟悉相关图例。在识读给水排水平面图时，应重点阅读以下内容：

1）给水用具、卫生器具、立管等平面布置位置及尺寸关系。

2）给水系统和给水立管的编号，给水引入管、横管、干管、支管的平面走向，管道与室外管网以及用水设备的连接形式，水平管段的名称、材料、尺寸、敷设方式、坡度及坡向，管道附件（水表、阀门、支架等）的平面位置。

3）排水系统和排水立管的编号，排水干管、立管、支管的平面走向，管道与室外管网以及卫生器具的连接形式，水平管段的名称、材料、尺寸、敷设方式、坡度及坡向，管道附件、清扫口、室内检查井等的平面位置。

4）与室内给水相关的室外引入管、水表节点、加压设备等平面位置。

5）与室外排水相关的室外检查井、化粪池、排出管等平面位置。

6）屋面雨水排水管道的平面位置、雨水排水口的平面位置、水流的组织、管道安装敷设方式。

7）屋顶水箱的容量、平面位置、进出水箱的各种管道的平面位置、管道支架、保温等内容。

8）消防给水系统中消火栓的布置、口径大小以及消防水箱的形式与设置。

9）管道剖面图的剖切符号、投射方向。

2. 给水排水系统轴测图

室内给水排水系统轴测图一般按正面斜等测的方式绘制，能够表达管道系统的空间关系。轴测图通常以整个排水系统或给水系统为表达对象，因此，也称为排水系统图或给水系统图。轴测图也可以以管路系统的某一部分为表达对象，如卫生间的给水或排水等。在识读给水排水轴测图时，应重点阅读以下内容：

1）系统编号和立管编号，与平面图中的编号进行对照。

2）管段管径。由于水平管道的水平投影不具有积聚性，而垂直管道的投影具有积聚性；所以，在平面图中可以反映水平管段的管径变化，而立管的管径变化无法在平面图中表示，只能在轴测图中表达。

3）建筑标高、给水排水管道标高、卫生设备标高、管件标高、管径变化处的标高，管道的埋深等。

4）管道及其设备与建筑的关系，管道的坡向和坡度，以及主要管件（如阀门、水表、检查口）的位置。

5）与给水相关设施的空间位置，如屋顶水箱、室外蓄水池、加压水泵、室外阀门井、室外水表井等；与排水相关设施的空间位置，如室外排水检查井、雨水井、污水泵等。

6）分区供水、分质供水情况。

7）雨水排水情况：雨水排水管道的走向，雨水斗、落水井与排水管道的连接方式和空间关系。

3. 给水排水系统原理图

由于建筑物的层数越来越多，按原来绘制轴测图的方法绘制管道系统的轴测图很难表达清楚，而且效率低。所以在新标准中增加了系统原理图，可以代替系统轴测图，这时对卫生间等管道集中的地方要绘制轴测图。系统原理图表达的内容与系统轴测图基本相同，主要有以下不同：

1）以立管为主要表达对象，按管道类别分别绘制立管系统原理图。

2）以平面图左端立管为起点，顺时针自左向右按编号依次顺序排列，不按比例绘制。

3）横管以首根立管为起点，按平面图的连接顺序，水平方向在所在层与立管连接。

4）立管上的引出管在该层水平绘出，如支管上的用水或排水器具另有详图时，其支管可在分户水表后断掉，并在断开处注明详见图号。

5）夹层、跃层、同层升降部分应以楼层线反映，在图样上注明楼层数和建筑标高。

6）管道附件、各种设备、构筑物等均应示意绘出。

7）立管、横管均应标注管径，排水立管上的检查口和通气帽注明距楼地面的高度。

系统原理图的识读与系统轴测图的阅读方法相同，这里不再介绍。

4. 详图

详图主要包括管道节点、水表、过墙套管、卫生器具等的安装详图以及卫生间大样详图。

3.3 某住宅楼给水排水施工图解读

某六层（跃层）住宅楼室内给水排水工程的平面图、轴测图和详图分别如图 3-16 ~ 图 3-25 所示。限于篇幅，图样目录略去，该工程的设计施工说明如下。

设计施工说明

一、给水排水系统

（1）给水系统由室外管网直供水。

（2）排水系统：室内废污分流，室外雨污分流。

二、管材选用

（1）给水横干管、立管采用衬塑钢管螺纹连接，支管采用 PPR 给水管，热熔连接。排水横管、立管均采用 45°斜三通或 2 × 45°弯头连接。

（2）排水管采用芯层发泡 PVC-U 管，粘接。

三、施工要求

（1）凡管道穿梁、墙、板必须按管道位置配合土建预留洞或预埋套管。

（2）室内横管支架采用预埋件或膨胀螺栓固定。

（3）地下室排水采用潜污泵，湿式安装，液位自控运行排水。排水泵出水管用衬塑钢管螺纹连接，单向阀采用 SFCV 橡胶瓣逆止阀。

（4）试压及试水：生活给水系统试验压力为 1.0MPa；排水管需做闭水通球试验。

(5) 排水立管检查口离地1m，排水立管上每层设伸缩节，伸缩节做法见96S341。

(6) 防腐；钢管螺纹处刷红丹两道，外刷银粉漆两道，埋地管再刷沥青两道。

(7) 设备安装：1) 排水塑料管应设伸缩节，详见《建筑排水硬聚氯乙烯管道工程技术规程》(CJJ/T 29—1998)；2) 给水PP-R管道安装详见《建筑给水聚丙烯管道 (PP-R) 工程技术规程》(DBJ/CT 501—1999)。

(8) 保温：室外明露给水管均采用离心玻璃棉双合管保温，保护层为一层玻璃丝布，外包镀锌薄钢板；保温层厚度50mm，消防水箱采用50mm岩棉保温。

(9) 排水支管坡度：0.026；排水横管坡度：*De*110≥0.004，*De*160≥0.003。

四、其他

(1) 本工程室内地坪标高±0.000，室内外高差0.600；图中管道标高为管中心。

(2) 遵循国家相关施工及验收规范。

1. 首层平面图

如图3-16所示是首层给水排水平面图，主要表达了给水排水设施在建筑首层中所处的位置、给水排水管道的平面走向、管道的尺寸、穿过首层的给水排水立管编号、室外给水引入管平面位置、排水排出管和室外检查井的平面位置。从图中可以看出：

1) 该栋建筑共两个单元，每个单元两户。

2) 室内供水是从室外管网由建筑物的北侧接入，整个住宅楼共有两个引入管$\frac{J}{1}$和$\frac{J}{2}$，管径均为*DN*50。两个供水系统有相似之处，下面以$\frac{J}{1}$为例进行解读。从首层平面的局部放大图（如图3-17a所示，红色管线表示给水管道）可知：引入管入楼后，分成两个支路；一个支路水平向南，水平支管上依次安装了阀门（图例—•—）和水表（图例■），从楼梯西侧的阳台穿墙入户，入户后管线向西布置，最后到达“厨1”；另一个支路水平向东再水平向南，水平支管上依次安装了阀门和水表，从楼梯东侧的阳台穿墙入户，入户后管线向东布置，最后到达“厨2”；给水管道入户后，管线在厨房和卫生间内的具体布置参见给水系统图（如图3-23所示）；此外，给水干管在楼梯西外墙内侧与给水立管JL-1相连接，通过立管向上面的楼层供水。

3) $\frac{P}{1}$表示排水系统，可见该楼的排水系统共有16个，且每个排水系统在室外设置一个圆形检查井。以首层西侧一户为例，解读其排水系统，从首层平面的局部放大图（如图3-17b所示）可知：与这一户相关的排水系统共有5个；排水系统$\frac{P}{1}$接有一根污水排出管（管径*De*110），仅排除首层“卫1”坐便器中的污水，另一根为废水排出管（管径*De*75），排除首层“卫1”浴盆、洗脸盆、地漏中的废水；排水系统$\frac{P}{2}$接有一根污水排出管（管径*De*160），与立管WL-1连接，排除二层及以上楼层“卫1”污水，另一根为废水排出管（管径*De*110），与立管FL-1连接，排除二层及以上楼层“卫1”废水；排水系统$\frac{P}{3}$接有一根污水排出管（管径*De*160），与立管WL-2连接，排除二层及以上楼层“卫2”污水，另一根为废水排出管（管径*De*110），与立管FL-2连接，排除二层及以上楼层“卫2”废水；排水系统$\frac{P}{4}$接有一根污水排出管（管径*De*110），仅排除首层“卫2”坐便器中的污水，另一根为废水排出管（管径*De*75），排除首层“卫2”洗衣机、洗脸盆、地漏中的废水；排水系统$\frac{P}{5}$接有一根废水排出管（管径*De*50），仅排除首层“厨1”洗涤盆中的污水，另一根废

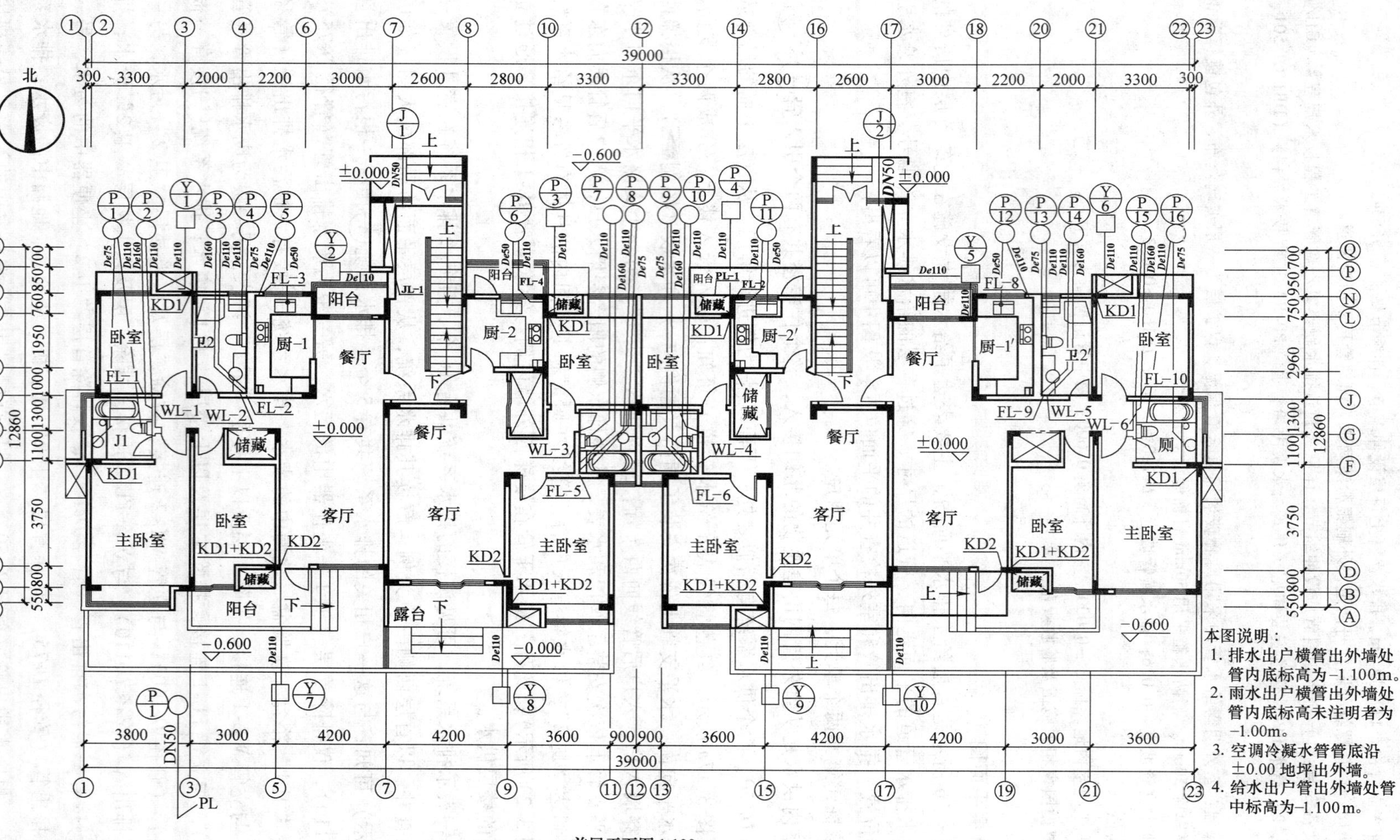

图 3-16 首层给水排水平面图

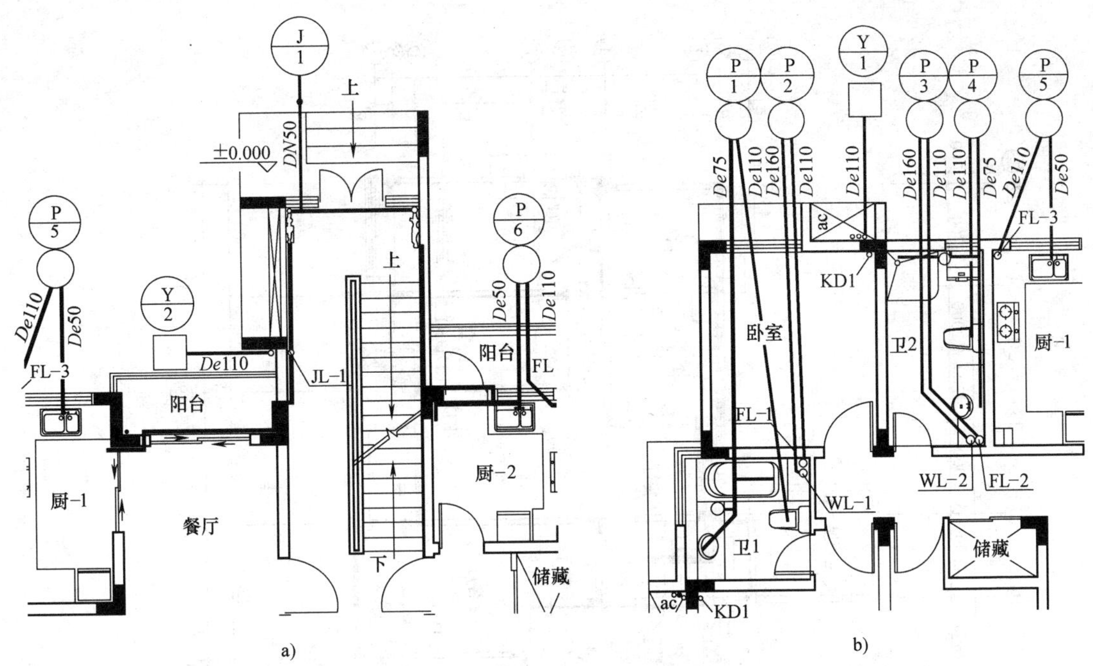

图 3-17 首层平面图局部放大

水排出管（管径 *De*110）与立管 FL-3 连接，排除二层及以上楼层“厨 1”污水；此外，卫生间内排水管道与卫生器具的连接方式以及管道的布置，具体见卫生间大样图（如图 3-25 所示）。

4）$\frac{Y}{1}$表示管径为 *De*110 的雨水排出管，该楼共有 10 个雨水排出管，每个雨水排出管在室外设置一个方形雨水检查井。

5）防水套管、排水管基础的做法、检查井做法以及雨水井做法，参见相关的专业图集。

2. 二～五层平面图（如图 3-18 所示）

该图是标准层给水排水平面布置图，主要表达了标准层室内给水排水设施的布置以及给水排水立管的位置。从图中可以看出：

1）给水立管为 JL-1 和 JL-2，分别设置在楼梯间的西北角，下面以 JL-1 为例进行解读。从平面的局部放大图（如图 3-19 所示，加粗管线表示给水管道）可知：给水立管 JL-1 分成两个水平支路，每个水平支管入户前设置一水表箱（安装阀门和水表）；其中一个支路从水表箱出来后向南，从楼梯间西侧的阳台穿墙入户，入户后管线向西布置，首先进入“厨 1”对洗涤盆进行供水，管线继续向西进入“卫 2”，在“卫 2”的东北角供水管分成两支，一支为淋浴和洗衣机供水，另一支沿墙向南布置，依次对坐便器和洗脸盆供水，管线继续向南，出“卫 2”后向西，进入“卫 1”，在“卫 1”的东北角供水管分成两支，一支直接为坐便器供水，另一支沿墙布置，依次对浴盆和洗脸盆供水。给水立管 JL-1 分出的另一个支路从水表箱出来后向西，从楼梯间东侧的阳台穿墙入户，首先进入“厨 2”对洗涤盆供水，管线沿墙向南布置，进入餐厅后向东布置，最终进入“卫 3”，在“卫 3”的西南角供水管分成两支，一支直接为坐便器供水，另一支沿墙布置，依次对浴盆和洗脸盆供水。

2）从水表箱出来的给水支管入户后，管道在厨房和卫生间内的空间布置以及管段尺寸详见给水系统图（如图 3-23 所示）。

卧室
主卧室
客厅
餐厅
阳台
厨-1
厨-2
卫1
卫2
卫3
储藏
KD1
KD2
KD1+KD2
PK1
YSK
FL-1
FL-2
FL-3
FL-4
FL-5
FL-6
FL-7
FL-8
FL-9
FL-10
WL-1
WL-2
WL-3
WL-4
WL-5
WL-6
JL-1
JL-2
11.600
8.700
5.800
2.900
3.300
5.450
2%
39000
12850
二～五层平面图1:100

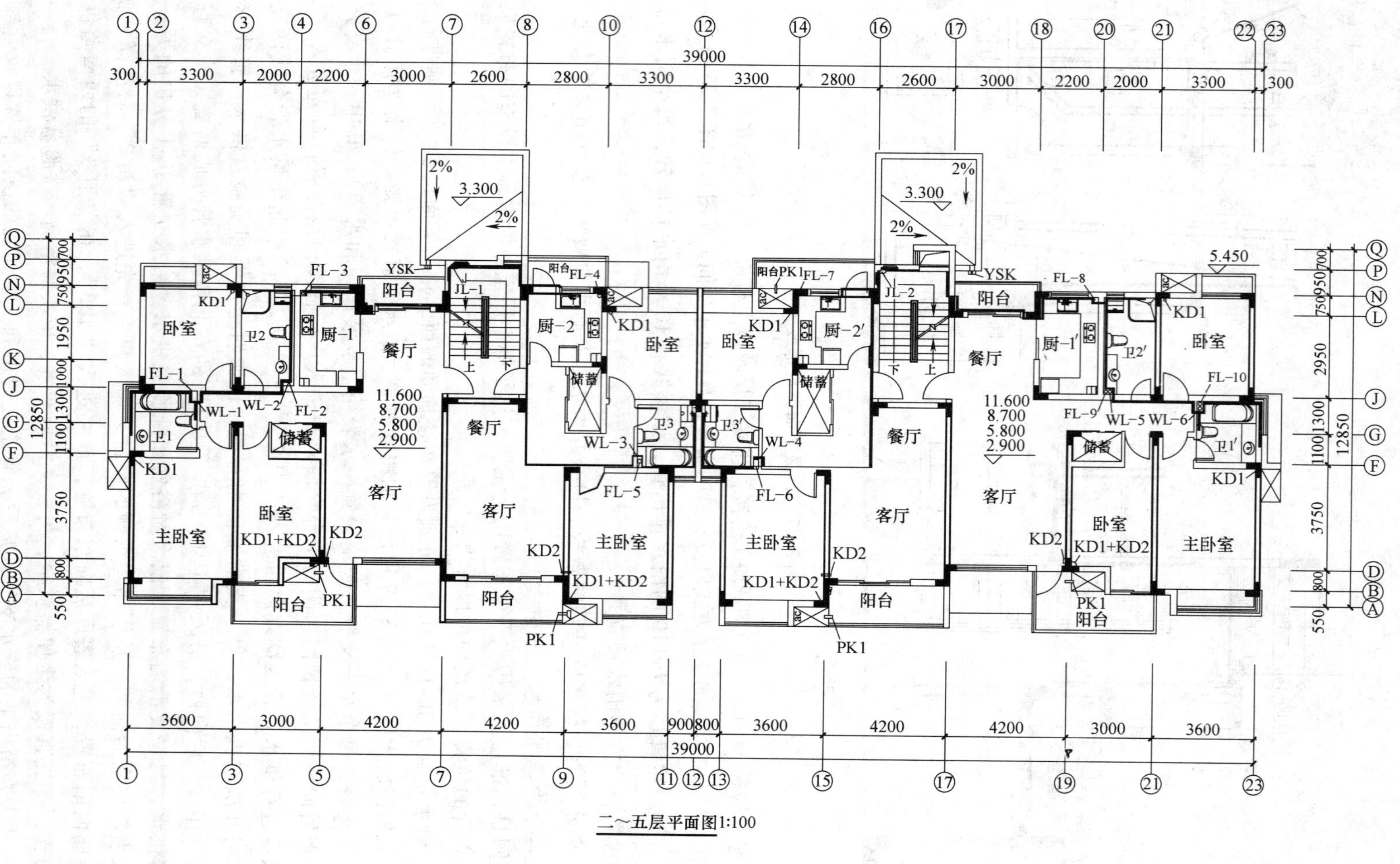

图 3-18 二～五层平面图

3）排水立管包括废水立管（FL-1 至 FL-10）和污水立管（WL-1 至 WL-6），例如：立管 FL-1 和 WL-1 设置在各层“卫 1”的东北角，用于排出“卫 1”的污水和废水，排水管道与卫生器具的连接以及管道的布置和尺寸详见卫生间大样图（如图 3-25 所示）。

4）二层设置了 2 个雨水口（图中编号：YSK），分别引入一楼的$\frac{Y}{2}$和$\frac{Y}{5}$（如图 3-16 所示）。

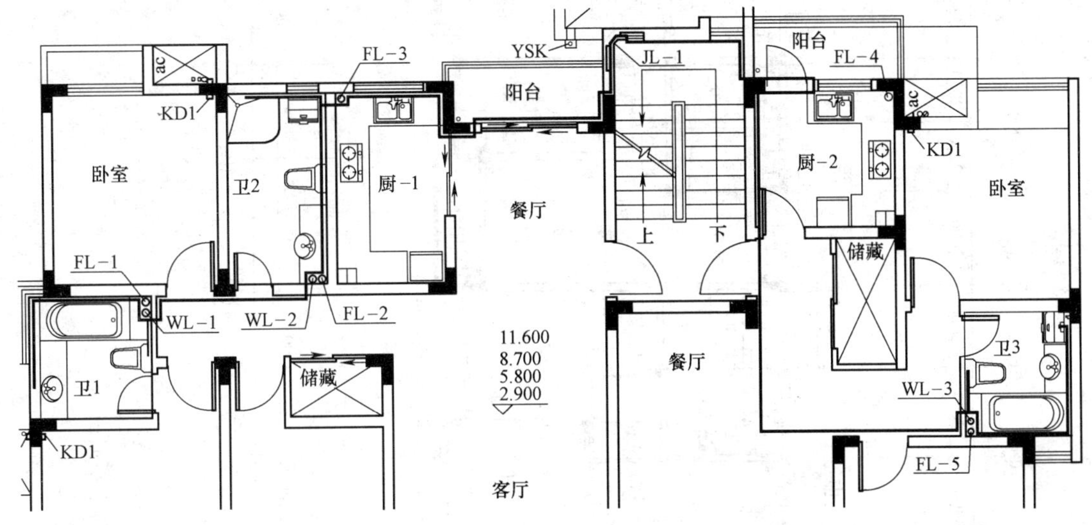

图 3-19　二～五层平面图局部放大

3. 六层平面图

如图 3-20 所示是六层给水排水平面图，图样内容与图 3-18 基本相同，这里不再详细介绍。

4. 跃层平面图

如图 3-21 所示是跃层平面图，主要表达了该层室内排水立管位置、室内排水设施布置、屋面通气管位置以及屋面雨水口布置和水流组织方式。从图中可以看出：

1）从六层引上来的排水立管 FL-1、WL-1、FL′-1 和 WL′-1 与“卫 4”的排水设备连接，排水立管 FL-6、WL-4、FL′-2 和 WL′-2 与“卫 5”的排水设备连接，排水管道与卫生器具的连接以及管道的布置和尺寸详见卫生间大样图（如图 3-25 所示）。

2）从六层引上来的其余排水立管（FL-2、FL-3、FL-4、FL-5、FL-7、FL-8、FL-9、FL-10，WL-2、WL-3、WL-5、WL-6），分别与通气管相连，直接引出屋面。

3）屋面的坡向和坡度（2% 或 1%）以及分水线表达了雨水流的组织方式；该层屋面共设置了 5 个雨水口，分别位于 3N、14N、18L、21N、19B 轴线相交处，通过雨水排水立管，分别与首层的雨水排出管$\frac{Y}{1}$、$\frac{Y}{4}$、$\frac{Y}{5}$、$\frac{Y}{5}$、$\frac{Y}{10}$（如图 3-16 所示）相连接，从而将屋面雨水排出。

5. 屋顶平面图

如图 3-22 所示是屋顶平面图，主要表达了跃层通气管位置以及屋面雨水口布置和水流组织。从图中可以看出：

1）从跃层引上来的排水立管 FL′-1、WL′-1、FL′-2 和 WL′-2，分别与通气管相连接，

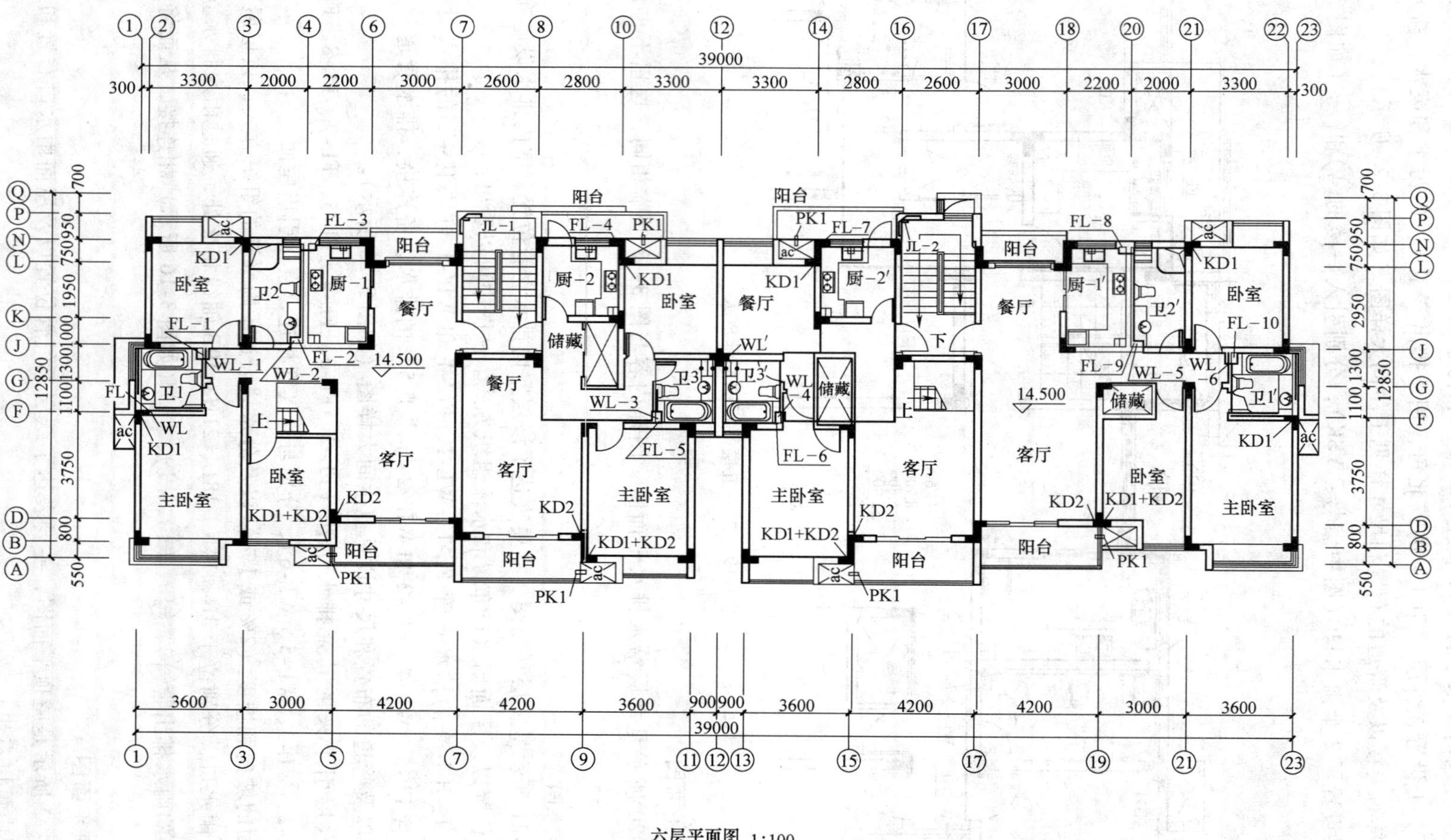

图 3-20 六层给水排水平面图

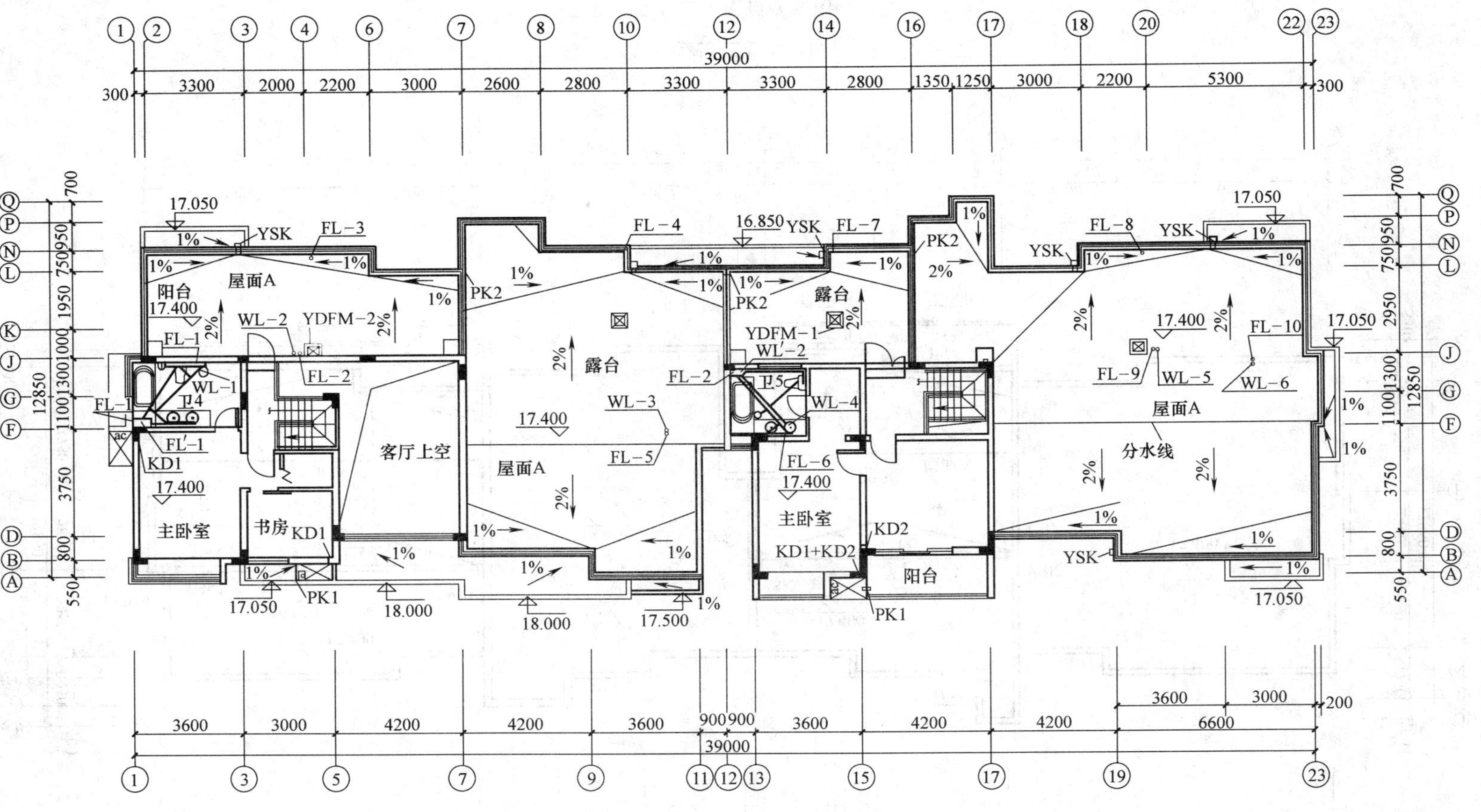

跃层平面图 1:100

图 3-21 跃层平面图

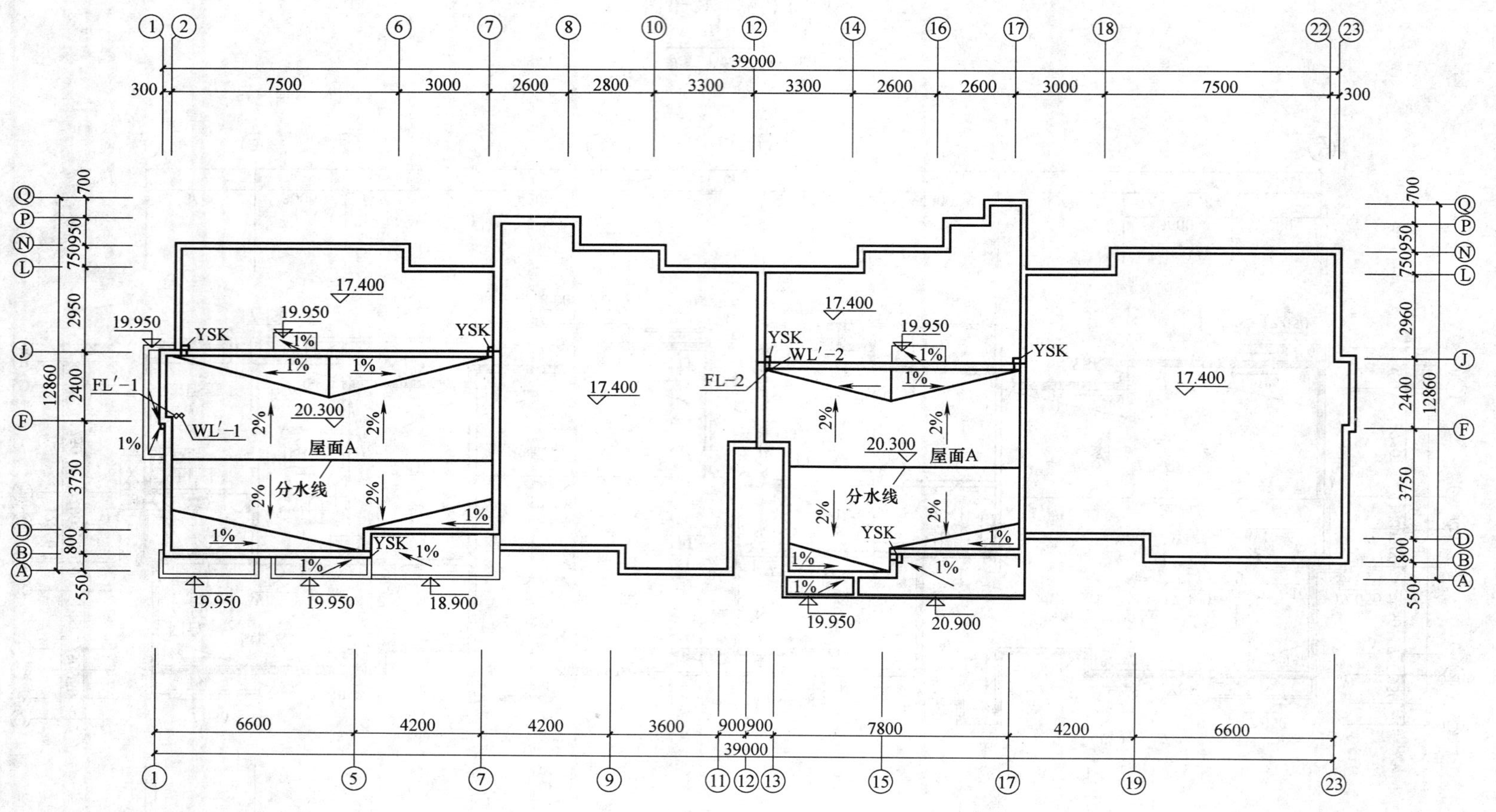

屋顶平面图 1:100

图 3-22 屋顶平面图

直接引出屋面。

2）屋面的坡向和坡度（2%或1%）以及分水线表达了雨水流的组织方式；该层屋面共设置了6个雨水口，分别位于2J、7J、5B、12J、17J、15B轴线相交处；其中，5B和15B处的雨水口通过雨水排水立管，与首层的雨水排出管(Y/7)和(Y/9)（如图3-16所示）相连接，直接将屋面雨水排出；其余四个雨水口将雨水汇集后，先排至跃层屋面，再通过跃层雨水口排出。

6. 给水系统图

如图3-23所示是室内给水轴测图（正面斜等测），也称给水系统图，主要表达了给水系统编号、管道及其附件与建筑的关系、各管段管径、主要管件的位置以及建筑标高、管道标高、管道埋深等。阅读室内给水系统图时，应结合各层平面图，从室外给水引入管开始，沿水流方向经干管、支管到用水设备。从本图可以看出：

1）整个住宅楼由室外给水管网直接供水，室内给水分为两个子系统(J/1)和(J/2)。

2）每个给水系统的水平干管（*DN*50）从室外相对标高－1.200m处由北面引入，入楼后垂直向上走0.950m接三通，三通的一侧（*DN*20）水平向东敷设一段距离，再垂直向上进入楼内，沿首层楼梯间水平向南敷设，在该支管上安装阀门和*DN*20水表，再垂直向上走1.55m，在距离首层室内地坪2.55m处，进入一楼东侧住户。三通的另一侧（*DN*50）水平向西敷设一段距离，再垂直向上进入楼内，在距离首层室内地坪1.00m处接一个三通，三通的一侧（*DN*20）水平向南敷设，在该支管上安装阀门和*DN*20水表，再垂直向上走，在距离首层室内地坪2.65m处，进入一楼西侧住户，三通另一侧（*DN*50）垂直向上进入二层，再通过给水立管向二～六层供水（每层从立管上分出两个支路分别向东西两侧住户供水）。

3）给水立管在每层分出两个支路，每个支路在水表后断掉，并注明了详见图号（如(支/1)表示支路1），可在本图右侧找到与之对应的支路轴测图，支路轴测图表达了给水管道的走向、管径、标高以及与用水设备的连接。以支路(支/1)为例进行说明：结合前面的平面图可以看出该支路负责“卫1”、“卫2”、“厨1”的供水，四个水龙头（图例）分别向洗涤盆、洗衣机和两个洗脸盆供水，四个角阀（图例）分别与淋浴、两个坐便器、浴盆相连接。

4）给水立管编号分别与各层平面图中立管的编号相对应。

7. 排水系统图

如图3-24所示是排水系统图，主要表达了排水系统编号、管道及其附件与建筑的关系、各管段管径、主要管件的位置以及建筑标高、管道标高、管道埋深等。看排水系统图时，可由上而下，自排水设备开始沿污水流向，经支管、立管、干管到排出管，同时要结合卫生间的大样详图进行阅读。从该图可以看出：

1）整个排水系统并不按照轴测关系绘制，而是以平面图左端立管为起点（FL-1和WL-1），顺时针自左向右按编号依次顺序均匀排列开。图中的水平平行线为各层地面线和屋面线。

2）整个住宅楼分为16个排水系统，以两个系统为例进行说明：

(P/1)排水系统仅负责首层“卫1”的排水，无排水立管，连接两根排出管，洗脸盆的存水弯（图例）、地漏（图例）、浴缸存水弯依次与废水排出管（管径*De*75）相连接，

预留DN40镀锌钢套管
嵌墙内安装
JL-1
JL-2
DN50
DN20
DN15
生活给水系统图
注：支5与支2对称；支6与支1对称

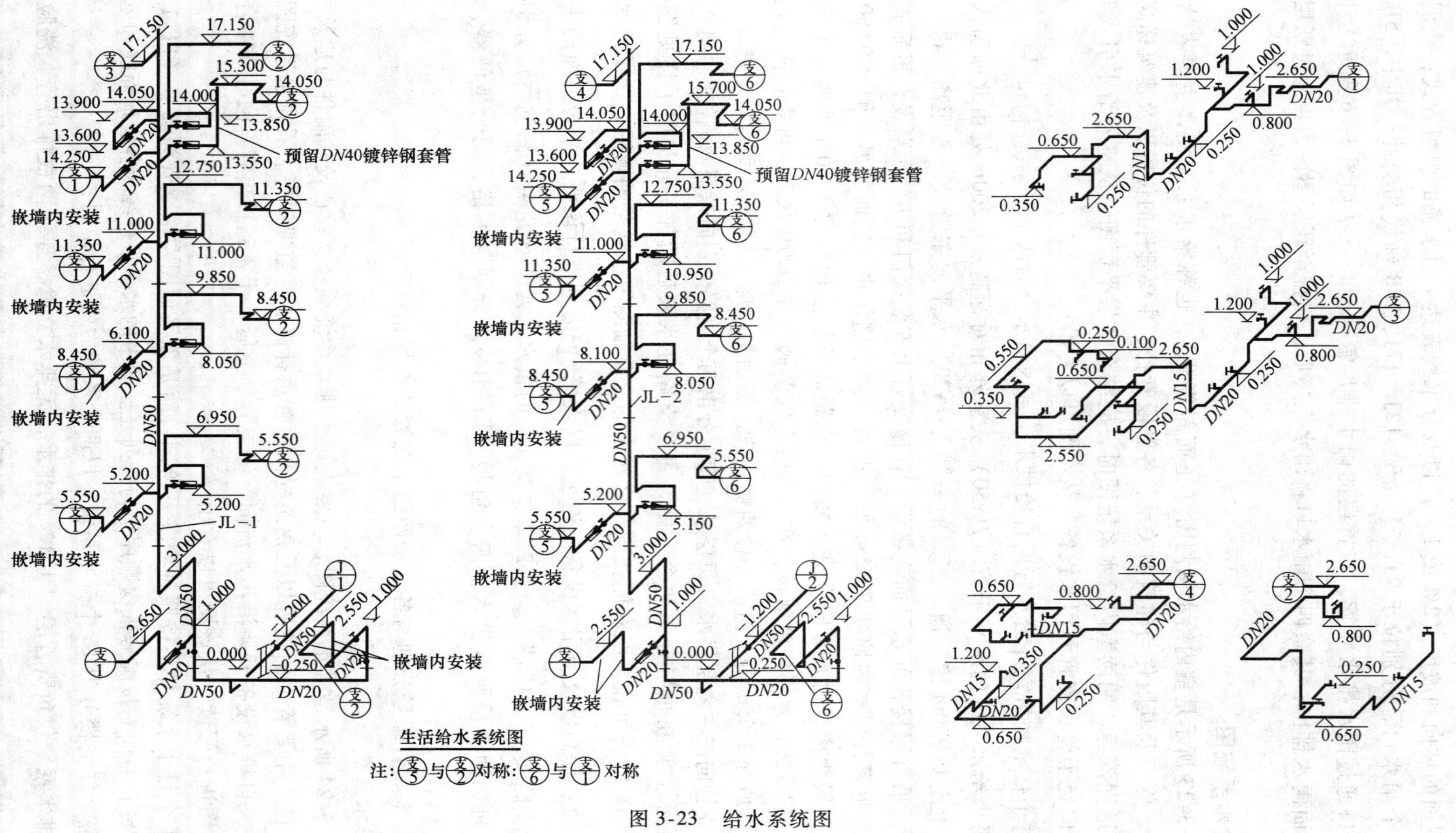

图 3-23 给水系统图

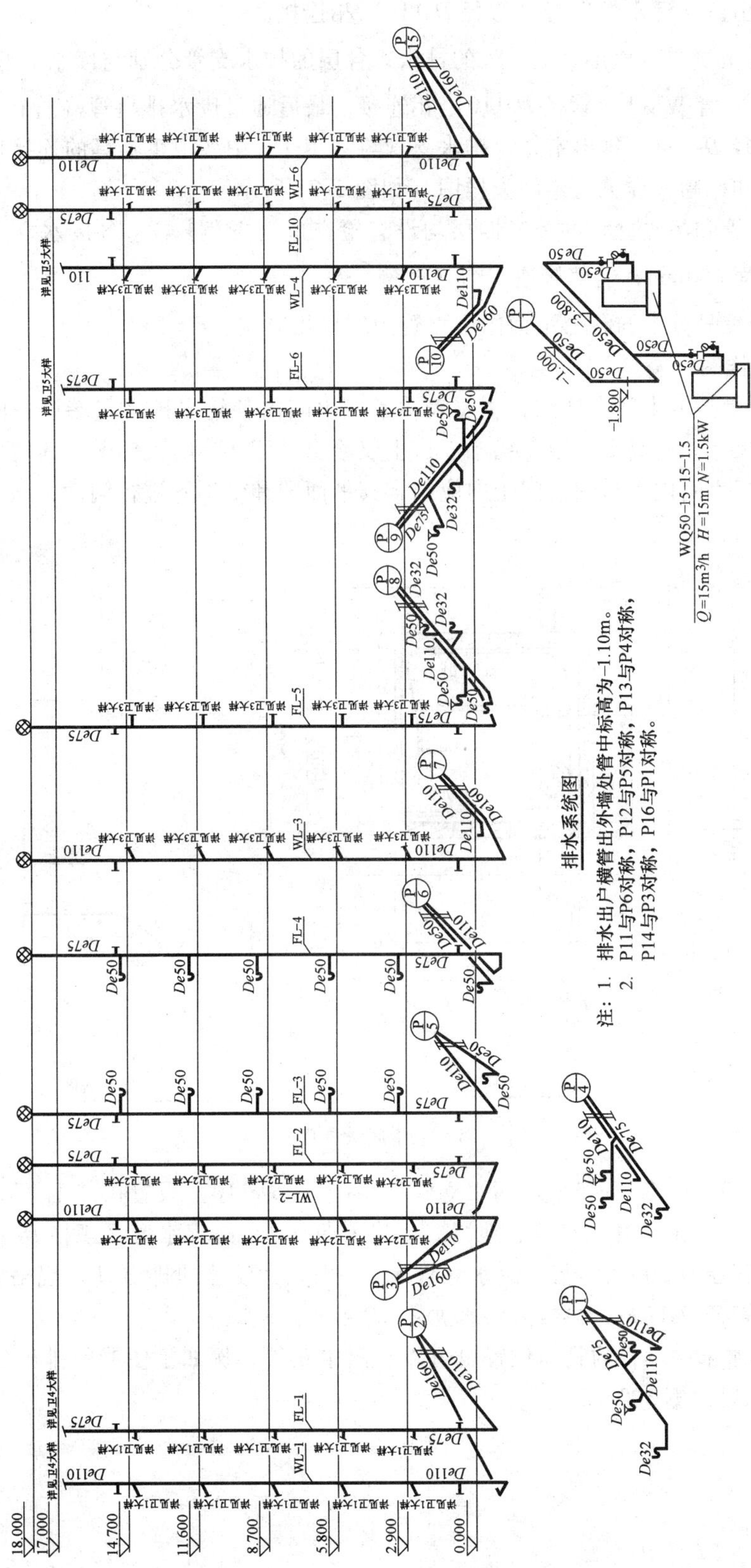

注：1. 排水出户横管出外墙处管中标高为-1.10m。
2. P11与P6对称，P12与P5对称，P13与P4对称，P14与P3对称，P16与P1对称。

图 3-24 排水系统图

坐式大便器的排出口与污水排出管（管径 *De*110）相连接。

(P/2)排水系统负责二～六层“卫 1”的排水，各层的排水支管分别与废水立管 FL-1（管径 *De*75）和污水立管 WL-1（管径 *De*110）相连接，最后通过废水排出管（管径 *De*110）和污水排出管（管径 *De*160）排出室外；排水支管与“卫 1”中各卫生器具的连接以及管段的空间走向、尺寸和标高，详见卫生间大样图（如图 3-25 所示）。

3）各废水立管和污水立管的一、四层均设有检查口（图例）；各废水立管和污水立管顶端均伸出屋面 600mm，上部接通气帽（图例）。

4）排水立管编号分别与各层平面图中立管的编号相对应。

8. 卫生间大样图

如图 3-25 所示是卫生间大样图，主要表达了卫生间内各给水排水末端设备的位置、排水支管的布置、尺寸和标高等。限于篇幅，这里仅给出“卫 1”的大样图，其他卫生间的大样图略去。每个卫生间内管道的空间走向应结合其平面图和轴测图进行阅读，从“卫 1”的大样图中可以看出：

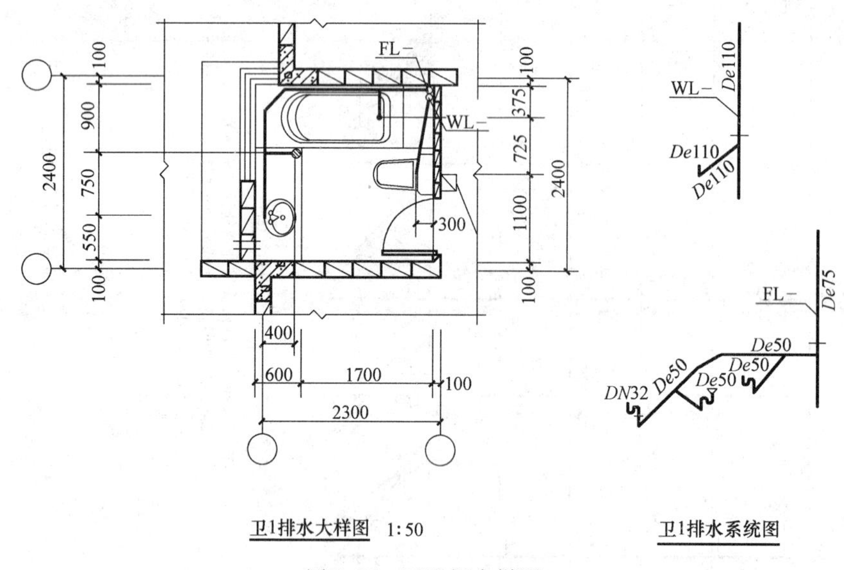

图 3-25 卫生间大样图

1）废水立管 FL-（管径 *De*75）和污水立管 WL-（管径 *De*110）设置在“卫 1”的东北角。

2）洗脸盆存水弯（规格 *DN*32）、地漏（规格 *De*50）、浴缸存水弯（规格 *De*50）依次接入排水横支管（管径 *De*50），再接入废水立管 FL-，坐式大便器的排出口（规格 *De*110）接入排水横支管（管径 *De*110），再接入污水立管 WL-。

3）各给水排水末端设备的具体位置也可以从图中获得，例如坐便器的排出口距北墙内侧 1100mm，距东墙内侧 300mm。

第4章　采暖工程图

采暖系统（包括室内输配管道和末端装置，不包括热源和室外管网）在我国北方地区有着非常广泛的应用。本章主要介绍采暖工程图的图示内容、表达特点以及阅读方法；在此基础上，对两套采暖施工图进行详细解读。

4.1　采暖工程概述

4.1.1　采暖系统组成

室内采暖系统（如图4-1所示）主要由以下三个主要部分组成：

（1）热源　使燃料燃烧产生热，将热媒加热成热水或蒸汽的部分，如锅炉房、热交换站等。

（2）供热管道　供热管道是指热源和散热设备之间的连接管道，将热媒输送到各个散热设备。

（3）散热设备　将热量传至所需空间的设备，如散热器、暖风机等。

采暖系统运行时，水在锅炉中被加热到所需要的温度，再由循环水泵作动力使水沿供水管流入各用户，放热后回水沿水管返回锅炉，水不断地在系统中循环流动。系统在运行过程中的漏水量或被用户消耗的水量由补给水泵把经水处理装置处理后的水从回水管补充到系统内，补水量的多少可通过压力调节阀控制。膨胀水箱设在系统最高处，用以接纳水因受热后膨胀的体积。

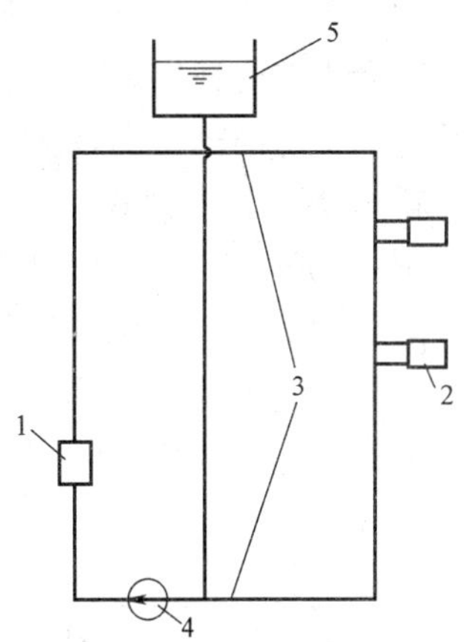

图4-1　室内采暖系统示意图
1—热源　2—散热设备　3—管道
4—循环水泵　5—膨胀水箱

4.1.2　采暖系统的分类

1. 按热媒分类

（1）热水采暖系统　以热水为热媒的采暖系统，应用广泛。

热水系统的热能利用率高，输送时无效热损失较小，散热设备不易腐蚀，使用周期长，且散热设备表面温度低，符合卫生要求；系统操作方便，运行安全，易于实现供水温度的集中调节，系统蓄热能力高，散热均匀，适于远距离输送。热水采暖系统按系统循环动力可分为自然（重力）循环系统和机械循环系统。热水采暖系统按热媒温度的不同可分为低温系统和高温系统。低温热水采暖系统的供水温度为95℃，回水温度为70℃；高温热水采暖系统的供水温度多采用120～130℃，回水温度为70～80℃。

（2）蒸汽采暖系统　以水蒸气为热媒的采暖系统，用于工业建筑。

（3）热风采暖系统　以热空气为热媒的采暖系统，用于一些工业车间。

2. 按设备相对位置分类

（1）局部采暖系统　热源、热网、散热器三部分在构造上合在一起的采暖系统，如火炉采暖、简易散热器采暖、煤气采暖和电热采暖。

（2）集中采暖系统　热源和散热设备分别设置，用热网相连接，由热源向各个房间或建筑物供给热量的采暖系统。

（3）区域采暖系统　以区域性锅炉房作为热源，供一个区域的许多建筑物采暖的系统。

3. 按散热方式分类

（1）对流采暖　以对流换热为主要方式的采暖，系统中的散热设备是散热器。

（2）辐射采暖　以辐射换热为主的采暖方式，系统中的散热设备主要采用金属辐射板或以建筑物部分顶棚、地板、或墙壁作为辐射散热面。

4.1.3 自然（重力）循环热水采暖系统

自然循环热水采暖系统是靠水的密度差进行循环的系统，由于作用压力小，目前在集中式采暖中很少采用。在系统工作之前，先将系统中充满冷水。当水在锅炉内被加热后，它的密度减小，同时受着从散热器流回来密度较大的回水的驱动，使热水沿着供水干管上升，流入散热器。在散热器内水被冷却，再沿回水干管流回锅炉。常用的自然循环系统有双管上供下回式和单管上供下回式。

1. 双管上供下回式

图4-2所示为双管上供下回式系统，各层散热器都并联在供、回水立管上，水经回水立管、干管直接流回锅炉。如不考虑水在管道中的冷却，则进入各层散热器的水温相同。其优点是上下层房间的温度差异较小，散热器可以单独调节。

2. 单管上供下回式

图4-3所示为单管上供下回式系统，热水送入立管后由上向下顺序流过各层散热器，水温逐层降低，各组散热器串联在立管上。每根立管（包括立管上各层散热器）与锅炉、供回水干管形成一个循环环路，各立管环路是并联关系。与双管系统相比，单管系统的优点是系统简单，节省管材，造价低，安装方便；其缺点是上下层房间的温度差异较大，不能进行个体调节。

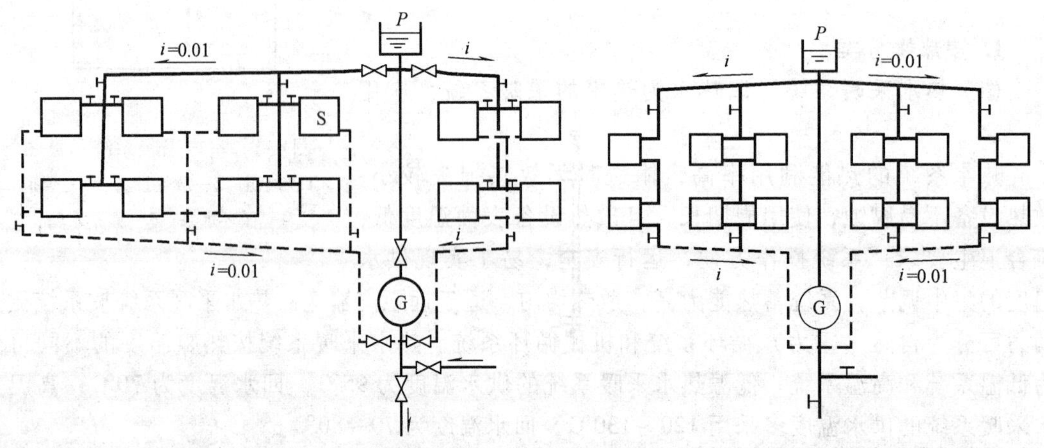

图4-2　双管上供下回式系统　　图4-3　单管上供下回式系统

自然循环热水采暖系统要求：供水干管必须有向膨胀水箱方向上升的坡度，其坡度宜采用0.5%～1.0%；散热器支管的坡度一般取1.0%；回水干管应有沿水流向锅炉方向下降的坡度。

4.1.4 机械循环热水采暖系统

自然循环热水供暖系统虽然维护管理简单，不需要耗费电能，但作用压力小，作用半径也受到限制，此外管中水流动速度不大，所以管径相对较大。如果系统作用半径较大，自然循环往往难以满足系统的工作要求。这时，应采用机械循环热水供暖系统。

机械循环热水采暖系统与自然循环热水采暖系统的主要区别是在系统中设置了循环水泵，靠水泵提供的机械能使水在系统中循环。系统中的循环水在锅炉中被加热，通过总立管、干管、支管到达散热器。水沿途散热有一定的温降，在散热器中放出大部分所需热量，沿回水支管、立管、干管重新回到锅炉被加热。

在机械循环系统中，水流的速度常常超过了水中分离出来的空气气泡的浮升速度。为了使气泡不致被带入立管，应按水流方向设上升坡度。气泡聚集到系统的最高点，通过在最高点设排气装置，将空气排至系统以外。供水及回水干管的坡度一般取0.3%，回水干管的坡向要求与自然循环系统相同，其目的是使系统内的水全部排出。膨胀水箱一般连接在靠近循环水泵进口的回水干管上，容纳系统水被加热后所增加的体积，同时起到定压作用。

机械循环系统可以布置成单管或双管、上分（上供下回）或下分（下供上回）、垂直或水平等方式。

1. 上供下回双管式系统

图4-4所示为机械循环上供下回双管式热水采暖系统。与每组散热器连接的立管均为两根，热水平行地分配给所有散热器，散热器流出的回水直接流回锅炉。供水干管布置在所有散热器上方，而回水干管在所有散热器下方，所以叫上供下回式，是最常用的一种布置形式。

2. 上供下回单管式系统

图4-5所示为上供下回单管式系统（也称单管顺流式系统），立管中全部的水量顺次流入各层散热器。这种系统形式简单、施工方便、造价低，是国内一般建筑广泛应用的一种形式，其缺点是不能进行局部调节。

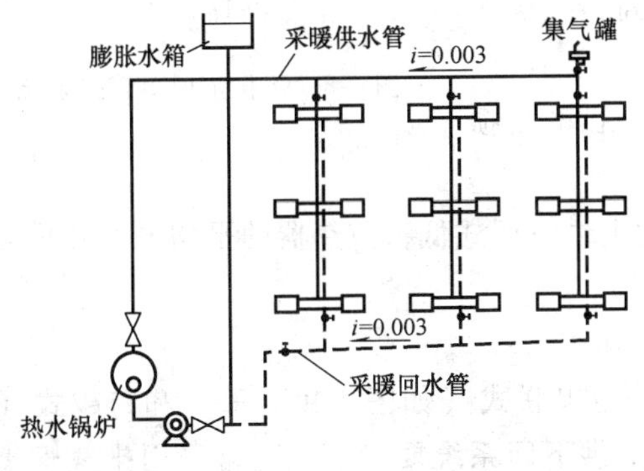

图4-4 上供下回双管式系统

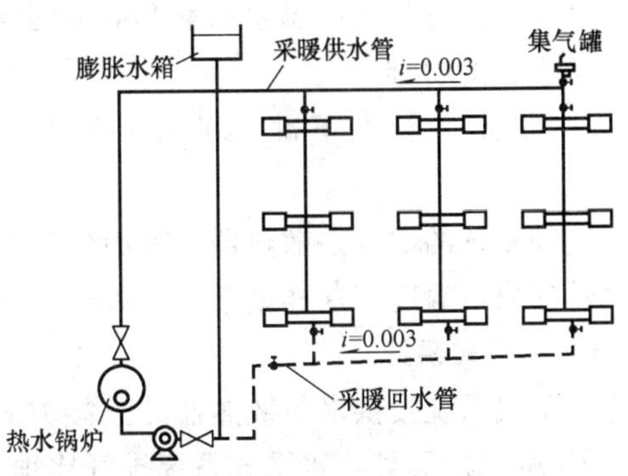

图4-5 上供下回单管式系统

3. 下供下回双管式系统

下供下回双管式系统的供水和回水干管都敷设在底层散热器下面，如图 4-6 所示。其特点是：在地下室布置供水干管，管路直接散热给地下室，无效热损失小；施工中，每安装好一层散热器即可采暖，给冬季施工带来很大方便；排除空气比较困难。

4. 中供式系统

中供式系统（如图 4-7 所示）中，从总立管引出的水平供水干管敷设在系统的中部，下部系统为上供下回式，上部系统可采用下供下回式，也可采用上供下回式。这种系统多可用于原有建筑物加建楼层或上部建筑面积小于下部建筑面积的场合。

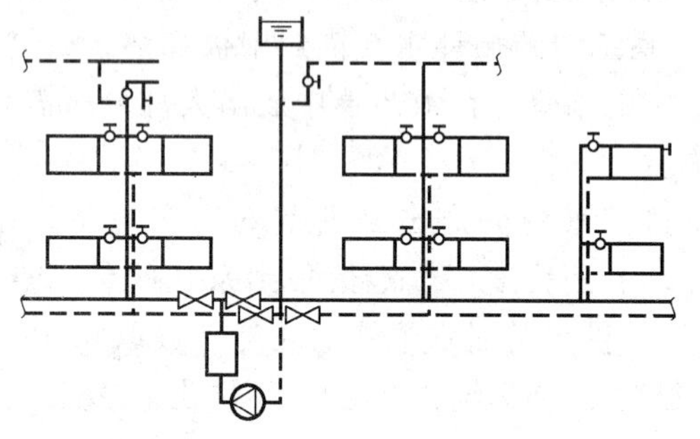

图 4-6 下供下回双管式系统

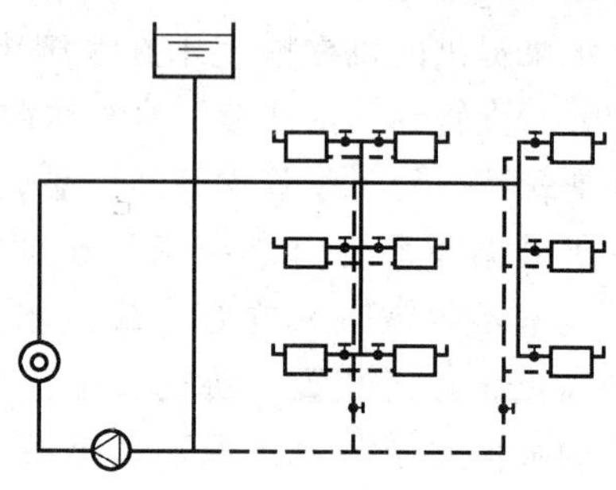

图 4-7 中供式系统

5. 下供上回单管式系统

下供上回单管式系统的供水干管设在底层散热器下面，回水干管设在顶层散热器上面，膨胀水箱连接在回水干管上，回水经膨胀水箱流回锅炉房，再被循环水泵送入锅炉，如图 4-8 所示。这种系统具有以下优点：

1）水在系统内的流动方向是自下而上流动，与空气流动方向一致，可通过顺流式膨胀水箱排除空气，无需设置集中排气罐等排气装置。

2）对热损失大的底层房间，由于底层供水温度高，底层散热器的面积减小，便于布置。

3）当采用高温水采暖系统时，由于供水干管设在底层，这样可降低防止高温水汽化所需的水箱标高，减少布置高架水箱的困难。

4）供水干管在下部，回水干管在上部，无效热损失小。

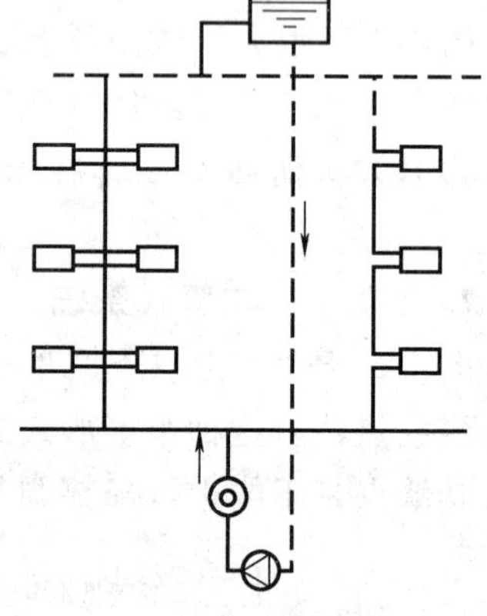

图 4-8 下供上回单管式系统

这种系统的缺点是散热器的表面传热系数比上供下回式低，散热器的平均温度几乎等于散热器的出口温度，这样就增加了散热器的面积。

6. 水平式系统

水平式系统按供水与散热器的连接方式可分为串联式（如图 4-9 所示）和跨越式（如图 4-10 所示）两类。水平式系统排气比垂直式上供下回系统要麻烦，通常采用排气管集中排气。与垂直式系统相比，水平式系统有以下优点：

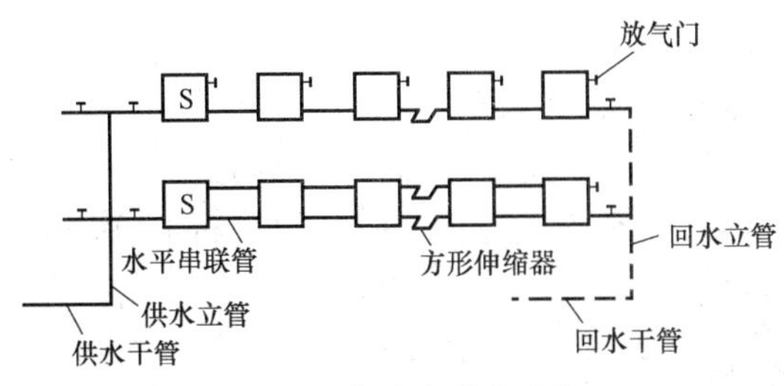

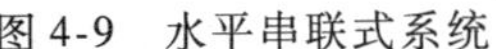
图4-9　水平串联式系统

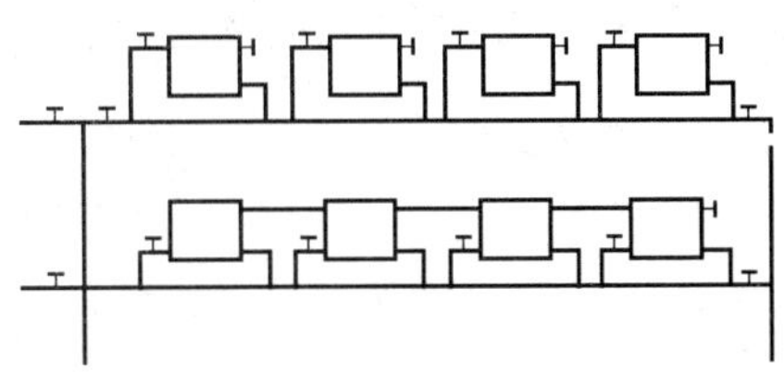
图4-10　水平跨越式系统

1）系统的总造价一般要比垂直式系统低。

2）管路简单，便于快速施工；除了供、回水总立管外，无穿过各层楼管的立管，因此无需在楼板上打洞。

3）由于跨越式可以在散热器上进行局部调节，它可以采用在需要局部调节的建筑物中。

4）有可能利用最高层的辅助空间架设膨胀水箱，不必在顶棚上专设安装膨胀水箱的房间。

5）沿路没有立管，不影响室内美观。

4.1.5　其他采暖方式

地板辐射供暖技术是近几年来发展起来的一种新型采暖技术，它是在地板内埋入热水管道，并通以低温热水，使地板成为低温辐射加热源，均匀加热室内空气。地埋式交联管低温热水地板辐射采暖技术是将采暖热水管道埋设在房间内部的地板内，并通以低温热水，以整个地板作为低温辐射加热源，通过对流换热，均匀地加热周围的空气，并与四周的围护结构及人体进行辐射换热，从而达到供暖的效果。

热水地板辐射采暖主要由加热热源、分集水器、循环水泵、温度控制系统和散热末端（水盘管）等几个部分构成。地埋式低温热水地板辐射采暖结构图如图4-11所示。

盘管形式多为蛇形（如图4-12所示），主要是因为蛇形盘管辐射供暖温降适中，板面温度均匀，且盘管管路中只有两个转弯半径小的地方。

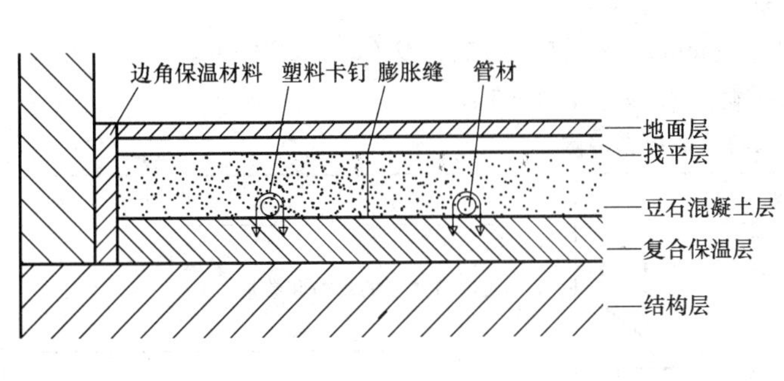

图4-11　埋管地板结构剖面图

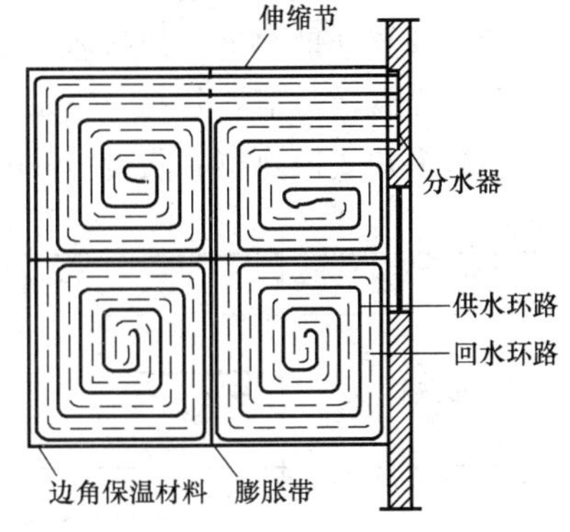

图4-12　盘管形式

4.2　采暖工程图的特点及阅读方法

采暖系统属于典型的全水系统，其工程图主要包括平面图、系统轴测图以及大样详图，是室内采暖工程施工的主要技术依据。

4.2.1 采暖工程图的基本规定

1. 线型和比例

采暖工程图中一般用单线绘制管道，图线宽度 b 可在 1.0mm、0.7mm、0.5mm、0.35mm、0.18mm 中选取，各图线的用途见表 4-1。

表 4-1 采暖施工图常用线型

名称	线型	线宽	用途
粗实线	————————	b	供水干管、供汽干管
中实线	————————	$0.5b$	散热器及其连接支管，采暖设备设备轮廓线
细实线	————————	$0.25b$	土建结构轮廓线、尺寸标注、图例、引出线等
粗虚线	– – – – – – – – – –	b	回水干管、凝结水管
细虚线	– – – – – – – – – –	$0.25b$	地沟轮廓线、工艺设备被遮挡部分轮廓线
细单点划线	—·—·—·—·—	$0.25b$	设备部件的中心线、定位轴线
细双点划线	—··—··—··—	$0.25b$	工艺设备外轮廓线

采暖系统的比例宜与工程设计项目的主导专业（一般为建筑）一致。

2. 管道表达

采暖系统中管道一般采用单线绘制，管道表达和标注方法同第 3 章。由于目前室内采暖管道多用焊接钢管，因此用“*DN* 公称直径”标注；也有一些采暖系统采用塑料管，应用“*De* 管道外径×壁厚”标注。

采暖系统中的立管应进行编号，用一个直径为 6～8mm 的细实线圆表示，其内书写编号，例如：Ⓛ2表示采暖立管 2。

3. 散热设备图例和规格

散热设备图例见表 4-2。常用散热器的规格和数量，宜按下列规定标注：

1）柱式散热器只注数量，例如：15。

2）圆翼形散热器：每排根数×排数，例如：3×2。

3）光管散热器：管径（mm）×管长（mm）×排数，例如：*D*108×1000×4。

4）串片式散热器：长度（mm）×排数，例如：1.0×3。

表 4-2 散热设备图例

名称	图例	说明
散热器	15　15　15	15 表示散热器的规格和数量
散热器及温控阀	15　15 15　15	左为平面图画法，右为剖面图画法
散热器及手动放气阀	15　15　15	左为平面图画法，中为剖面图画法，右为系统图、*Y* 轴测画法

系统图（或轴测图）中，散热器宜按图4-13所示的画法绘制。柱式、圆翼形散热器的数量应标注在散热器内部，如图4-13a所示；光管式、串片式散热器的规格、数量应标注在散热器上方，如图4-13b所示。

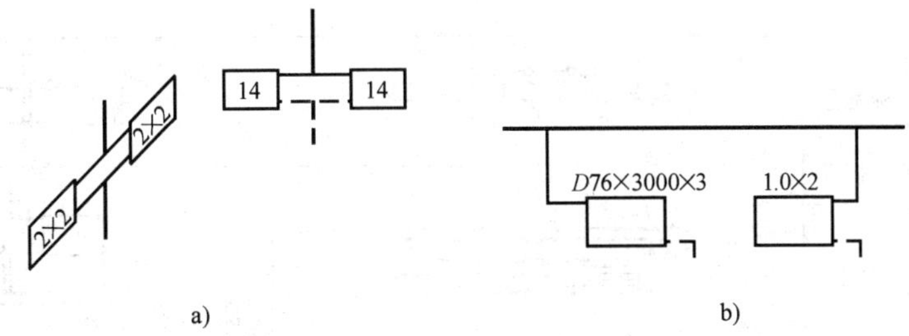

图4-13　系统图中散热器的表示

a）柱式、圆翼形散热器画法　b）光管式、串片式散热器画法

4. 散热器与管道的连接

上供下回单管系统、上供下回双管系统和下供下回双管系统是最常见的采暖系统形式，它们在平面图和系统图中的具体表达方法见表4-3。这种图示方法具有较强的示意表达性质，并不完全符合投影规则。

表4-3　常见采暖系统表达

采暖系统名称		平　面　图	系　统　图
上供下回单管系统	顶层	DN40 10　10	DN40 10　10
	标准层	8　8	8　8
	底层	DN40 10　10	10　10 DN40
上供下回双管系统	顶层	DN50 10　10	DN50 10　10
	标准层	7　7	7　7
	底层	DN50 9　9	9　9 DN50

（续）

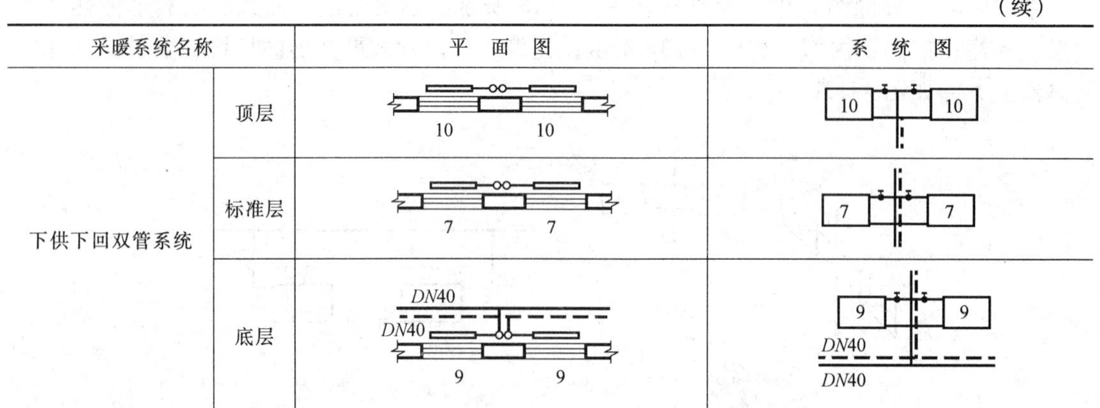

采暖系统名称		平面图	系统图
下供下回双管系统	顶层	10 10	10 10
	标准层	7 7	7 7
	底层	DN40 DN40 9 9	9 9 DN40 DN40

4.2.2 采暖施工图的阅读方法

室内采暖工程所需的图样包括图样目录、设计说明、平面图、轴测图（系统图）、原理图和大样详图。

1. 采暖平面图

室内采暖平面图主要反映采暖管道及设备的平面布置，应重点阅读以下内容：

1）热媒入口及入口地沟的情况，热媒来源、流向以及与室外热网的连接方式。

2）顺着热媒流向弄清楚供回水干管、立管、支管的走向，各管段规格和尺寸，以及管道安装方式。

3）立管编号和位置，水平管段的坡向、坡度以及标高。

4）散热器的平面位置、规格、数量及安装方式。

5）采暖干管上的阀门、固定支架以及其他与采暖系统有关的设备（如膨胀水箱、集气罐、疏水器等）平面位置和规格。

2. 采暖轴测图

采暖轴测图（也称采暖系统图）通常采用45°正面斜轴测投影法绘制，主要表达采暖系统中管道、设备的连接关系以及管道的规格、数量、标高等，不表达建筑内容。在识读采暖轴测图时，应重点阅读以下内容：

1）热力入口处总供回水管的走向和标高，以及供回水横干管的坡向、坡度和标高。

2）沿着热水流向，供水管管径的变化以及回水管管径的变化。

3）立管管径大小、立管与散热器的连接方式以及立管上设置的阀门。

4）散热器的规格、数量和标高，以及散热器与立管的连接方式。

5）膨胀水箱、集气罐等设备与系统的连接方式。

3. 采暖详图

室内采暖系统常用的详图可以直接套用相关的标准图集，对不能直接套用的则需自行画出详图。常见详图有散热器安装详图、集配器安装详图、热力入口大样详图等。

4.3 某办公楼采暖施工图解读

某六层办公楼采暖工程的平面图、轴测图和详图分别如图4-14～图4-19所示。限于篇幅，图样目录略去，该工程的设计施工说明如下。

设计施工说明

一、建筑概况

本工程位于北方某城市，为某工厂办公楼，地上六层，建筑面积为3968.7m^2。

二、设计参数

（1）室外计算参数：冬季采暖计算温度 -9℃，冬季平均风速2.8m/s，冬季主导风向NNW。

（2）室内设计参数：办公室、值班室18℃，门厅、走廊、楼梯间、卫生间、盥洗室16℃。

（3）主要技术参数：采暖热负荷181.72kW，采暖热指标45.87W/m^2，系统阻力9.95kPa。

三、采暖系统设计

（1）系统：本工程采用上供下回单管式热水采暖系统，供水干管敷设在六层楼板下，回水干管敷设在首层地沟内。

（2）热媒：95℃/70℃低温热水，由厂区锅炉房直接供给。

（3）散热设备：采用TFD-6-5（8）Ⅱ型散热器，工作压力不大于0.8MPa，落地安装。

（4）排气设备：采用ZP88-1型立式铸铜自动排气阀。

四、施工要求

（1）管材：采用焊接钢管，管径32mm以下者采用螺纹连接，管径40mm以上者采用焊接。

（2）防腐：所有管道、管件、支吊架表面除锈后刷防锈漆两道，明装不保温部分再刷银粉两道。

（3）保温：敷设在暖沟内的管道（包括支干连接处立管），管件及采暖主立管需保温，保温材料采用岩棉管壳，厚度为40mm外缠玻璃布保护层，具体做法见《建筑设备施工安装通用图集》（91SB1）。

（4）试压：系统安装完毕应进行分段和整体试压，10min内压力降不大于0.02MPa为合格。

（5）埋地管在混凝土填充时，应带有不小于0.4MPa的压力。

（6）冲洗：系统安装竣工并试压合格后，在投入使用前必须进行冲洗，冲洗前应将滤网、温度计、调节阀、恒温阀、平衡阀等拆除，待冲洗合格后再装上。并应对系统反复注水、排水，直至排出水不含泥沙、铁屑与杂质，且水色不混浊为合格。

（7）管道穿墙及楼板内应设套管，安装在楼板内的套管其顶部应高出地面20mm，底部与楼板底部相平，穿过厕所等房间的管道，套管与管道之间应填实油麻。

（8）图中所注平面尺寸以mm计，标高以m计。

（9）管道上须配置必要的支、吊架，具体形式由安装单位根据现场情况确定。

（10）未说明部分请按《建筑给水排水及采暖工程施工质量验收规范》（GB 50242—2002）及《建筑设备施工安装通用图集》（91SB1）的相关内容进行施工。

图例

名称	图例	名称	图例
采暖供水管	———— •	散热器	[symbol]
采暖回水管	----- ○	散热器手动跑风门	[symbol]
阀门	[symbol]		
平衡阀	[symbol]	自动排气阀	[symbol]
三通温控阀	[symbol]	泄水丝堵	[symbol]
地沟	[symbol]	固定支架	[symbol]

1. 首层采暖平面图

如图4-14所示是首层采暖平面图，主要表达了首层采暖管道及设备布置。从图中可以看出：

1）热力入口由该办公楼北侧轴线8处自北向南引入，入口做法详见热力入口大样（如图4-19所示），从引入口出来的供回水干管均敷设在首层地沟内（尺寸1000×1200）。

2）总供水干管（粗实线表示，管径*DN*80）进入地沟后，从北外墙的预留洞（标高 -1.900m）引入建筑，管线向南敷设，在轴线8和C相交处垂直向上。

3）回水干管（粗虚线表示）沿外墙内侧地沟敷设，坡向（坡度0.003）轴线8和D相交处的总回水干管（管径*DN*80），总回水干管从预留洞（标高 -1.900m）出建筑，最终进入热力入口。

4）回水干管上设置了5个检查井（图例□）、5个固定支架（图例×）以及2个自动排气阀（图例—⊥—□）。

5）采暖立管共有19个，例如：⑥表示采暖立管6。图中立管与回水干管的连接采用示意性表达，并不符合投影规则，实际连接情况见采暖系统轴测图（如图4-17所示）。

6）散热器（中实线表示）附近标注的数字表示该层散热器的片数，散热器通过水平支管与采暖立管相连接，详见散热器连接详图（如图4-19所示）。

2. 二～五层采暖平面图

如图4-15所示是二～五层采暖平面图，主要表达了二～五层采暖管道及设备布置。从图中可以看出：

1）(NL)表示总供水立管，从首层引上来，依次穿过二～五层进入顶层。

2）该采暖系统为单管上供下回（由采暖系统轴测图和采暖立管图可知），故标准层内均没有水平供回水干管，仅有散热器、支管以及立管。

3）每个散热器附近标注4个数字（楼梯间散热器标注3个数字），分别表示二～五层各层散热器的片数，散热器支管与采暖立管的连接详见散热器连接详图（如图4-19所示）。

4）立管编号及位置与上图相同。

3. 顶层采暖平面图

如图4-16所示为顶层采暖平面图，主要表达了顶层采暖管道及设备布置。从图中可以看出：

1）从五层引上来的总供水立管NL分成南北两个支路（管径*DN*70），每个支路再分成东西两个支路；四个支路的末端各设置一个自动排气阀；水平供水干管上共设置5个固定支架，且所有水平干管均坡向总立管NL（坡度均为0.003）。

2）水平供水干管与立管的连接采用示意性表达，并不符合投影规则，实际连接情况见采暖系统轴测图（如图4-17所示）。

3）每个散热器附近标注的数字表示该层散热器的片数，散热器支管与采暖立管的连接详见散热器连接详图（如图4-19所示）。

4. 采暖系统轴测图（如图4-17所示）

图4-17采用正面斜等测法绘制，*Y*轴与水平线的夹角为45°。图中主要表达了供回水干管的走向、立管的布置及其与干管的连接、管道附件的位置、水平管道的标高。从图中可以看出：

1）从热媒入口出来的总供水干管（相对标高－1.500m）由北面引入，水平向南穿北外墙入楼，然后垂直向上走0.550m，再水平向南进入楼的中心，与总供水立管NL相连接，立管NL末端设置一个泄水丝堵；立管NL垂直向上穿过各层楼板进入六层，分成四个支路，每个支路的最高点（也是水平干管的末端）设置一个自动排气阀；每个支路的水平干管与对应的采暖立管连接，通过立管从上往下依次对各层散热器供热水，每个立管的末端与首层的回水干管连接；回水干管与供水干管相对应，也分成四个支路，四个支路在建筑北侧中部汇合，与总回水干管（相对标高－0.700m）相连接；总回水干管垂直向下走1.050m，再水平向北穿过北外墙，与室外管网相接。由此可见，该办公楼的采暖系统为单管上供下回系统，管路布置采用异程式。

2）回水干管穿过男卫生间和女盥洗室时，回水管向上绕行，在绕行管的最高处（相对标高2.750m）设置了自动排气阀。

3）每根立管在与供回水干管连接处断开，上下两个断开处均标注该立管编号，立管与各层散热器的连接方式具体见采暖立管图（如图4-18所示）。

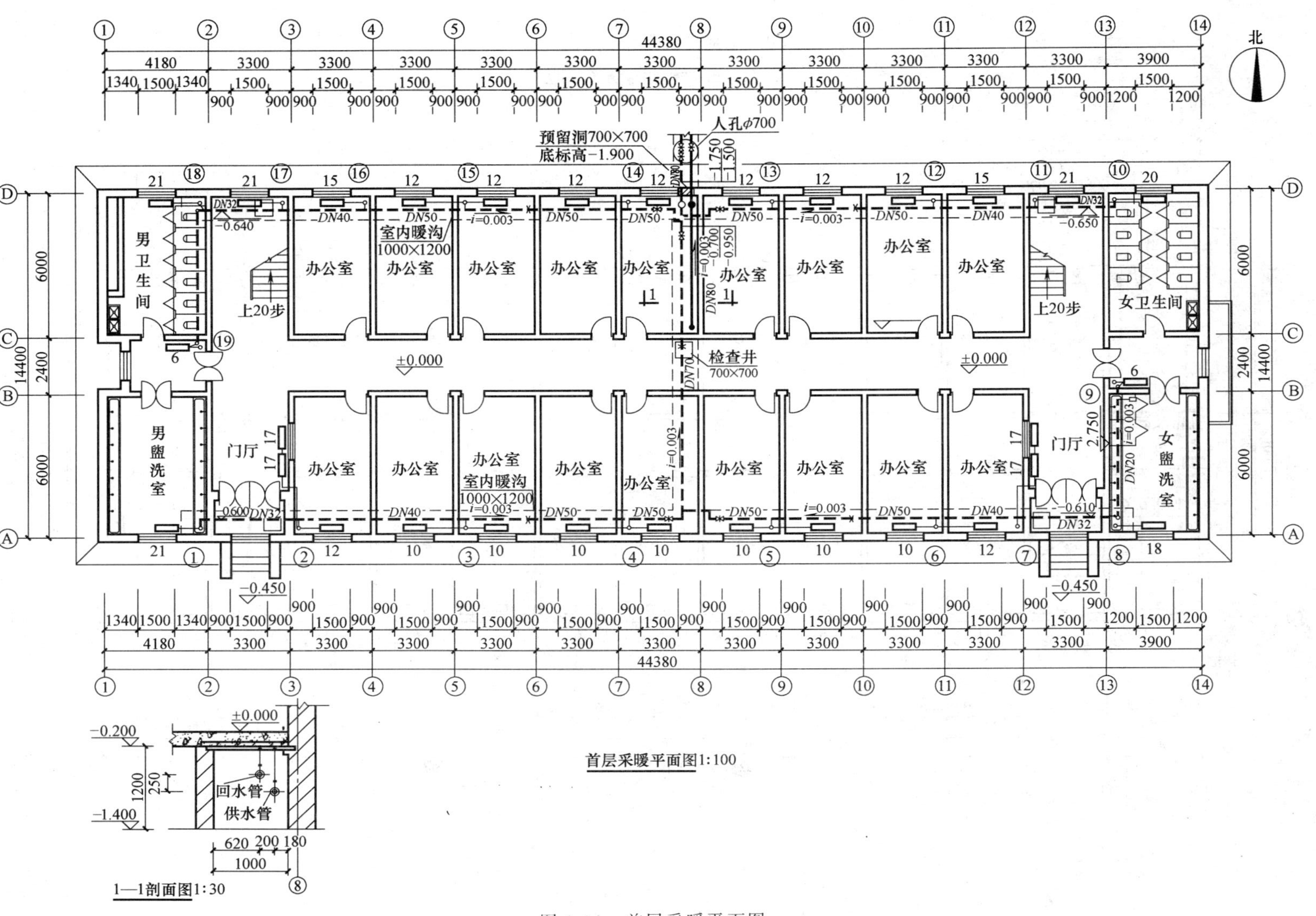

图 4-14　首层采暖平面图

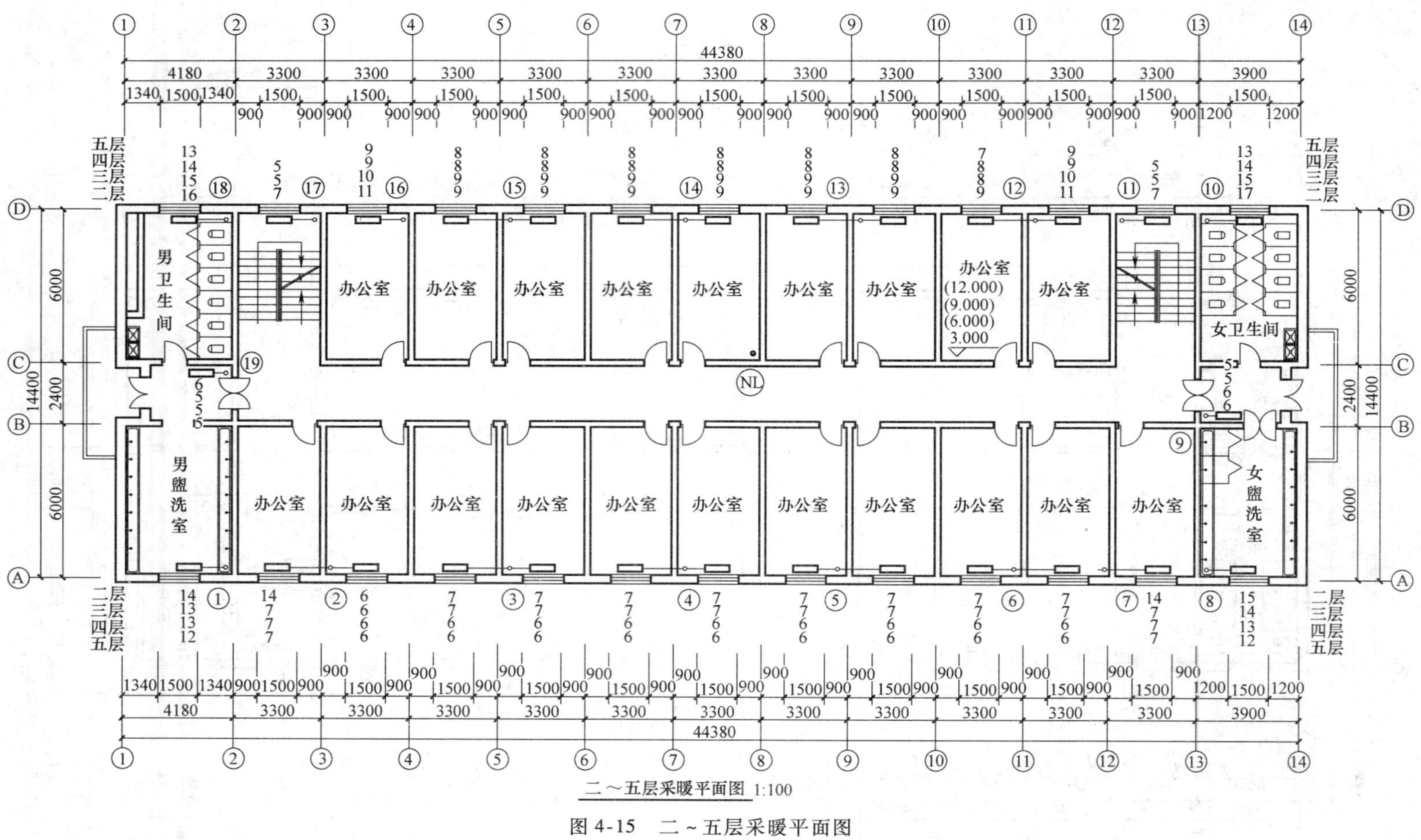

二～五层采暖平面图 1:100

图 4-15 二～五层采暖平面图

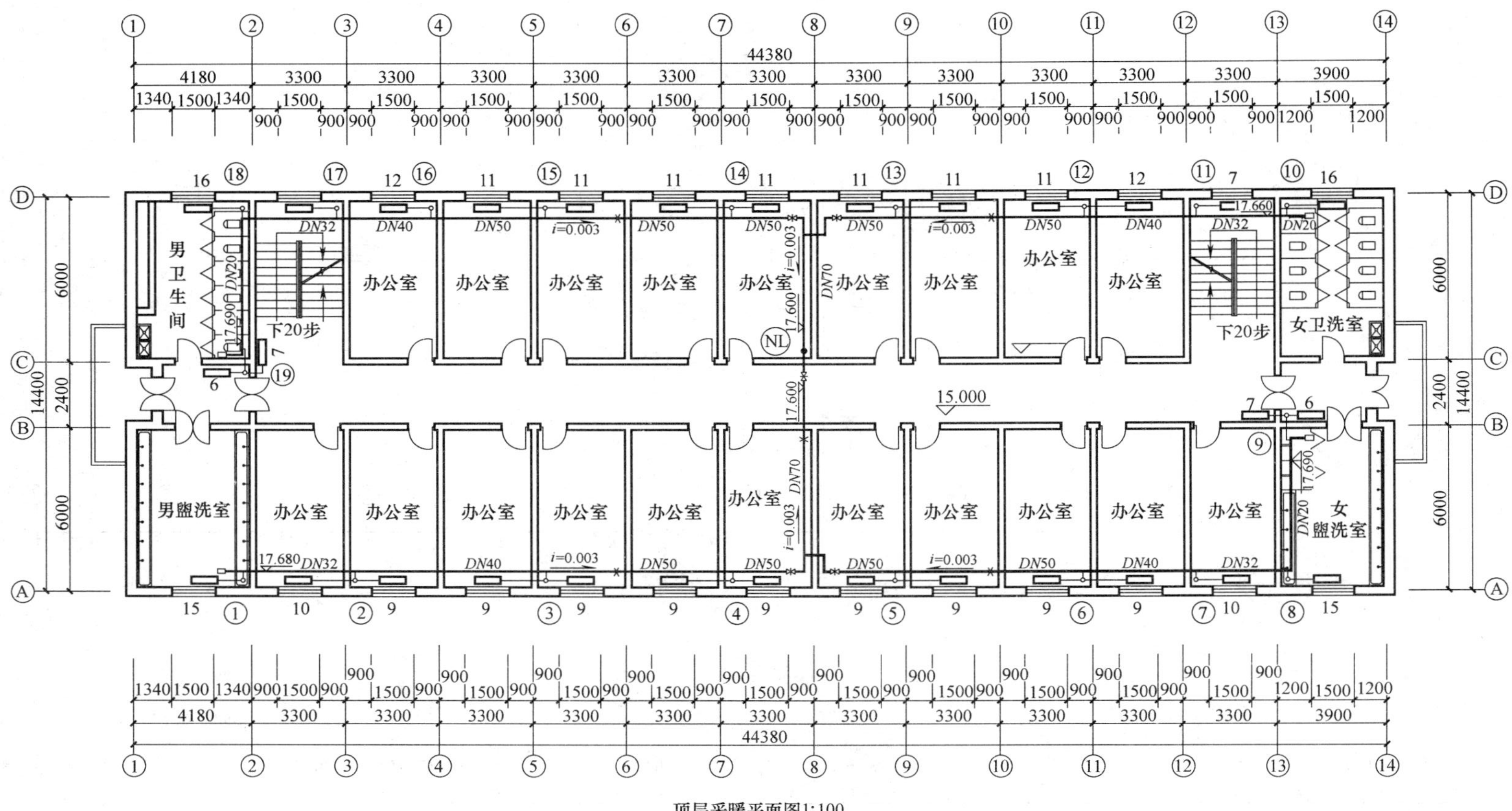

图 4-16　顶层采暖平面图

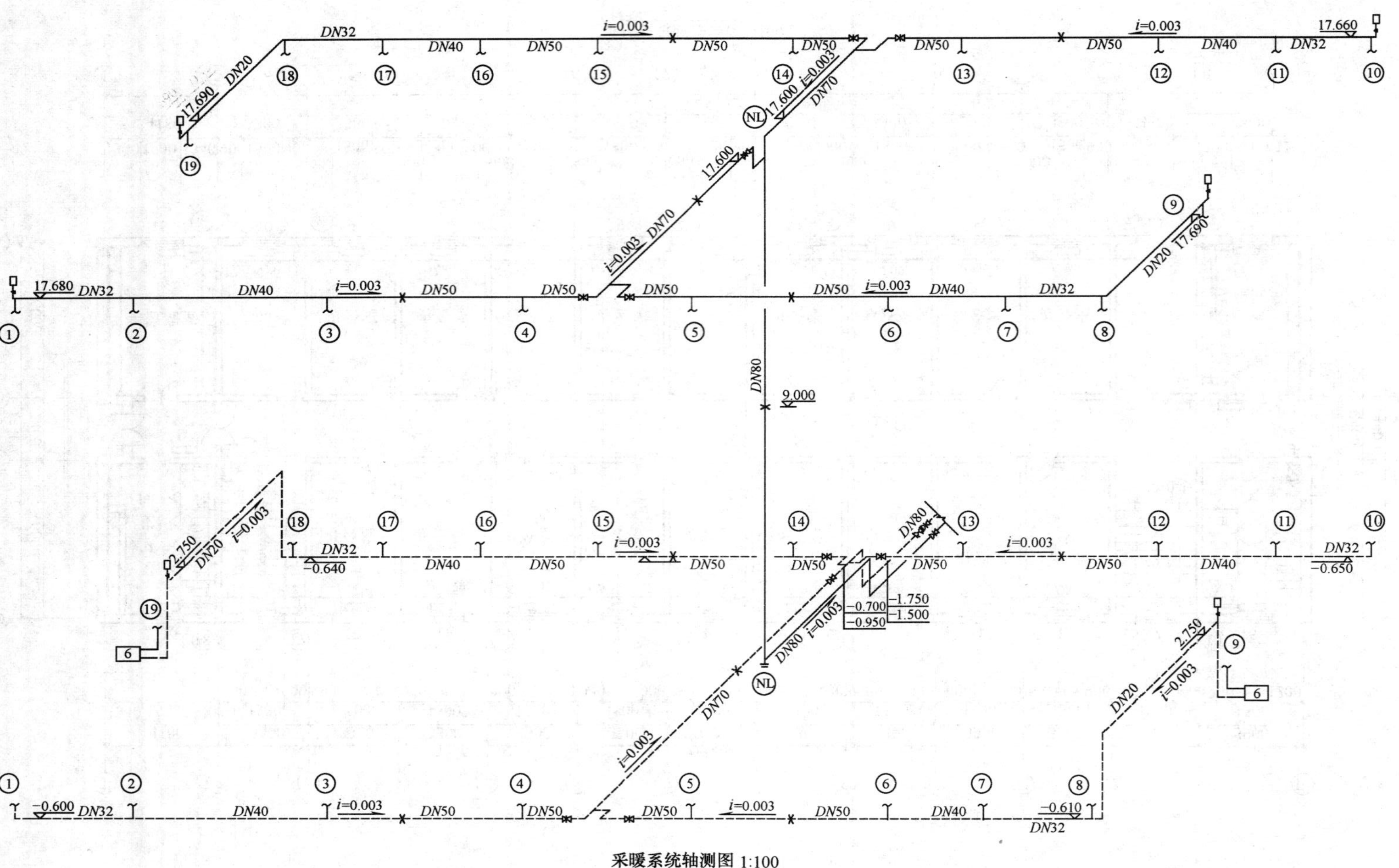

采暖系统轴测图 1:100

图 4-17 采暖系统轴测图

屋顶(18.000)
6F (15.000)
5F (12.000)
4F (9.000)
3F (6.000)
2F (3.00)
1F (+0.000)
DN20×DN20
DN25×DN20
DN50×DN20
标准立管连接
采暖立管图

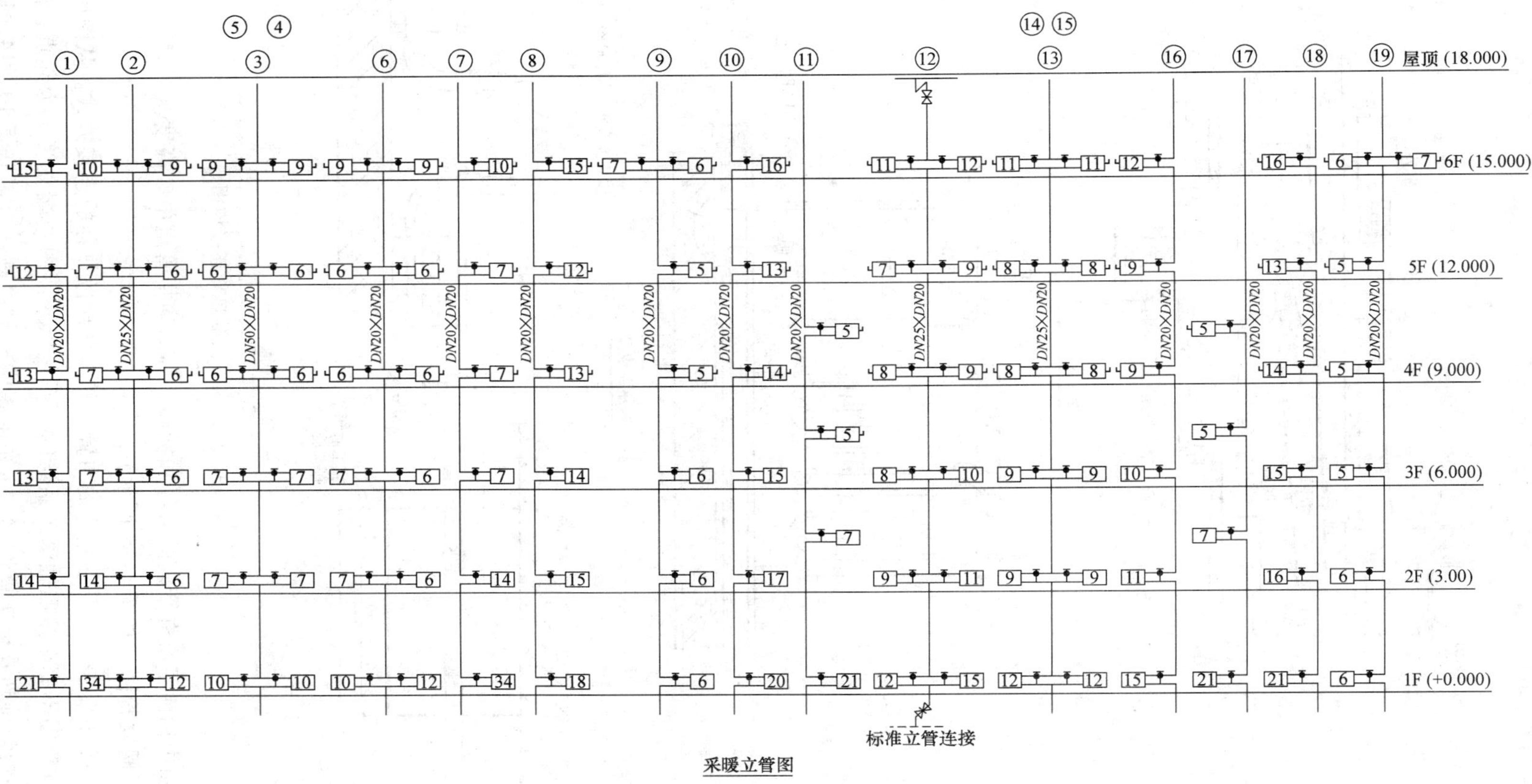

图4-18　采暖立管图

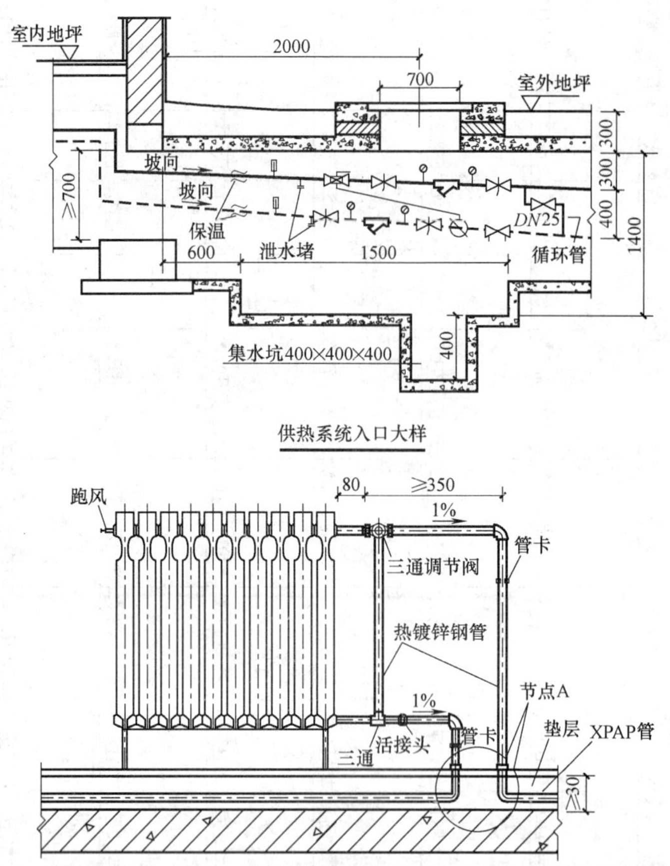

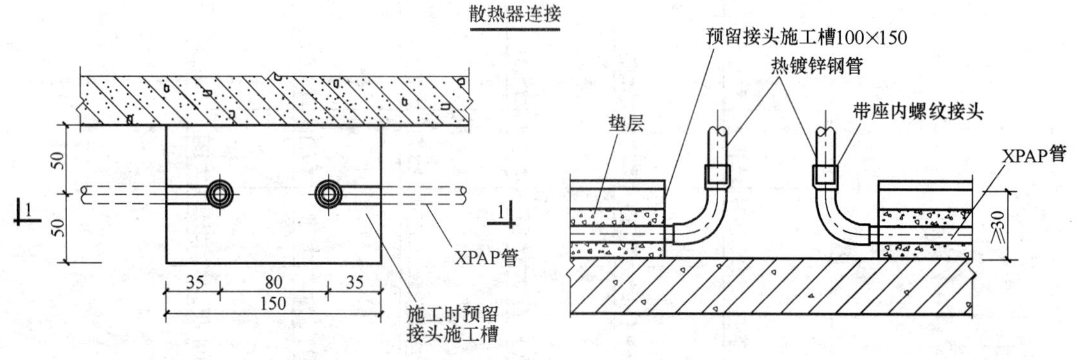

节点A平面

图 4-19　热力入口及散热器连接详图

4）图中标注了所有管段的管径和标高，标高均指管道中心高度。

5. 采暖立管图（如图 4-18 所示）

图 4-18 主要表达了采暖立管的布置及其与各层散热器的连接方式。从图中可以看出：

1）立管图不完全按照轴测关系绘制，而是以平面图左端立管 1 为起点，逆时针按编号依次顺序均匀排列开；立管 3、4、5 完全相同故只绘制一根，立管 13、14、15 完全相同也只绘制一根。图中的水平平行线为各层地面线和屋面线。

2）每根立管上的散热器均采用单管顺流式连接方式，散热器通过供回水支管与立管相连接，供水支管上设置三通调节阀，具体的连接方式和做法见散热器连接详图（如图4-19所示）。

3）散热器上标注的数字为该散热器的片数。

6. 大样详图

图4-19所示是热力入口及散热器连接详图。从热力入口大样图上可以看出：供水干管上从左往右，依次安装了温度计、泄水堵、热表、闸阀、压力表、Y形过滤器、压力表、闸阀；回水干管上从左往右，依次安装了温度计、泄水堵、闸阀、压力表、Y形过滤器、压力表、闸阀、热表、平衡阀；供回水管之间用循环管连接。

4.4 某住宅楼地板辐射采暖施工图解读

热水地板辐射采暖是一种热舒适性较高的采暖形式，某七层商住两用楼辐射采暖的施工图分别如图4-20～图4-25所示。该建筑一层为出租商铺，二～七层为住宅，共有三个单元，每个单元两户。限于篇幅，图样目录略去，该工程的设计施工说明如下。

设计施工说明

（1）冬季室外计算参数：$t_w = -7℃$，$V = 2.1\text{m/s}$

（2）冬季室内计算温度：卧室、客厅、商铺 $t_n = 18℃$，卫生间（住宅）$t_n = 23℃$，厨房 $t_n = 16℃$

（3）本设计采用60℃热水，回水温度为50℃，由区域锅炉房集中提供。

（4）本住宅采暖热负荷和压力损失分别为：

1号系统热负荷为：99500W

1号系统压力损失为：56000Pa

2号和3号系统热负荷分别为：92300W

2号和3号系统压力损失分别为：53500Pa

总热负荷为：284100W

（5）采暖系统为分户式低温热水地板辐射采暖系统，总供回水立管敷设在共用竖井内，户内采暖供回水经热媒集配装置后，热水盘管均埋设在地板上垫层内。

（6）热媒集配装置前的管道采用焊接钢管《低压流体输送用焊接钢管》（GB 3091—2008）；热水盘管采用交联聚乙烯（PE-X）管道；系统排气选用E121和1/8in手动排气阀，除每户分供水管装锁闭阀、回水管装平衡阀外，其他阀门采用截止阀。

（7）采暖入口装置、采暖系统安装方法，详见建筑标准图集。

（8）管道连接：焊接钢管 $DN<32$ 采用可锻铸管件螺纹连接，$DN>40$ 采用焊接和法兰连接。

（9）管道穿墙和楼板时，应埋设钢制套管，安装在楼板内的套管其顶部应高出地面20mm，底部与楼板面相平。安装在墙壁内的套管，其两端应与饰面相平。穿过厕所或厨房等潮湿房间的管道，套管与管道之间应填实油麻。钢套管规格，详见建筑标准图集。

（10）系统安装完毕，做0.6MPa的水压试验，在5min内压力降不大于0.02MPa为合格。

（11）试压合格后，焊接钢管除锈后均刷防锈漆两道（第一道防锈底漆在安装前刷好，试压合格后再刷第二道底漆），然后用超细玻璃棉管壳进行保温，保温厚度及具体做法详见建筑标准图集。

（12）图中所注管道标高均以管中心为准，标高单位为米，管径单位为毫米。

（13）其他各项施工要求应严格遵守《建筑给水排水及采暖工程施工质量验收规范》（GB 50242—2002）的有关规定。

加热盘管尺寸表

集配器编号	编号	长度(m)×根数	管径
1号集配器 FSQ-G1-20×4	1	92×6	De20×1.9
	2	80×6	De20×1.9
	3	88×6	De20×1.9
	4	85×6	De20×1.9
2号集配器 FSQ-G1-20×4	1	82×36	De20×1.9
	2	85×36	De20×1.9
	3	74×36	De20×1.9
	4	84×36	De20×1.9

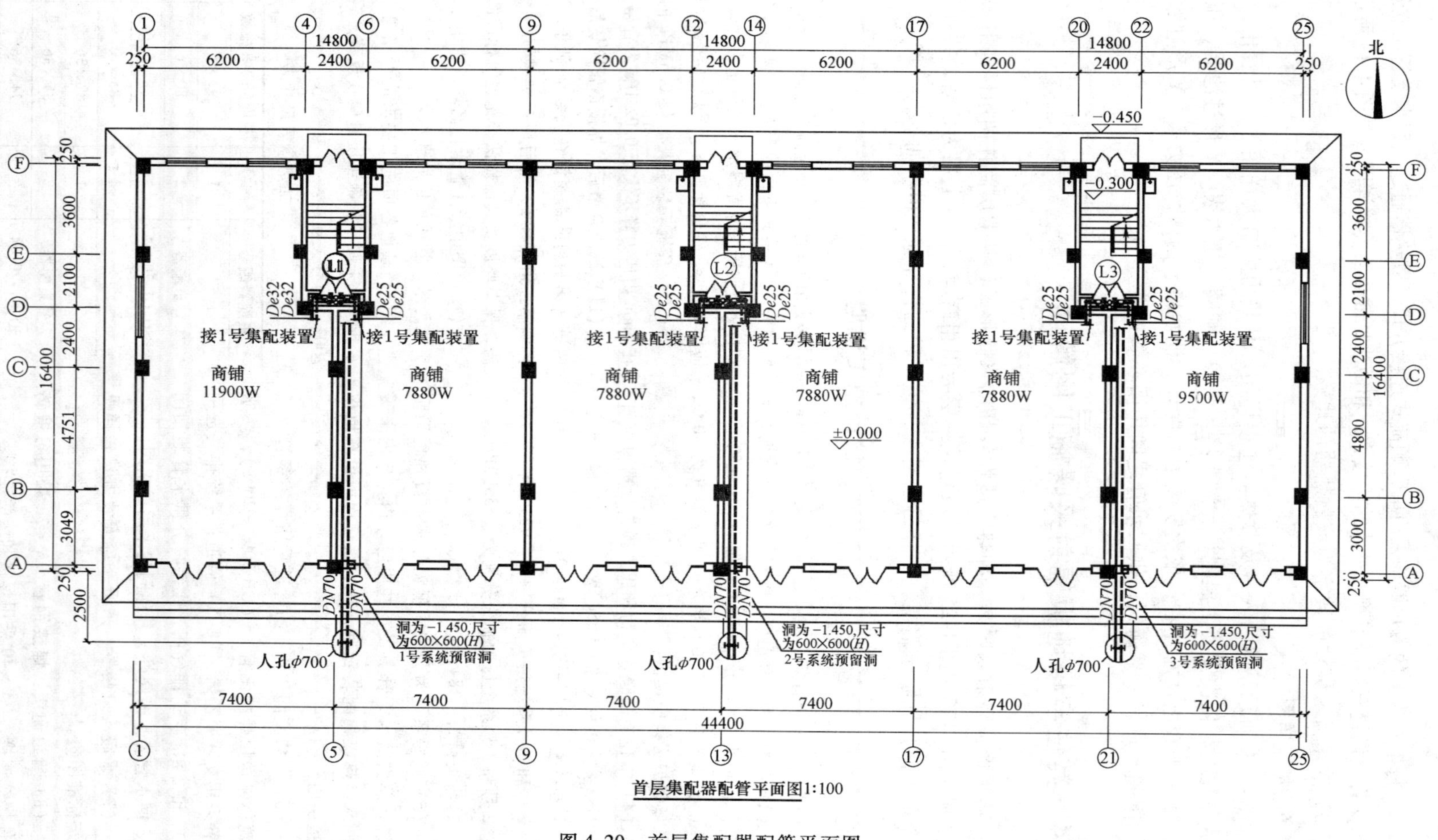

图 4-20　首层集配器配管平面图

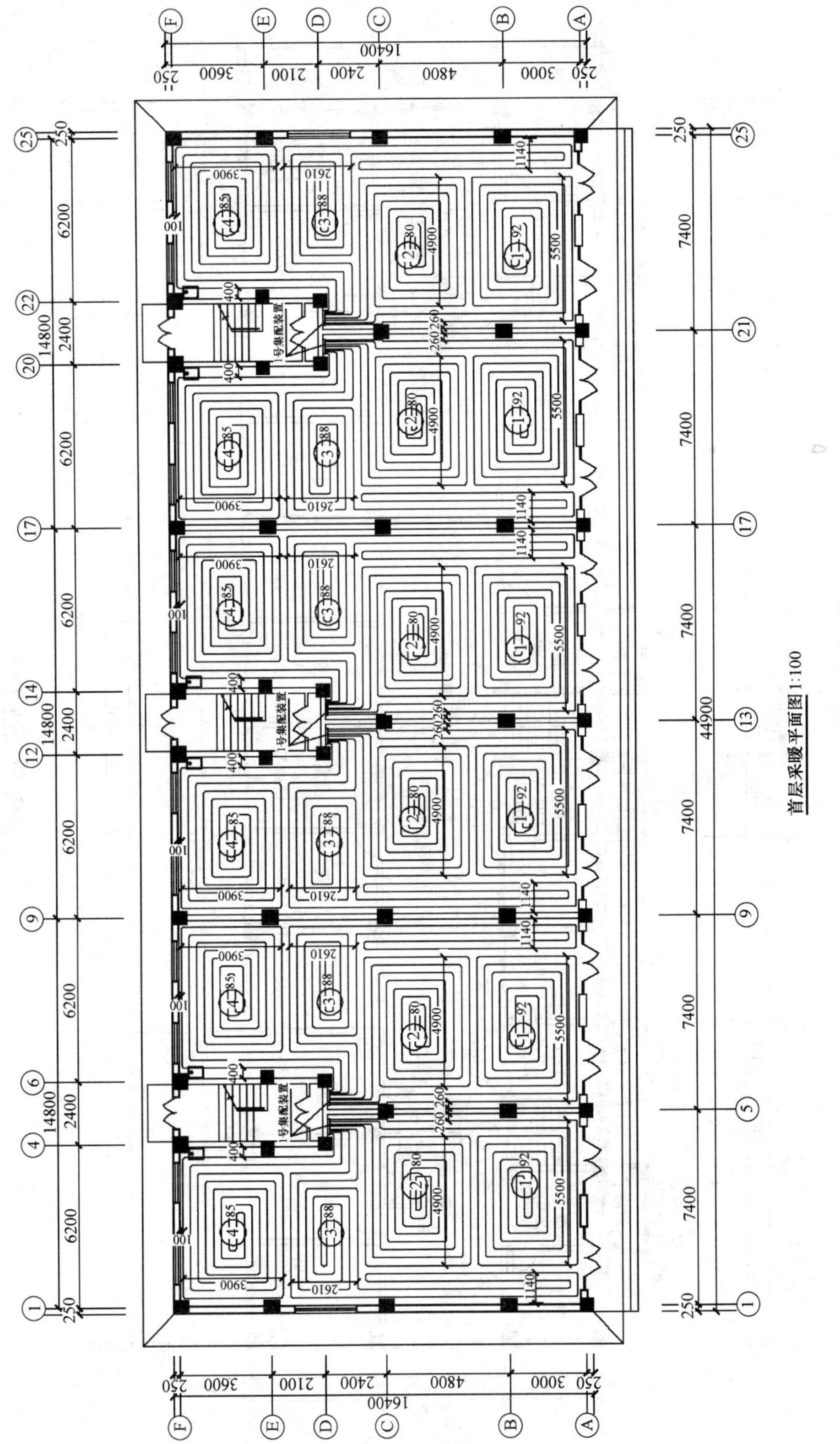

图 4-21　首层采暖平面图

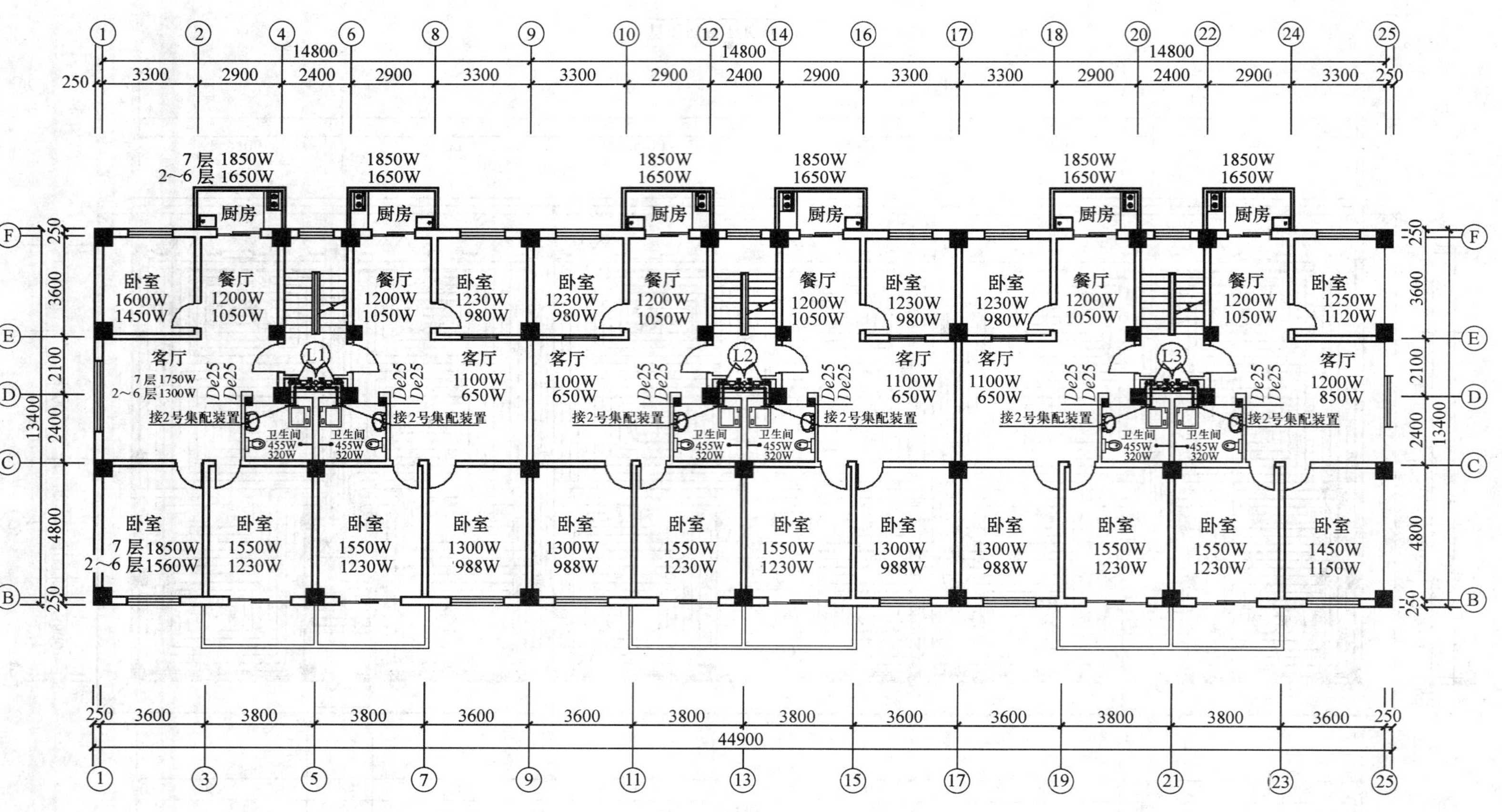

图 4-22 二～七层集配器配管平面图

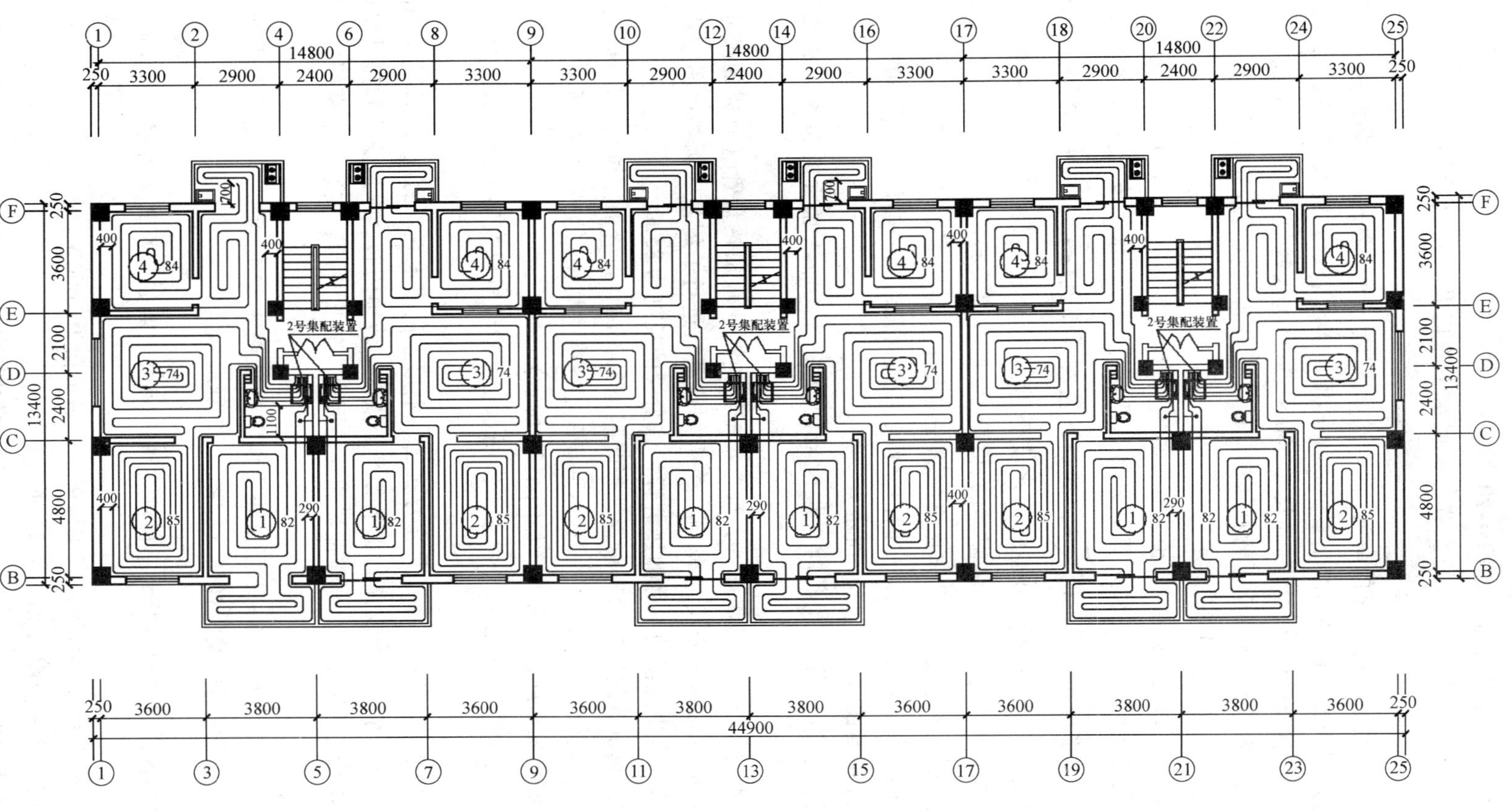

二~七层采暖平面图 1:100

图 4-23　二~七层采暖平面图

1. 首层集配器配管平面图（如图 4-20 所示）

图 4-20 主要表达了热媒入口的位置、供回水干管以及首层（商铺）集配器配管的布置。从图中可以看出：

1）热力入口设置在该住宅楼的南侧，每个单元对应一个热力入口，共设置了 3 个。

2）从热力入口引出来的供回水干管（供水管用粗实线表示，回水管用粗虚线表示，管径均为 *DN*70），穿过南外墙的预留洞（尺寸 600×600）进入建筑物后水平向北，敷设在首层地沟内（细虚线表示）。供回水干管在楼梯间的管道井中与供回水立管相接，具体连接方式见采暖立管系统图（如图 4-24 所示）。

3）Ⓛ1表示供回水立管编号，该楼共有 3 对供回水立管（L1、L2 和 L3），设置在每个单元楼梯间的管道井内。每个供水立管上分出东西两个支路，水平支管上依次安装锁闭阀（图例）、水过滤器（图例）和热计量表（图例），供水支管进入采暖房间后与集配器相连接；与集配器相连的回水支管穿出采暖房间后，安装一平衡阀（图例），再与回水立管连接。集配器的具体位置见首层采暖平面图（如图 4-21 所示），集配器与供回水支管的连接方式具体见集配器安装大样图（如图 4-25 所示）。

4）每个房间的热负荷标注在该房间内，例如：最西侧商铺的热负荷为 11900W。

2. 首层采暖平面图（如图 4-21 所示）

图 4-21 主要表达了首层（商铺）集配器的位置以及加热盘管的布置。从图中可以看出：

1）该层共设置了 6 个 1 号集配器，每个集配器连接 4 根加热盘管（具体的尺寸规格见设计施工说明中的“加热盘管尺寸表”），每根加热盘管进行了编号，例如：图中西北角标注的编号④表示 1 号集配器的 4 号加热盘管，该盘管的长度为 85m。

2）该层的加热盘管均采用回形布置，管间距为 300mm，盘管的定位尺寸均标注在图中。

3）加热盘管与集配器的连接方式具体见集配器安装大样图（如图 4-25 所示）。

3. 二～七层集配器配管平面图（如图 4-22 所示）

图 4-22 主要表达了二～七层（住宅）供回水立管的位置以及集配器配管的布置。从图中可以看出：

1）供回水立管从首层引上来，依次穿过二～七层。供回水立管的位置和编号同图 4-20。每个供水立管上分出东西两个支路，水平支管上依次安装锁闭阀、水过滤器和热计量表，供水支管入户后与集配器相连接；与集配器相连的回水支管出户后，安装一平衡阀，再与回水立管连接。

2）集配器的具体位置见二～七层采暖平面图（如图 4-23 所示），集配器与供回水支管的连接方式具体见集配器安装大样图（如图 4-25 所示）。

3）每一户内各房间的热负荷大小标注在该房间内，例如：西北角卧室标注 卧室 1600W 1450W，表示二～六层该卧室热负荷为 1450W，七层该卧室的热负荷为 1600W。

4. 二～七层采暖平面图（如图 4-23 所示）

图 4-23 主要表达了二～七层（住宅）集配器的位置以及加热盘管的布置。从图中可以看出：

1）每层设置了 6 个 2 号集配器，每个集配器连接 4 根加热盘管（具体的尺寸规格见设计施工说明中的“加热盘管尺寸表”），每根加热盘管进行了编号，例如：图中西北角标注的编号④表示2号集配器的4号加热盘管，该盘管的长度为84m。

2）每层的加热盘管仍采用回形布置，管间距为300mm，盘管的定位尺寸均标注在图中。

3）加热盘管与集配器的连接方式具体见集配器安装大样图（如图4-25所示）。

5. 采暖立管系统图（如图4-24所示）

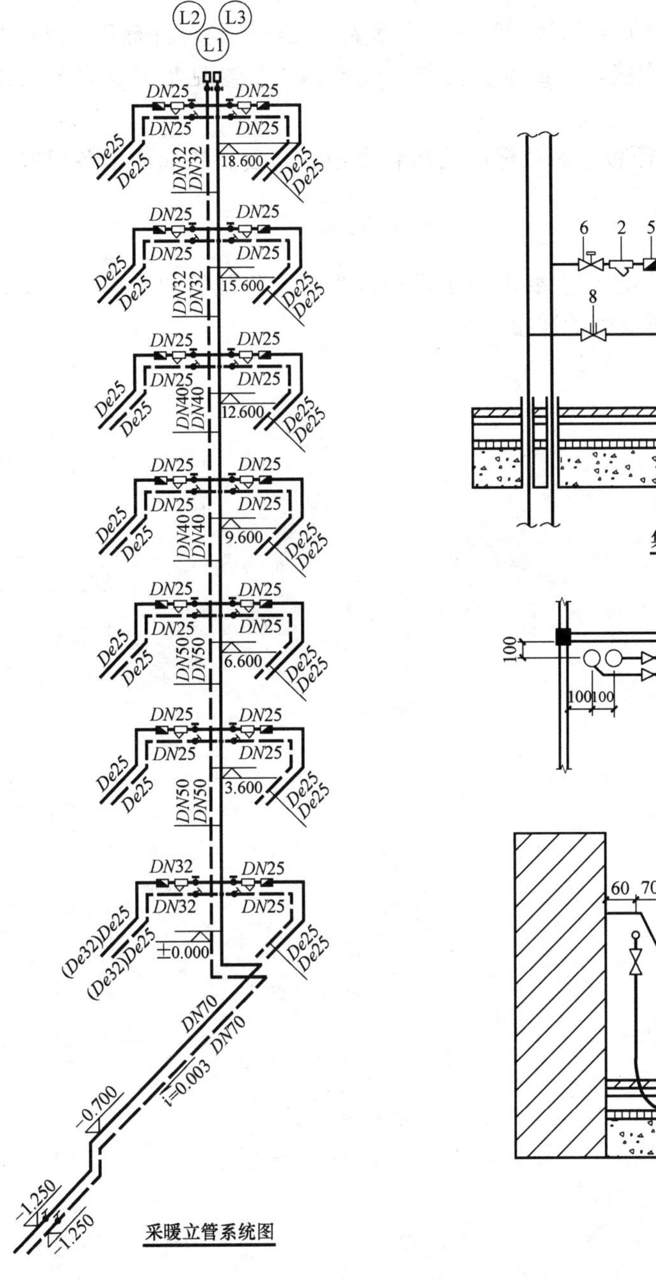

图4-24 采暖立管系统图

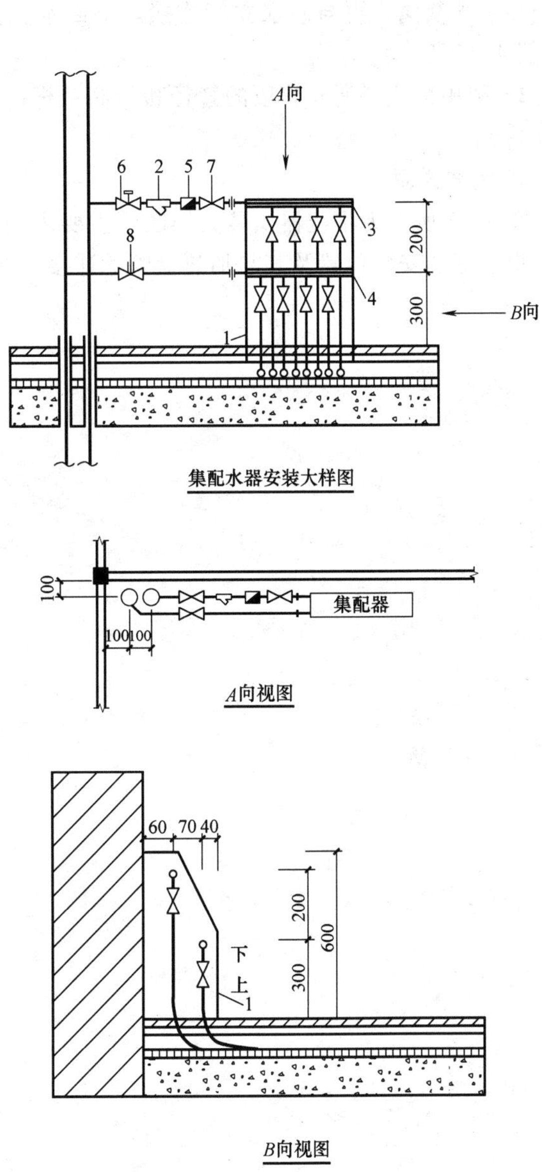

图4-25 集配器安装大样图

1—集配器 2—过滤器 3—分水器 4—集水器

5—热量表 6—锁闭阀 7—球形阀 8—平衡阀

该楼共三个单元，每个单元两户，供回水立管设置在楼梯间的管道井中。三个单元的立管系统完全相同，故图 4-24 只绘制了一个系统。从图中可以看出：

1）从热媒入口出来的供回水干管（相对标高 -1.250m）由南面引入，水平向北穿南外墙入楼，然后垂直向上走 0.550m，再水平向北进入首层楼梯间管道井，分别与供回水立管相连接，供回水立管末端分别设置自动排气阀（图例 ）。供水立管在每层分出两个支路，每个支管上依次安装锁闭阀、水过滤器和热计量表，供水支管在热计量表后断开，回水支管上安装一平衡阀，再与回水立管连接。供回水支管与集配器的连接参见集配器安装大样图（如图 4-25 所示）。

2）图中标注了所有管段的管径和标高，标高均指管道中心高度；还标注了各层室内地面标高。

6. 大样详图

图 4-25 所示为集配器安装大样图，主要表达了供回水支管与集配器的连接方式，分水器和集水器的安装位置及其与加热盘管的连接方式。

第 5 章　空调通风工程图

空调通风系统用于控制建筑室内热湿环境和改善空气品质。本章主要介绍空调通风工程图的图示内容、表达特点以及阅读方法；在此基础上，对空调通风施工图进行详细解读。

5.1　通风工程概述

通风是指向某一房间或空间送入室外空气，由某一房间或空间排出空气的过程，以改善室内空气品质。通风的主要功能有：

1）提供人呼吸所需要的氧气。

2）稀释室内污染物或气味。

3）排除室内工艺过程产生的污染物。

4）除去室内多余的热量或湿量。

5）提供室内燃烧设备燃烧所需的空气。

5.1.1　通风系统的分类

按照空气输送的动力，通风系统分为机械通风和自然通风。风机作用使空气流动，造成房间通风换气方法，称为机械通风。自然通风是依靠室内外空气的温度差造成的热压，或者是室外风造成的风压，使房间内外的空气进行交换，从而改善室内的空气环境。

按照通风的服务范围可以分为全面通风和局部通风。全面通风又称稀释通风，把一定量的清洁空气送入房间，稀释室内污染物，使室内空气中有害物浓度不超过卫生标准规定的最高允许浓度，并将室内等量空气连同污染物排到室外。局部通风分为局部进风和局部排风，其基本原理都是通过控制局部气流，使局部工作区不受有害物的污染，并且造成符合卫生要求的空气环境。

5.1.2　机械通风系统组成

机械通风系统主要由通风机、空气处理设备、风口、风管及其配件、室外进排风装置组成，如图 5-1 所示。

1. 通风机

通风机是确保空气在系统中正常流动的动力源，常用的通风机有离心风机、轴流风机、贯流风机和混流风机。

1）离心风机的空气流向垂直于主轴，其特点是风压高、风量可调、噪声相对较低，适用于要求低噪声、高风压的场合，是最常用的风机类型。

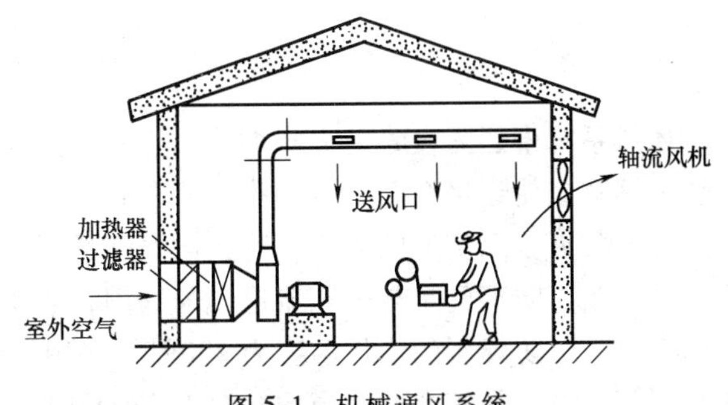

图 5-1　机械通风系统

2）轴流风机的空气流向平行于主轴，其特点是风压较低、风量较大、噪声相对较高、耗电少、占地面积小，适用于阻力较小的大风量系统。

3）贯流风机采用一个筒形叶轮，其噪声介于离心风机和轴流风机之间，可获得扁平而高速的气流，出风口细长，结构简单，多用于风幕机、风机盘管和家用空调室内机风机。

4）混流风机的出风筒为锥形，兼有离心风机和轴流风机的优点，可获得高风压和大风量，还具有结构简单、造价低、维修方便等特点。

2. 风道及风阀

根据风道材料分为金属风道和非金属风道。金属风道的材料有镀锌薄钢板、薄钢板和不锈钢板等。非金属风道的材料有玻璃钢、塑料、混凝土等。在新型空调中，也有用玻璃纤维板或两层金属件加隔热材料的预制保温板做成的风道，但造价较高。

按风道的几何形状分，有圆形风道和矩形风道两类。圆形风管的强度大，耗材料少，阻力损失较小，但加工工艺较复杂，占用空间大，多用于工业通风。矩形风管易于布置，便于与建筑空间配合，且容易加工，因此多用于空调工程中。

风管的保温是为了减少管道的能量损失，防止管道表面产生结露现象，并保证进入空调房间的空气参数达到规定值。目前常用的保温材料有阻燃性聚苯乙烯或玻璃纤维板，以及较新型的高倍率的独立气泡聚乙烯泡沫塑料板。风管的保温结构由防腐层、保温层、防潮层和保护层组成。防腐层一般为1～2道防腐漆。常用的保护层和防潮层有金属保护层和复合保护层两种。所用的金属保护层常采用镀锌薄钢板或铝合金板；而复合保护层有玻璃丝布、复合铝箔及玻璃钢等。

风阀可分为一次调节阀、开关阀、自动调节阀、防火防烟阀等。一次调节阀主要用于系统调试，调试好后阀门位置保持不变，如三通调节阀、蝶阀、对开多叶阀、插板阀（如图5-2a、b所示）。自动调节阀是系统运行中需要经常调节的阀门，要求执行结构的行程与风量成正比或接近正比，常用的有对开多叶调节阀（如图5-2c所示）。

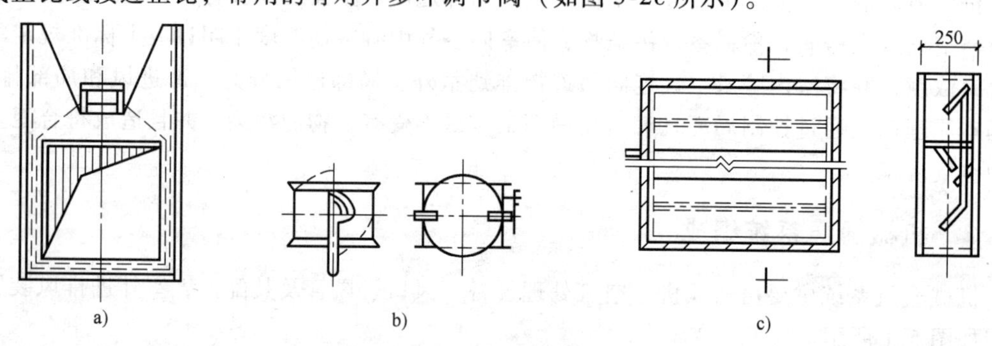

图5-2 常用风阀

a）插板阀 b）蝶阀 c）对开多叶调节阀

通风系统中还需设置防火防烟阀。当发生火灾时，火焰侵入风道，高温使防火阀上的易熔合金熔解或使记忆合金产生形变，而使阀门自动关闭。防火阀的动作温度为70℃，多用于风道与防火分区贯通的场合。防火阀可与风量调节阀结合使用兼起风量调节的作用，称为防火调节阀。防烟阀是与烟感器连锁的阀门，当探知到烟气时关闭阀门以防止其他防火分区的烟气侵入。防烟阀的动作温度为280℃，多用于连接两层以上楼层的风道连接处。排烟阀是在阀门上设有易熔合金，当烟气温度280℃时，温度熔断器动作，阀门关闭。排烟阀一般安装在排烟系统的管道上或排烟风机的吸入口处，阀门关闭时排烟风机停止运行。

3. 风口

经过热湿处理的空气通过送风口送入室内，进行热湿交换后，通过排风口回到空气处理机组中或处理后排到室外。合理地选择送、回风口的形式，确定送、回风口的位置，就可以在整个房间形成均匀的温度、湿度、气流速度和空气洁净度，以满足生产工艺的要求和人员的舒适要求。通风工程中常用的送风口有百叶风口和空气分布器。

4. 室外进、排风装置

通风工程中常用的进风装置有进风塔、百叶进风口、屋顶进风塔，常用的排风装置有屋顶风帽、屋顶排风塔、轴流排风机。

5.2　空调工程概述

空气调节是一个能同时实现多种功能的复杂过程，包括对空气的处理和输送并最终分配到空调区域。典型空调系统具有以下功能：

1）提供需要的冷量和热量。

2）调节送风，也就是对空气加热/冷却、加湿/去湿、净化，降低空调设备造成的噪声。

3）将处理后的空气（包含足够的新风）输送到空调区域。

4）将室内环境参数如室内空气的温度、湿度、洁净度、流速、声级以及室内外压差，控制并维持在预先设定的范围内，以达到人们对室内环境舒适和健康的要求，或者满足一定的生产过程需要。

5.2.1　空调系统分类

空调系统按其用途可分为舒适性空调和工艺性空调。舒适性空调是为室内人员创造舒适健康环境的空调系统，主要用于商业建筑、公共建筑以及交通工具中。工艺性空调是为工业生产或科学研究提供特定室内环境的空调系统，例如：在纺织厂，适当的湿度控制能增加纱线的强度。过高的相对湿度会在纺纱过程中产生问题，而过低的相对湿度会产生静电从而影响纺纱过程；因为许多电子元件的质量都受到空气微粒的影响，所以，电子元件都要求在洁净厂房中制造；精密仪器制造业需要精确的温度和湿度控制，一般要求空气温度的变化范围为 ±(0.1～0.5)℃，相对湿度的变化范围不超过 ±5%；药品工业不仅要求一定的空气温湿度，还需要控制空气洁净度。

按承担室内热负荷、冷负荷和湿负荷的介质种类不同，空调系统可分为全空气系统、全水系统、空气－水系统和冷剂系统。按空气处理设备的集中程度，空调系统可分为集中式空调系统、半集中式空调系统和分散式空调系统（局部机组）。分散式空调系统一般分为房间空调器和单元式空调机组。按被处理空气的来源，空调系统可分为封闭式空调系统（再循环系统）、直流式空调系统（全新风）和混合式空调系统。

此外，根据系统的风量固定与否，可分为定风量和变风量空调系统；根据系统风道内空气流速的高低，可分为低速（$v<8\mathrm{m/s}$）和高速（$v=20\sim30\mathrm{m/s}$）空调系统；根据系统精度不同，可分为一般性空调系统和恒温恒湿系统；根据系统运行时间不同，可分为全年性空调

系统和季节性空调系统等。

5.2.2 全空气系统

1. 全空气系统组成

图5-3所示是一个典型的全空气系统，由进风装置、空气处理设备、空气输送设备、空气分配装置、冷热源以及自动控制装置组成。

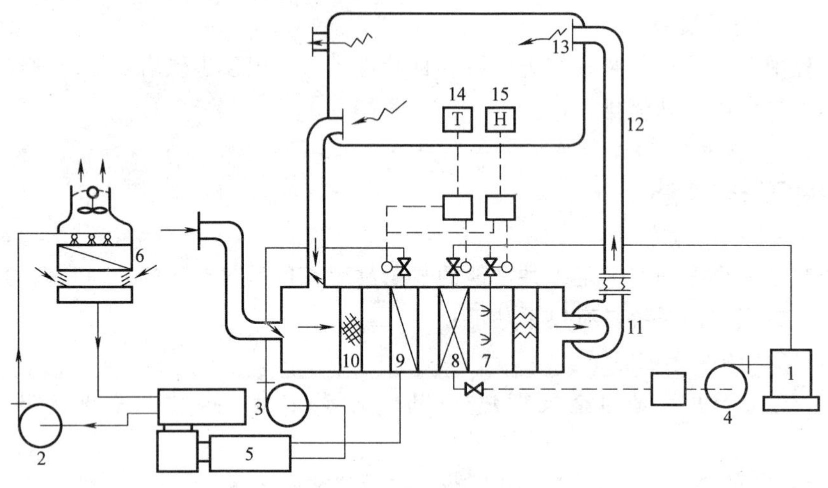

图5-3 全空气系统示意图

1—锅炉 2、3、4—水泵 5—制冷机组 6—冷却塔 7—加湿器 8—空气加热器 9—空气冷却器 10—过滤器 11—风机 12—送风管道 13—送风口 14—温度控制器 15—湿度控制器

空调系统必须引入室外空气，也称为“新风”。新风入口应设在不受环境污染的建筑物部位，新风口、新风管、过滤器以及新风阀构成了进风装置。

对空气进行各种热、湿、净化等处理的设备称为空气处理机组。空气处理机组主要有两大类：组合式空调机组和整体式空调机组。整体式空调机组在工厂中组装成一体，具有固定的功能。这种机组结构紧凑、体形较小，适用于需要对空气处理的功能不多，机房面积较小的场合。组合式空调机组（如图5-4所示）由各种功能的模块（称为功能段）组合而成，用户可以根据自己的需要选择不同的功能段进行组合。组合式空调机组的功能段包括混合段、风机段、表冷段、空气过滤段、消声段、控制段等。组合式空调机组使用方便灵活，是目前应用比较广泛的一种空气处理机组。

空气输送设备的作用是将经过处理的空气按照设计要求输送到各个空调区域，并抽回或排出一定量的室内空气。空气输送设备包括送回风管道以及风道上的调节阀、防火阀等附件。

空气分配装置包括设置在空调区域内的送风口和回风口，其作用是合理组织室内空气流动，以保证工作区的温度、湿度、气流速度和洁净度达到设计要求。空调工程中所用的送风口有格栅送风口、百叶送风口、条缝形百叶送风口、散流器、喷口、旋流送风口等，常用的回风口有网格式、固定百叶式和活动百叶式。格栅送风口有叶片固定和叶片可调两种，不带风量调节阀，用于一般通风空调工程。

空调系统的冷源分为自然冷源和人工冷源，人工冷源是指通过制冷机组获得冷量，是目

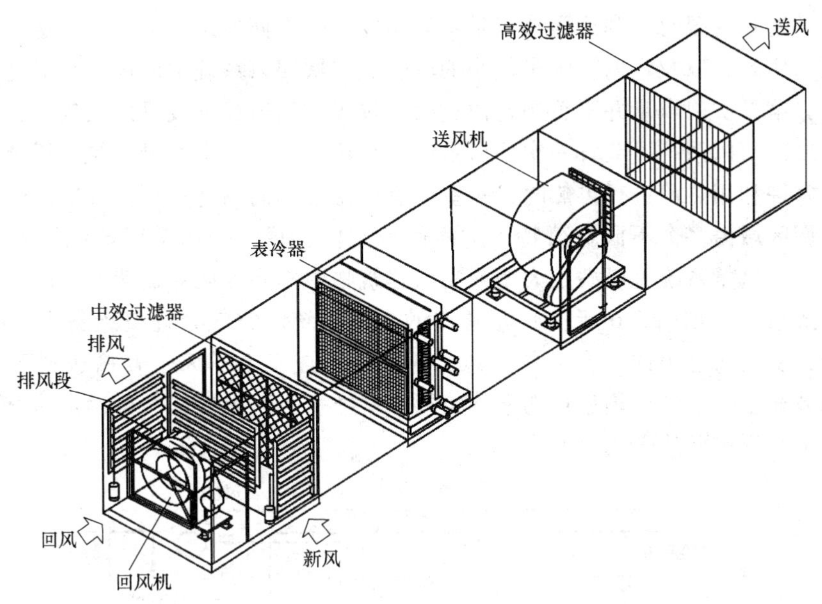

图 5-4 组合式空调机组

前常用的冷源形式。热源也分为自然热源和人工热源，自然热源主要包括太阳能和地热能，人工热源主要是指各类燃油、燃气锅炉。也可以采用热泵机组实现夏季供冷冬季供热的目的。

根据系统特点，全空气系统有以下四种分类方法：

（1）单区和多区系统 单区域系统中没有末端设备，室内温度、湿度和送风量直接由空气处理单元或空调机组控制；多区域系统中，每个区域的温度和送风量由末端设备控制。

（2）单风道和双风道系统 单风道系统中，处理后的空气由一根风道送入空调房间；双风道系统有两根送风道，一根送热风，另一根送冷风。在空调区域的外区一般由冷、热风道同时送风，内区仅需要冷风道。

（3）定风量和变风量系统 定风量系统通过调节送风温度来满足负荷的变化；变风量系统保持送风温度不变，而通过改变送风量来满足负荷的变化。

（4）单风机和双风机系统 单风机系统只有一个送风机；常用的双风机系统有送风机和排风机的组合、送风机和回风机的组合。

2. 定风量空调系统

（1）单风道定风量空调系统 单风道定风量系统是最普通的全空气系统，也是集中式空调系统的一种。它是最典型、出现最早、广泛使用的空调系统。常用的有一次回风系统、二次回风系统、再热式系统等。

一次回风系统（如图 5-5 所示）又称露点送风系统，是最典型的全空气空调系统，回风仅在热湿处理设备前混合一次，经冷却处理到接近饱和的状态点（称机器露点），送出一种参数的空气。通常利用最大送风温差

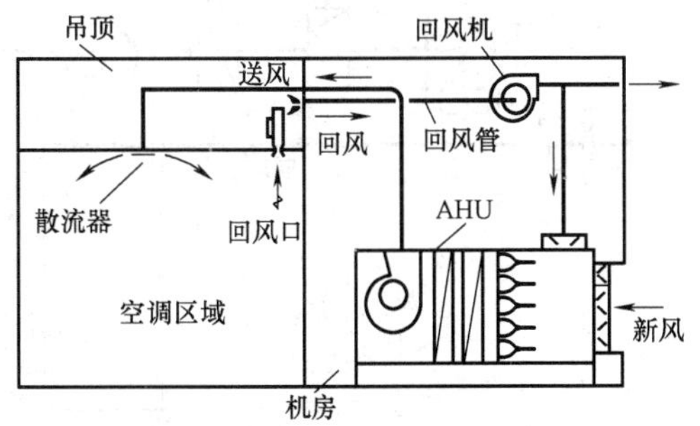

图 5-5 一次回风系统

送风，当送风温差受限时，利用再热满足送风温度。一次回风系统适用于对送风温差要求不高的公共民用建筑，以及室内散湿量较小的场合。二次回风系统中回风在热湿处理设备前后各混合一次，第二次回风量并不负担室内负荷，仅提高送风温度或增加换气次数。在相同送风条件下，二次回风系统可节省一次回风系统的再热热量。二次回风系统适用于：送风温差受限，而不容许利用热源进行再热时；对室内有恒温要求的场合；高换气次数的洁净房间。

如果空调区域由多个不同负荷特点的房间或空间构成，采用单区定风量系统就不合适了。采用多区定风量系统可以满足大型或复杂建筑物中不同区域对负荷的不同要求。单风道定风量再热式系统（如图5-6所示）是常用的多区系统。空气处理机组集中对空气进行冷却除湿处理，从机房送出同一参数的送风，通过一个或多个送风干管输送到不同的空调区域，每个区域安装一个带再热盘管的末端装置，这样每个区域根据各自设定的温度或负荷变化调节再热量达到需要的送风温度。

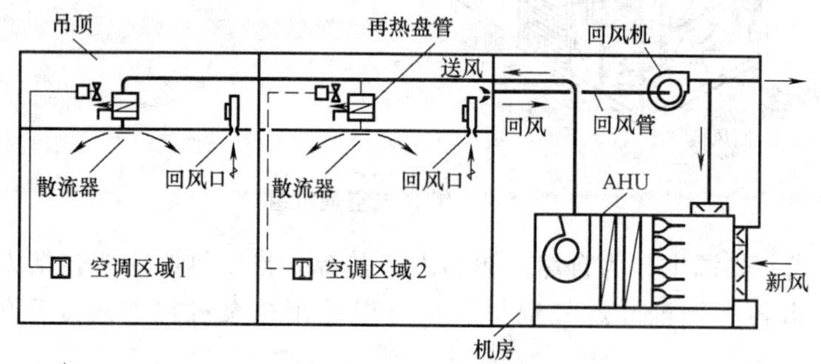

图5-6 单风道定风量再热式系统

（2）双风道定风量空调系统 双风道定风量空调系统（如图5-7所示）是一种多区定风量系统。该系统有两条送风管道，分别送冷风和热风。空气处理机组中的表冷器对一部分空气进行冷却除湿，通过冷风管送到每个区域，剩余的空气通过空气加热器加热后由热风管送到每个区域。冷风和热风在每个区域的混合箱内按一定比例混合，然后送入室内。混合箱上设有带温度控制器的混合阀，根据室内温度变化调节冷热风的混合比例，混合空气以适当的送风温度送出。送风量通过弹簧式的控制风门保持恒定。定风量双风道系统在功能上与单

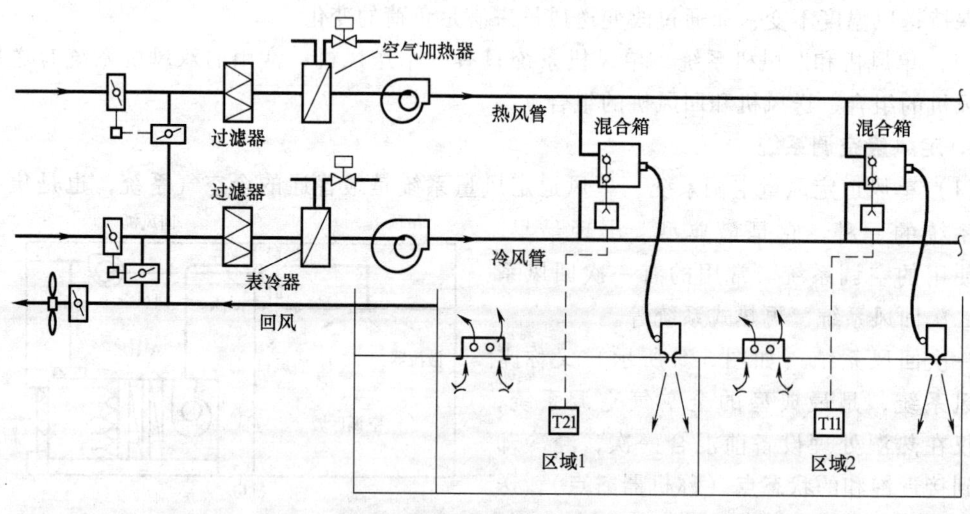

图5-7 双风道定风量空调系统

风道再热式系统相似，但是，混合箱不需加装盘管，因此，系统维修简单而且不存在漏水问题。

3. 变风量空调系统

变风量空调系统（Variable-Air-Volume，简称VAV）是相对于定风量系统而言，前面介绍的定风量系统通过改变送风温度而风量不变来适应室内负荷的变化；而变风量系统是送风温度不变，用改变风量的方法来适应负荷变化。与定风量系统相比，变风量空调系统具有五个特点：①全年变风量运行，大量节约能耗；②室内相对湿度控制质量较差；③新风比不变时，送风量调小使得新风量减少，影响室内空气品质；④风量调小时室内气流分布受影响；⑤变风量末端设备造价高，控制系统较复杂。

单区单风道变风量系统一般由空气处理机组、单风道送风管、变风量末端装置、柔性风管、送回风口、回风管以及回风机等构成。其空气处理机组与定风量系统一样，集中处理的空气送入空调区域的末端装置。当负荷变化时，变风量末端装置根据室内温度调节送风量。单区变风量系统主要用于室内体育场馆、候机厅以及某些工业系统。再热式变风量系统是一种多区变风量系统，每个区域安装一个再热式变风量末端装置，根据区域负荷的变化调节送风量和再热量，以保持室内设定温度。对于大型建筑物，内区可以采用普通变风量末端装置提供冷风，外区采用再热式变风量末端装置提供冷风或热风，如图5-8所示。

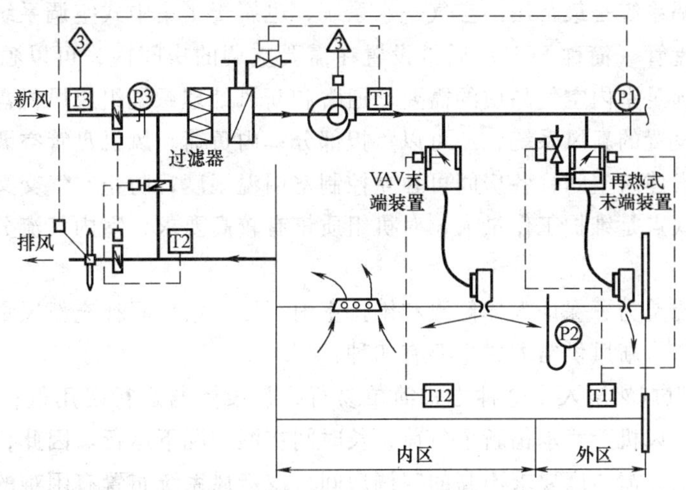

图5-8 再热式变风量空调系统

风机动力型变风量系统（如图5-9所示）是在建筑物内区的每个空调区域安装一个普通变风量末端装置，在建筑物外区的每个空调区域安装一个风机动力型末端装置。风机动力型末端装置，简称风机动力箱，通常由一台离心风机、变风量装置、加热盘管（或电加热器）、粗效过滤器、风阀、外壳以及相应的控制元件组成。根据结构和运行特点，风机动力箱分为串联和并联两种。风机动力箱系统最大的优点：系统是变风量的，而室内送风是恒定的，避免了小负荷时VAV系统因送风量减小而带来的气流分布不稳定以及室内冷凝的缺点。但这种系统的能耗比常规变风量系统高，带来了噪声，同时增加了初投资和维护费用。

5.2.3 空气—水系统

空气—水系统以空气和水为介质，共同承担室内负荷。常用半集中式空调系统有风机盘

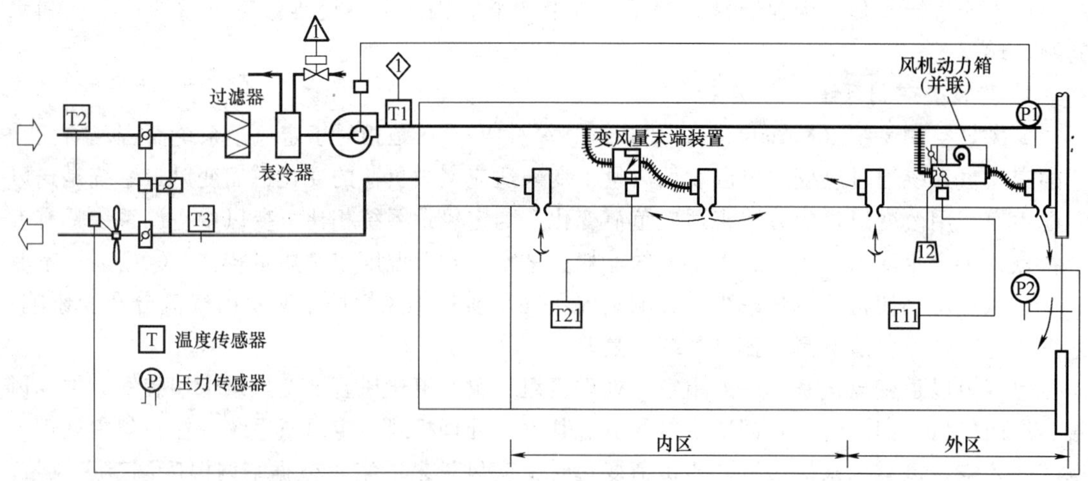

图 5-9 风机动力型变风量系统

管系统、诱导器系统和辐射供冷系统。

1. 风机盘管空调系统

风机盘管空调系统是最常用的空气—水系统，也属于半集中式空调系统，得到了广泛应用和发展。风机盘管（简称 FCU）通常设置在需要空调的房间内，可以独立地负担全部室内负荷。但为了满足室内空气品质的需要，通常和新风处理系统组成风机盘管加新风的空调形式；对于集中设置的新风系统，还可以负担部分室内负荷。风机盘管空调系统的主要优点是布置灵活，节省建筑空间，各房间可独立控制室内温湿度，防止空气交叉污染，减少系统运行能耗；主要缺点是维护工作量大，对机组质量有较高要求，室内气流分布较差，风机盘管运行时有噪声。

独立新风系统是为了保证人体健康和维持室内正压，给房间补充新风量的设施，还可以承担部分室内负荷。新风供给方式主要有四种：

(1) 房间缝隙自然渗入 这种方式简单易行，初投资与运行费用低；但室内温度不均匀，卫生条件差，风机盘管承担新风负荷，长时间在湿工况下运行。因此，这种方式适用于人少、无正压要求、清洁度要求不高的空调房间，或新风系统布置有困难的建筑。

(2) 机组背面墙洞引入新风 这种方式的新风口可调节，冬、夏季采用最小新风量，过渡季采用最大新风量，初投资与运行费用低；但室内直接受到新风负荷变化的影响，机组长时间在湿工况下运行，须做好防尘、防噪声、防雨、防冻措施。因此，这种方式适用于人少、要求低的空调房间，新风系统布置有困难的建筑，或房高在 5m 以下的建筑物。

(3) 单设新风系统，独立供给室内（如图 5-10 所示） 这种方式单设新风机组，可随室外气象变化进行调节，保证室内湿度与新风量要求；但投资大、占空间多。

(4) 单设新风系统，供给风机盘管机组（如图 5-11 所示） 这种方式单设新风机组，可随室外气象变化进行调节，保证室内湿度与新风量要求；但投资大，风机风量加大，增加噪声。

后两种新风供给方式都设有独立的新风系统（即“风机盘管加新风系统”的空调方式），适用于要求卫生条件严格和舒适的空调房间，是目前最常用的两种方式。

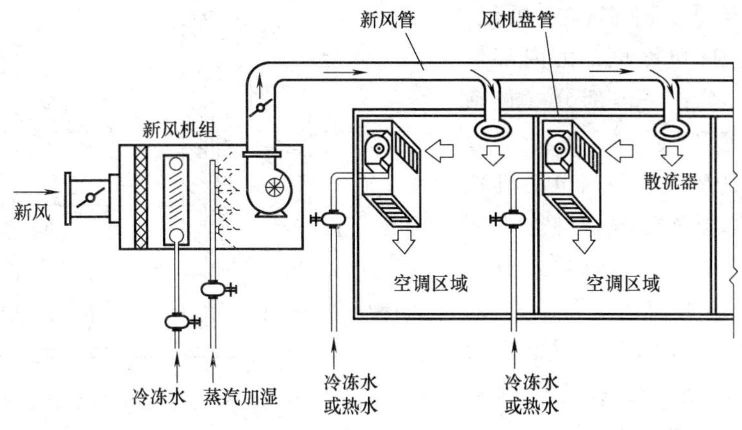

图 5-10 新风直接送入室内

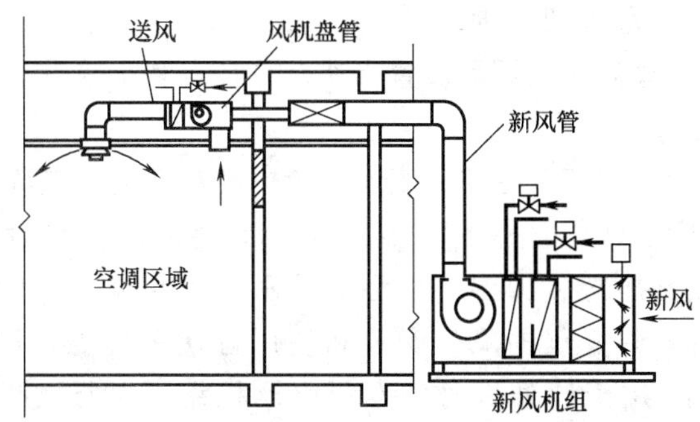

图 5-11 新风接入风机盘管内

2. 诱导器空调系统

诱导器空调系统也属于半集中式空调方式。诱导器由静压箱、喷嘴、盘管（有的机组不设）等组成。经集中处理的一次空气（即新风，也可混合部分回风）由风机送入设在空调房间的诱导器静压箱中，并由喷出气流（20～30m/s）的引射作用在箱内造成负压，将室内空气（又称二次空气，即回风）吸入，一、二次风混合后送入空调房间。

和风机盘管系统一样，诱导空调系统也属于空气—水空调系统。诱导器系统一般仅处理新风，且可应用高速送风，故机房尺寸和管道断面比全空气系统小，节约建筑空间，能保证每个房间的新风，卫生情况较好。可用于旧建筑加设空调或高层建筑，特别适用于低温送风方式。但这种系统也有一定的缺点，如空气输送动力消耗大，个别调节不灵活，新风（一次风）管道必须跟随诱导器的位置进行布置，不易控制末端装置的噪声。

5.2.4 冷剂式系统

冷剂式空调系统，也称机组式系统。舒适性空调工程中最常见的机组式系统有：房间空调器、单元式空调机组、变制冷剂流量系统和水环热泵空调系统。

1. 房间空调器

房间空调器是国内使用最广泛的空调机组形式，分为窗式空调器、热泵式空调器和分体式空调器。房间空调器的制冷量一般在1.5～10kW之间，平均使用寿命10年左右。

窗式空调器是一种整体式机组，无采暖能力，也称单冷机，由内部保温隔板分成两部分：室内部分（包括蒸发器、毛细管和风机）、室外部分（包括冷凝器、压缩机和风机电动机）。热泵式窗式空调器属于气源热泵，用于夏季供冷、冬季供热。热泵式窗式空调器的结构与普通窗式空调器类似，只是多了一个四通换向阀，用以实现冷、热工况的切换。分体式空调器（如图 5-12 所示）由室内机和室外机构成：室内机包括蒸发器、进风口、送风口、风机和过滤器，室外机包括压缩机、冷凝器和风机。分体式空调器安置方便，并且有利于减少空调房间的振动和噪声。

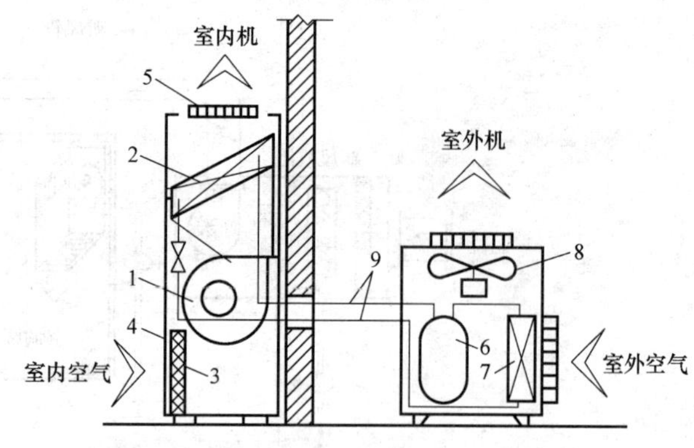

图 5-12　分体式空调器原理图

1—离心风机　2—蒸发器　3—过滤器　4—进风口　5—送风口　6—压缩机　7—冷凝器　8—轴流风机　9—制冷剂管道

2. 单元式空调机组

单元式空调机组是中小型商业建筑和工业建筑中经常选用的空调系统形式。一个典型的单元式空调机组由送风管、回风管、散流器、回风口、制冷/供热设备以及控制系统构成，可直接对空气进行加热、冷却、加湿、去湿等处理。近年来，单元式空调机组以其结构紧凑、占地面积小、能量调节范围广、安装和使用方便等优点，被越来越多地应用于中小型空调系统中。例如，用于计算机房的专用空调机组（如图 5-13 所示），其送风形式通常为下送风、上回风。机组中通常安装中效过滤器，必要时设置高效过滤器蒸汽加湿器；此外，机组中还设置了蒸汽加湿器，以保持冬季室内相对湿度达到设定值并且防止静电产生。

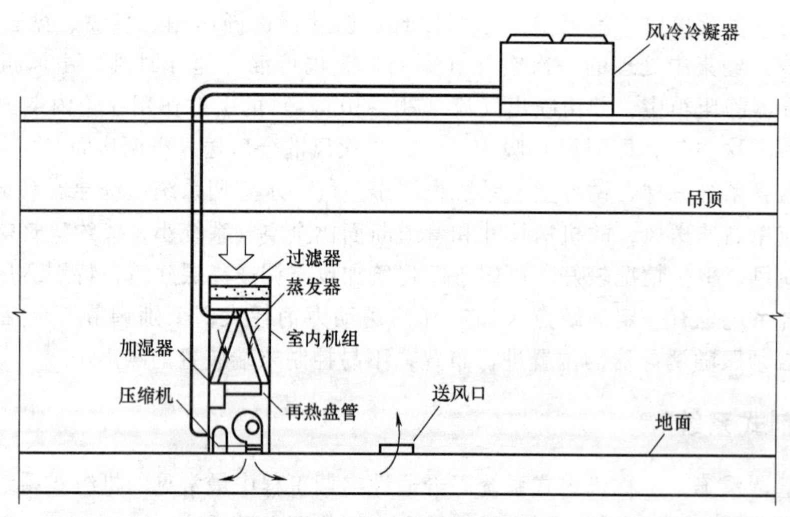

图 5-13　计算机房的专用空调机组

3. 变制冷剂流量系统

变制冷剂流量（简称 VRV）系统由一台室外机、多台室内机、制冷剂配管和自控设备组成，如图5-14所示。室外机的压缩机可以实现变频调节，根据负荷变化自动调节制冷剂流量。室内机有盘管、风机、电子膨胀阀等部件，按其外形分为挂壁式、顶棚嵌入式、风管式等机型。每台室外机可以配置多台不同规格、不同容量的室内机，连接成独立的系统。在VRV系统中，制冷剂配管长度最大可达100m，室内外机之间的高差可达50m。VRV系统的主要优点是设备少、管路简单、布置灵活、节省建筑面积与空间，具有显著的节能效益和经济效益，以及运行管理方便、维修简单。因此，VRV系统适用于多居室的家庭或别墅、中小型建筑以及旧建筑加装空调的场合。

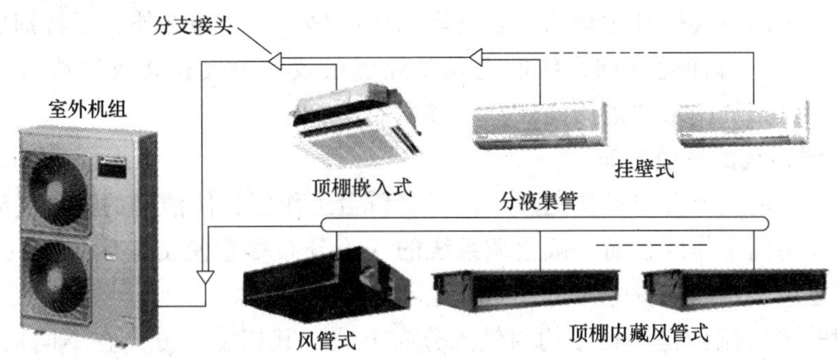

图5-14 变制冷剂流量系统

4. 水环热泵空调系统

水环热泵空调系统（如图5-15所示）是小型水源热泵机组（水—空气热泵）的一种应用方式。水源热泵机组由制冷剂/空气热交换器、制冷剂/水热交换器、离心风机、单级或两级转子压缩机、毛细管、四通换向阀、外壳以及其他附件组成。

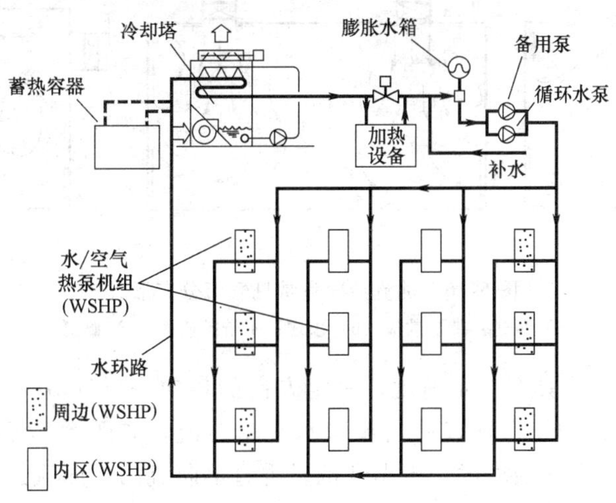

图5-15 水环热泵空调系统原理图

水环热泵系统用水环路将多台小型水/空气热泵机组并联在一起，构成一个以回收建筑物内余热为主的热泵供热、供冷的空调系统。典型的水环热泵空调系统如图5-15所示，整个系统由室内水源热泵、闭式冷却塔、加热设备、两台循环水泵（一用一备）、蓄热容器、控制系统、管道以及必要的附件构成。水环热泵空调系统的主要优点是建筑物热回收效果好，系统可同时供冷、供热，便于各房间分户计量，系统布置紧凑、简洁灵活，用户调节方便，便于安装和管理。从节能和热回收考虑，水环热泵系统宜用在建筑规模较大的场合，内区面积要大于或接近于周边区，即两者冷热负荷相当为好。由于水环热泵系统对建筑层高和外立面均无影响，还适用于已有建筑的空调增设工程。

5.2.5 净化空调系统（洁净室）

洁净室是指对空气洁净度、温度、湿度、压力、噪声等参数根据需要都进行控制的密闭性较好的空间。洁净室采用净化空调系统实现对各参数的控制。

净化空调系统的空气处理过程除一般空调系统的热、湿处理之外，还特别要进行空气的净化（过滤）处理。即净化空调系统的送风要经过粗效、中效和高效过滤器三级过滤，特别重要的是在送风系统的末端采用高效空气过滤器。

1. 净化空调系统的气流分布

净化空调系统的气流分布是使送风气流尽量覆盖工作区，使洁净的送风气流不受污染以最短的距离直接送到工作区，而一般空调系统的气流分布尽量使工作区处在气流的回流区。净化空调系统通常采用的气流分布方式是乱流和单向流两种。

乱流（即非单向流）是一种不均匀气流分布方式，其速度、方向在不同地点是不同的，这是洁净室最常见的一种气流形式，这种气流分布方式适用于1000～100000级乱流洁净室。根据规范，1000级乱流洁净室的换气次数应大于50次/h；10000级乱流洁净室的换气次数应大于等于25次/h；100000级乱流洁净室的换气次数应大于等于15次/h。乱流洁净室气流分布形式有很多种，常见的是：顶送下回、顶送下侧回、侧送下回等，如图5-16所示。

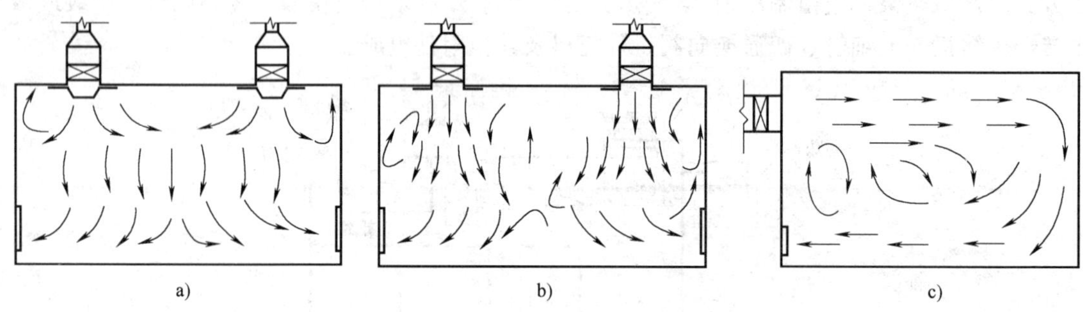

图5-16 乱流洁净室常见气流分布形式

a）顶送：带扩散板 b）顶送：不带扩散板 c）侧送

单向流（即层流）是具有一定速度、一定方向的均匀平行气流。空气全部置换是单向流的净化原理，单向流又分为垂直单向流和水平单向流，如图5-17所示。单向流能实现100级、10级和更高级别的洁净度。根据规范，垂直单向流的断面风速应大于0.25m/s，水平单向流的断面速度应大于0.35m/s。

2. 净化空调系统的形式

净化空调系统根据送风方式，分为集中式和分散式两种：

（1）集中送风式 集中送风式就是空气处理设备（粗效过滤器、加热器、加湿器等）和风机均集中设置在空调机房，高效过滤器布置在系统的末端，用集中的送、回风管道把空气处理设备和洁净房间相连接的送风系统。对整个房间造成具有相同洁净度环境，适用于工艺设备高大、数量多、且室内要求相同洁净度的场合。但系统投资大、运行管理复杂、建设周期长。

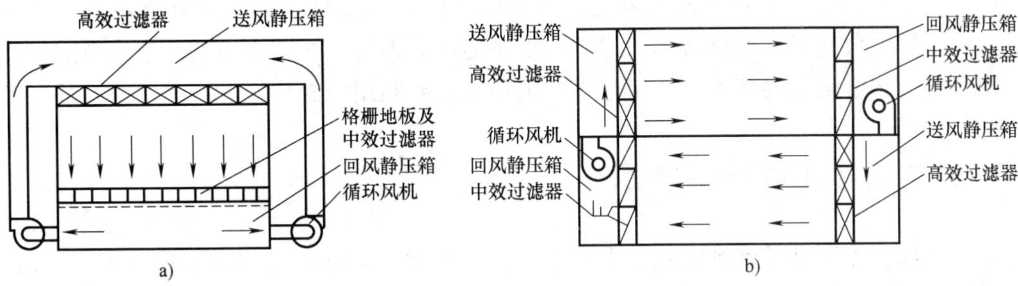

图5-17 单向流洁净室常见气流分布形式

a）垂直层流洁净室 b）双重水平层流洁净室

集中送风的净化空调系统又可分为：新风集中处理（如图5-18所示）和新风分散处理；单风机系统和双风机系统（如图5-19所示）；风机并联系统（如图5-20所示）和风机串联系统（如图5-21所示）。

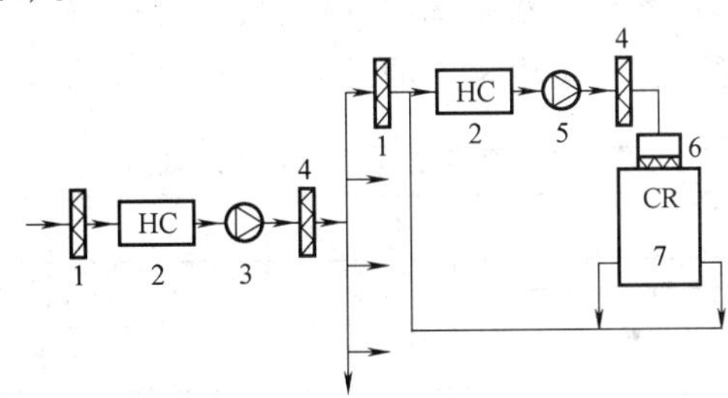

图5-18 新风集中处理的净化空调系统

1—粗效过滤器 2—热湿处理设备 3—新风风机 4—中效过滤器 5—送风风机 6—高效过滤器 7—洁净室

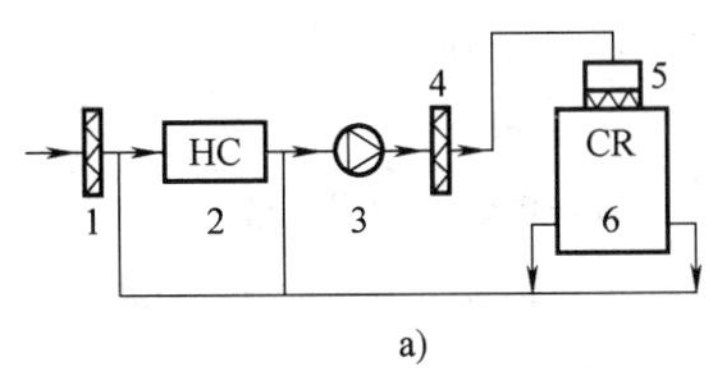

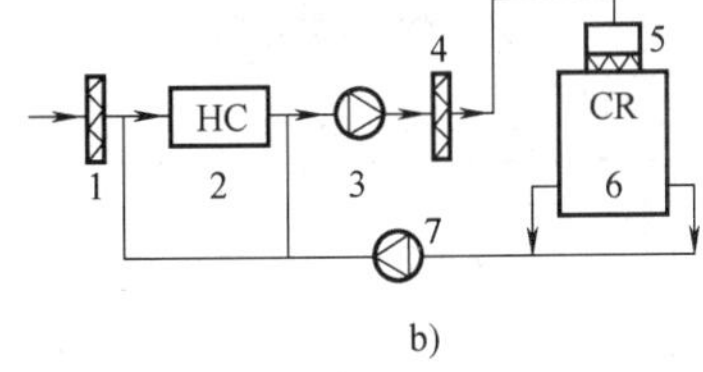

图5-19 单、双风机净化空调系统

a）单风机净化空调系统 b）双风机净化空调系统

1—粗效过滤器 2—热湿处理设备 3—送风机 4—中效过滤器 5—高效过滤器 6—洁净室 7—回风机

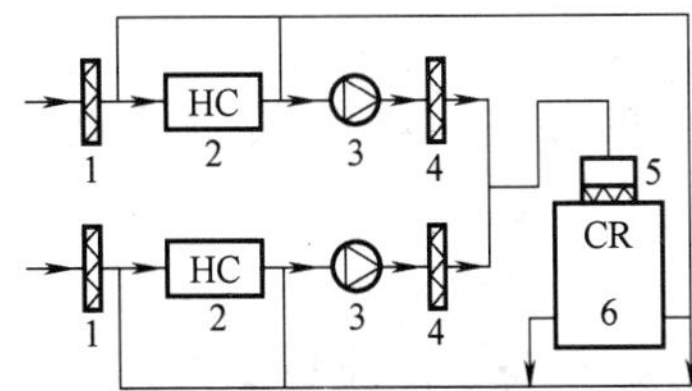

图5-20 风机并联净化空调系统

1—粗效过滤器 2—热湿处理设备 3—送风机 4—中效过滤器 5—高效过滤器 6—洁净室

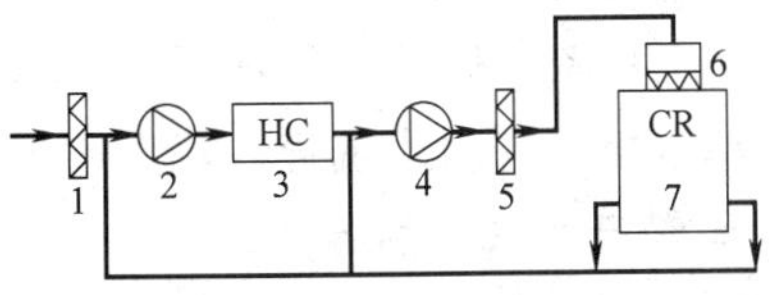

图5-21 风机串联净化空调系统

1—粗效过滤器 2—送风机 3—热湿处理设备 4—净化循环送风机 5—中效过滤器 6—高效过滤器 7—洁净室

（2）分散送风式　分散式送风就是在一般的空调环境或低级别净化环境中，设置净化单元、自净器、层流罩、净化台等局部净化设备的送风系统。在一般空调环境中造成局部区域具有一定洁净度级别的环境。适用于生产批量较小或利用原有厂房进行技术改造的场所。

5.3　空调通风工程图的特点

空调系统，无论是风管系统还是水管系统，一般都以环路形式出现。空调系统中的风、水管路在空间上纵横交错，为了表达清楚，空调施工图中除了大量平面图、立面图之外，还包括剖面图、轴测图、原理图等。

5.3.1　管道表达

1. 图线和比例

空调通风系统一般包括风系统、水系统和冷热源，设备繁多，管道纵横交错。为区分不同管道和设备轮廓，空调通风工程图中常用的线型和线宽见表5-1。

表5-1　空调通风工程图常用线型

名称		线型	线宽	用途
实线	粗	————————	b	单线风管、风管系统中附件轮廓线，供回水管
	中	————————	$0.5b$	专业设备轮廓线、双线表示风管轮廓线等
	细	————————	$0.25b$	建筑轮廓线、尺寸标注、图例、引出线等
虚线	粗	------------------	b	非金属风道的内表面轮廓线，凝结水管
	中	------------------	$0.5b$	风管、设备不可见轮廓线
	细	------------------	$0.25b$	改造前风管轮廓线、图例线
波浪线	中	∿∿∿∿∿∿	$0.5b$	单线表示的软管
	细	∿∿∿∿∿∿	$0.25b$	断开界线
单点长画线		—·—·—·—	$0.25b$	双线风管、设备的轴线、对称线，定位轴线等
双点长画线		—··—··—	$0.25b$	假想轮廓线、成形前原始轮廓线
折断线		——∧∨——	$0.25b$	断开界线

空调通风工程的平面图宜与工程项目的主导专业（一般为建筑）的比例一致，其他图样的比例可参考表2-2选用。

2. 风管画法

根据工程图性质及其用途不同，风管可采用单线和双线表示。单线风管的表达方法与单线水管基本相同，双线风管、弯头表示、管道重叠画法见表5-2。

3. 风管尺寸与标高标注

圆形风管的截面定形尺寸应以直径符号“Φ”后跟以毫米为单位的数值表示，以板材制作的圆形风管均指内径。

矩形风管（风道）的截面定形尺寸以“$A\times B$”表示。其中“A”为该视图投影面的长边尺寸，“B”为另一边尺寸。在空调通风工程图中，常以“B”表示风管高度。A、B单位均

表 5-2　风管等画法

名　称	图　例	名　称	图　例
一般风道、烟道平面及截面图	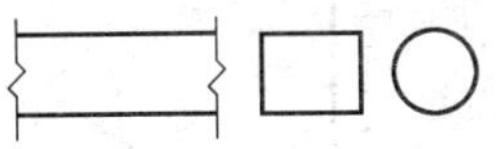	砌筑风、烟道平面及截面图	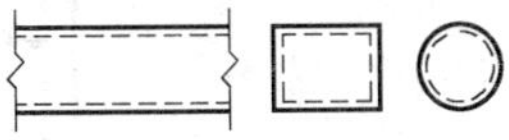
平、剖面图单线风管断开	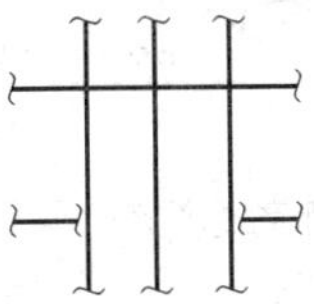	平、剖面图双线风管断开	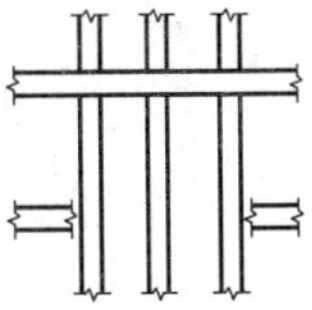
送风管转向	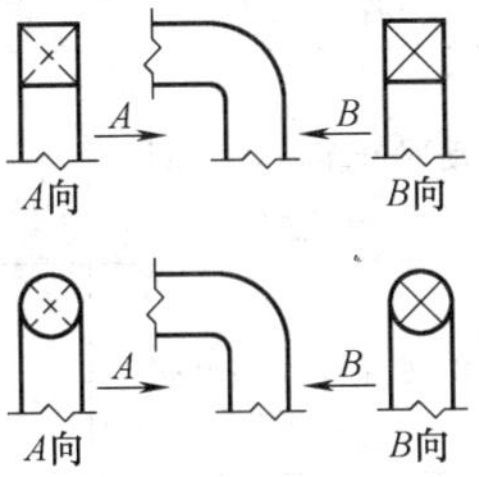 A A向 B B向 A A向 B B向	回风管转向	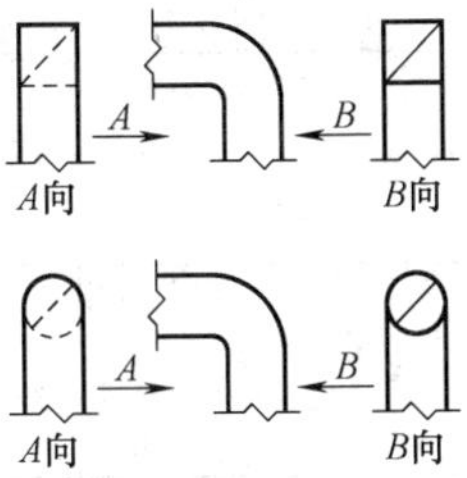 A A向 B B向 A A向 B B向
异径风管	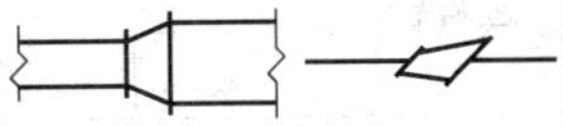	柔性风管	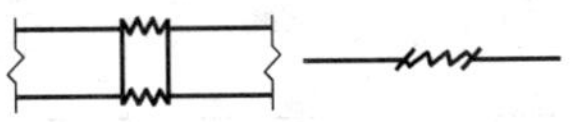
矩形三通	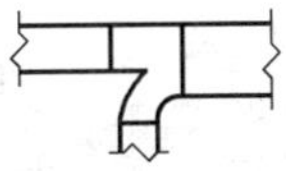	圆形三通	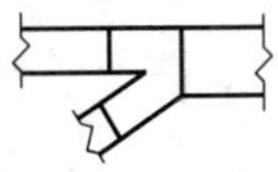
普通弯头		带导流片弯头	

为毫米。风管尺寸标注应就近标注在被注风管附近，一般水平风管应标注在风管上方；竖向风管宜在左方，双线风管可视具体情况标注于风管轮廓线内或轮廓线外。

一般情况下，圆形风管所注标高未予说明时，表示管中心标高；矩形风管未予说明时，表示管底标高。单线风管标高其尖端可直接指向被注风管线上，对于轴测图单线风管的标高还可采用标高尖端指向单线风管的延长引出线。当平面图中要求标注风管标高时，标高标注可在风管截面尺寸标注后的括号内，如“Φ500(+4.00)”、“800×400(+4.00)”。无特殊说明时，常以建筑底层表示标高基准。标准层较多时可只标注以本层楼（地）板为基准的相对标高。比如 B+2.00 表示相对于本层楼（地）板标高为 2.00m。当建筑群各建筑底层、室外地坪标高不同时，则以 FL 表示本建筑底层标高，以 GL 表示室外地坪标高。风管尺寸和标高标注如图 5-22 所示。

5.3.2　常用图例

空调工程中管路附件和设备繁多，水系统常用管件和附件参考第 3 章；风系统常用风阀及附件图例见表 5-3，常用设备图例见表 5-4。

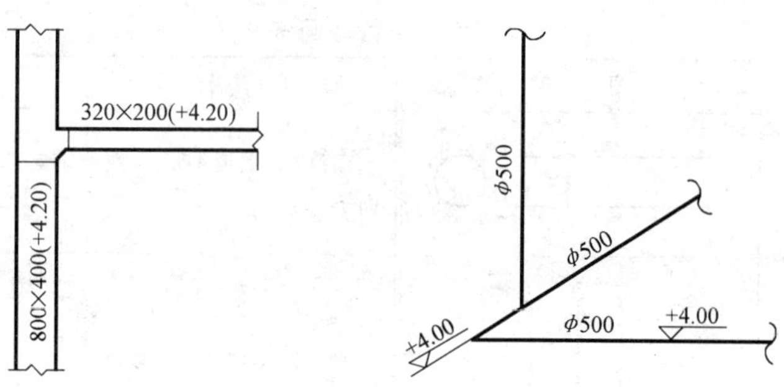

图 5-22　风管尺寸和标高标注

表 5-3　风阀及附件图例

名　　称	图　　例	名　　称	图　　例
插板阀		手动对开多叶调节阀	
止回阀		电动对开多叶调节阀	
蝶阀		三通调节阀	
防火阀	70℃ 70℃ 70℃常开	排烟阀	280℃ 280℃
风管检查孔		风管测定孔	
消声器		软管	
天圆地方		软接头	
伞形风帽		锥形风帽	
筒形风帽		消声弯管	
气流方向		风口(通用)	
圆形散流器		矩形散流器	

表 5-4 常用设备图例

名称	图例	名称	图例
离心风机		轴流风机	
压缩机		减振器	
空气过滤器		电加热器	
空气加热、冷却器		加湿器	
风机盘管	FP-5	挡水板	

5.3.3 空调通风施工图的特点

空调通风系统中风管、水管系统在空间走向上纵横交错且设备繁多，为了表达清楚，空调通风施工图中除了大量平面图之外，还包括剖面图、轴测图、原理图等。空调通风系统中的设备、风管、水管及许多配件的安装，都需要土建的建筑结构配合支持。因此，在阅读施工图样时，应配合土建图样理解，如设计中与土建有冲突，应及时与土建专业人员协商对策，如果设备安装有要求时，应及时对土建施工提出要求。

空调通风施工图一般包括设计与施工说明、设备与主要材料、空调系统原理图、空调系统风管水管平面图、风管水管剖面图、风管水管轴测图、冷热源机房热力系统原理图、冷热源机房平面与剖面图、冷热源机房水系统轴测图、详图。每个项目的图样可能有所增减，但宜按上述顺序排列。当设计较简单而图样内容较少时，可将上述某些图样合并。

1. 图样目录

为了便于图样管理和对整个工程概貌的了解，空调通风工程图样与其他工程相同，必须提供所有图样的目录清单。各图样应有相应的序号、图号区分，以便查阅，同时还应包含这一工程所处的阶段、专业、工程名称、项目名称、设计单位、设计日期等内容。图样目录的范例可以参见图 2-1。

2. 设计施工说明

设计施工说明一般作为整套设计图纸的第二页，简单工程的设计说明可与平面图等合并。设计施工说明包括设计说明和施工说明两部分。空调通风工程设计说明一般应包含设计依据、建筑概况、室内外设计参数、空调设计说明、通风设计说明等内容。而施工说明应包含以下内容：

1）需遵循的施工验收规范。

2）风管材料和规格要求，以及风管、弯头、三通等制作要求。

3）风管连接方式，支吊架以及管道附件的安装要求。

4）管道、设备除锈的要求和做法。

5）管道、设备保温的要求和做法。

6）机房各设备安装注意事项以及设备减振做法等。

7）系统试压、漏风量测定、系统调试、试运行等。

3. 主要设备材料表

主要设备材料表是工程各系统设备与主要材料的汇总。它是业主投资的主要依据，也是设计方实施设计思想的重要保证，以及施工方订货、采购的重要依据。设备与主要材料表内的设备应包含整个空调通风工程所涉及的所有设备，除了风系统所涉及的空调机组、风机盘管等设备外，还应包括冷热源设备、换热器、水系统所需的水泵、水过滤器、自控设备等，材料表应包含各种送回风口、风阀、水阀、风和水系统的各种附件等。风管与水管通常不列入材料表，其规格与数量根据后续图和施工说明由施工方确定。设备与主要材料表的格式要求参见第2章。

4. 原理图

原理图又常称为流程图，它应该能充分反映系统的工作原理以及工作介质的流程，表达设计者的设计思想和设计方案。原理图不按投影规则绘制，也不按比例绘制。原理图中的风管和水管一般按粗实线单线绘制，设备轮廓采用中粗线。原理图可以不受物体实际空间位置的约束，根据系统流程表达的需要，来规划图面的布局，使图面线条简洁，系统的流程清晰。空调通风工程原理图按其表达的内容分为空调风系统原理图、空调水系统原理图、空调机组原理图、冷热源流程图等。

5. 平面图

平面图必须反映各设备、风管、风口、水管等安装平面位置与建筑平面之间的相互关系。平面图一般是在建筑专业提供的建筑平面图上，采用正投影法绘制，所绘的系统平面图应包括所有安装需要的平面定位尺寸。空调通风工程平面图按其系统特点一般有风管系统平面图、水管布置平面图、空调机房平面图、冷冻机房平面图（参见第6章）等。风管与水管也可以绘制在一个平面图上。

6. 剖面图

剖面图是为说明平面图难以表达的内容而绘制的，与平面图相同采用正投影法绘制。常见的有空调通风系统剖面图、空调机房剖面图、冷冻机房剖面图等，经常用于说明立管复杂、部件多以及设备、管道、风口等纵横交错的情况。平面图、系统轴测图上能表达清楚的可不绘制剖面图，剖面图与平面图在同一张图上时，应将剖面图位于平面图的上方或右上方。

7. 轴测图

轴测图一般采用45°投影法，以单线按比例绘制，其比例应与平面图相符，特殊情况除外。一般将室内输配系统与冷热源机房分开绘制（冷热源机房的轴测图绘制方法参见第6章）；而室内输配系统又根据介质种类分为风系统和水系统。水管系统的轴测表示一般用单线，基本方法和采暖系统相似。风系统的轴测图一般用单线绘制风管，应表示出空气所经过的所有管道、设备及全部构件，并标注设备与构件名称或编号。将平面图与轴测图一起识图，能帮助理解空调系统水管、风管的走向及其与设备的关联。

8. 详图

空调工程施工图中，还应包括设计者根据设计要求确定的、且又无现成产品的空调机组配置图，空调系统选用标准形式产品的空调机组不需配置图，绘制配置图的目的是为了让施工单位根据配置图所确定的机组各功能段要求采购空调机组，并作为生产厂家生产非标机组的技术条件，根据这一目的，空调机组配置图中应明确机组内各功能段名称、容量、长度等特征参数，表明机组外壳尺寸，还应给出机组制作的技术要求，如材料、密封形式等。此外，还有风机盘管图外形图。

5.4 空调通风施工图分类解读

5.4.1 原理图解读

图5-23所示为某空调机组自控原理图。空气的处理流程为：室内回风（RA）一部分直接排到室外（称为排风EA），剩下的回风和新风（FA）混合，经粗效过滤器、盘管、加湿器处理后，由送风机送入室内（称为送风SA）。该机组由DDC控制器进行监控：回风上设置温度和湿度传感器，根据这两个参数对排风、回风和新风的风阀（MD1、MD2、MD3）进行联动控制，同时对盘管的水流量和加湿器的蒸汽量进行控制；对通过粗效过滤器、送风机和回风机的前后压差（DP1、DP2、DP3）进行监测，确保风机和过滤器正常工作。

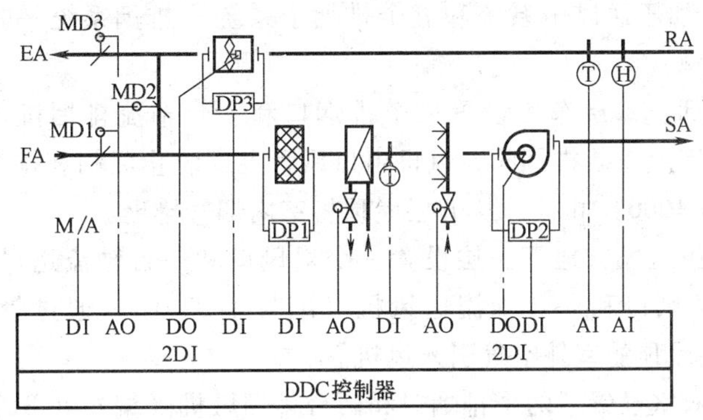

图5-23 空调机组自控原理图

图5-24所示为某综合办公楼空调通风风系统原理图，采用分楼层组织图面布局的方法，使空气系统的输配流程十分清晰。图中表达了该建筑的空调风系统流程、通风系统和防排烟系统流程。空调系统包括三个子系统：

1）左侧一~五层办公室新风系统，每层办公室设置一个新风机组（编号X-0101至X-0501），机组均通过管井内设置的新风管（尺寸1000×800）。从屋顶（标高16.400）获取新风，经机组处理后通过送风管（安装了消声器和风阀）由一个送风口送入办公室。

2）中间一~四层餐厅新风系统，每层餐厅设置一个新风机组（编号X-0103至

X-0403)，机组直接从该层的室外获取新风，经机组处理后通过送风管（安装了消声器和风阀）由两个送风口送入餐厅。

3）右侧一～七层办公室新风系统，每层办公室设置一个新风机组（编号 X-0102 至 X-0702)，机组直接从该层的室外获取新风，经机组处理后通过送风管（安装了消声器和风阀）由一个送风口送入办公室。

通风系统主要用于卫生间，包括五个子系统：

1）左侧一～五层卫生间排风系统，每层男、女卫生间各设置一个排风口，水平排风管（尺寸 200×200）与管井内设置的垂直排风管（尺寸 500×400）相接，通过五层屋顶排风机（编号 P-0601）将卫生间内空气排出。

2）中间地下二层～五层卫生间排风系统，一～五层男、女卫生间分别设置一个排风口，地下一层和地下二层卫生间各设置一个排风口，各层水平排风管与管井内设置的垂直排风管（尺寸 630×400）相接，通过五层屋顶排风机（编号 P-0602）将卫生间内空气排出。

3）一～四层餐厅排风系统，每层餐厅有两个排风口，并设置一台轴流排风机（编号 P-0101 至 P-401)，风机入口风管上安装了消声器，而出口风管上安装了止回阀，各层水平排风管与管井内设置的垂直排风管（尺寸 800×500）相接将餐厅内空气排出五层屋顶。

4）右侧一～七层卫生间排风系统，每层男、女卫生间各设置一个排风口，水平排风管（尺寸 200×200）与管井内设置的垂直排风管（尺寸 630×400）相接，通过屋顶的轴流排风机（编号 P-0802）将卫生间内空气排出，排风机入口风管上还安装了消声器。

5）地下厨房设置两个排风口，室内空气通过管井内风管（尺寸 1200×800)，由七层屋顶设置的离心排风机（P-0801）排出。

防排烟包括三个加压送风子系统和五个排烟子系统（排烟系统平时用于排风，发生火灾时用于排烟）：

1）地下车库排烟，每层车库设置三个排烟口和一台轴流排烟机（编号 P-B101 和 P-B201)，风机入口风管上安装排烟阀，风机出口风管上安装止回阀和排烟阀，再与管井内垂直风管（尺寸 1250×1000）相接，从五层屋顶将室内烟气排出。

2）地下车库加压送风，地下一层设置三个送风口和一台轴流送风机（编号 J-B104)，地下一层设置四个送风口和一台轴流送风机（编号 J-B201)，通过管井内的风管（尺寸 1250×1000）将五层屋顶的室外空气引入风机。

3）地下一层更衣室设置了两个排烟口和两台排烟风机（编号 P-B102 和 P-B103)。

4）一～四层备餐间和地下厨房辅助间排烟，每层备餐间各设置一个排风口和一台轴流排风机（编号 P-0102 至 P-0402)，地下一层辅助间设置四个排烟口和一台轴流排烟机（编号 P-B104)，地下二层辅助间设置五个排烟口和一台轴流排烟机（编号 P-B202)，各层风机出口均安装止回阀，辅助间风机出口还安装了排烟阀，风机出口风管与管井内的垂直风管（尺寸 1000×800）相连，从七层屋顶将室内烟气排出。

5）地下厨房辅助间和地下厨房加压送风，地下辅助间每层四个送风口，由一台送风机（编号 J-B101）送风，地下厨房设置两个送风口和一台送风机（编号 J-B102)，通过管井内的风管（尺寸 1200×800）将五层室外空气引入两台风机。

6）地下配电室排烟，每层各设置三个排风口和一台轴流排风机（编号 P-B105 和 P-B203)，风机出口均安装止回阀，再与管井内的垂直风管（尺寸 1000×500）相连，从七层屋顶将室内烟气排出。

7）冷冻机房排烟，设置三个排风口和一台轴流排风机（编号 P-B106），风机出口安装止回阀，直接将烟气排至一层室外。

8）地下配电室和冷冻机房加压送风，配电室设置四个送风口和一台送风机（编号 J-B202），冷冻机房设置三个送风口和一台送风机（编号 J-B103），通过管井内的风管（尺寸 1000×800）将七层室外空气引入风机。

图 5-25 和图 5-26 为图 5-24 对应的空调水系统原理图，仍然采用分楼层组织图面布局的方法，清晰表达了水系统的输配流程。图 5-25 所示主要表达了空调系统冷热源的工艺流程，包括三部分：冷冻水（热水）系统、冷却水系统以及补水系统。夏季空调用冷水由两台冷水机组（编号 L-1 和 L-2）提供，冬季空调用热水由热交换站提供。关于冷热源机房的详细介绍见第 6 章。

1）冷冻水系统的流程：用户回水立管（编号 HL-1 至 HL-5）回来的冷冻水在集水器内汇合到回水总管（编号 L，粗虚线表达），经过三台并联的冷冻水泵（编号 B-1 至 B-3）进入冷水机组，从机组出来后水温降低，通过供水总管（编号 L，粗实线表达）进入分水器，分水器与用户供水立管（编号 GL-1 至 GL-5）相连接，将冷水输配到室内末端。

2）冷却水系统流程：冷却水从冷却塔（编号 T-1 和 T-2，如图 5-26 所示）出来后，经过过滤器（编号 SCL-1 和 SCL-2）和三台并联冷却水泵（编号 b-1 至 b-3），进入冷水机组，从机组出来后水温升高，再回到冷却塔降温。

3）补水系统流程：自来水经过全自动软水器处理后，储存在软化水箱中，通过两台补水泵（编号 Bb-1 和 Bb-2）进行补水，补水管接到冷冻水泵的入口处。

图 5-26 所示主要表达了室内冷热水的输配流程，可以简称为空调水系统图。从图中可以看出该办公楼的空调系统为风机盘管加新风系统，根据冷冻水供回水立管可以分为五个子系统：

1）立管 GL-1 为一～五层办公室的新风机组供冷水，从机组出来的回水通过立管 HL-1 回到集水器。

2）立管 GL-2 为一～五层办公室的风机盘管供冷水，从盘管出来的回水通过立管 HL-2 回到集水器，每层办公室安装六个风机盘管（编号 FC）。

3）立管 GL-3 为一～四层餐厅的风机盘管供冷水，从盘管出来的回水通过立管 HL-3 回到集水器，每层餐厅安装两个风机盘管（编号 FC）。

4）立管 GL-4 为一～七层办公室的风机盘管供冷水，从盘管出来的回水通过立管 HL-4 回到集水器，每层办公室安装八个风机盘管（编号 FC）。

5）立管 GL-5 为一～七层办公室和一～四层餐厅的新风机组供冷水，从机组出来的回水通过立管 HL-5 回到集水器。所有立管顶端均安装一个自动排气阀，立管中间均设置固定支架。进入新风机组的水平支管上依次安装球阀、压力计和温度计，从机组出来的水平支管上依次安装温度计、压力计、控制阀和闸阀。

5.4.2　平面图解读

图 5-27 所示为某酒店客房空调风系统平面图，该系统为风机盘管加新风系统。每间客房安装一台风机盘管处理室内空气，回风从风机盘管下方的回风口进入，经盘管热湿处理后，

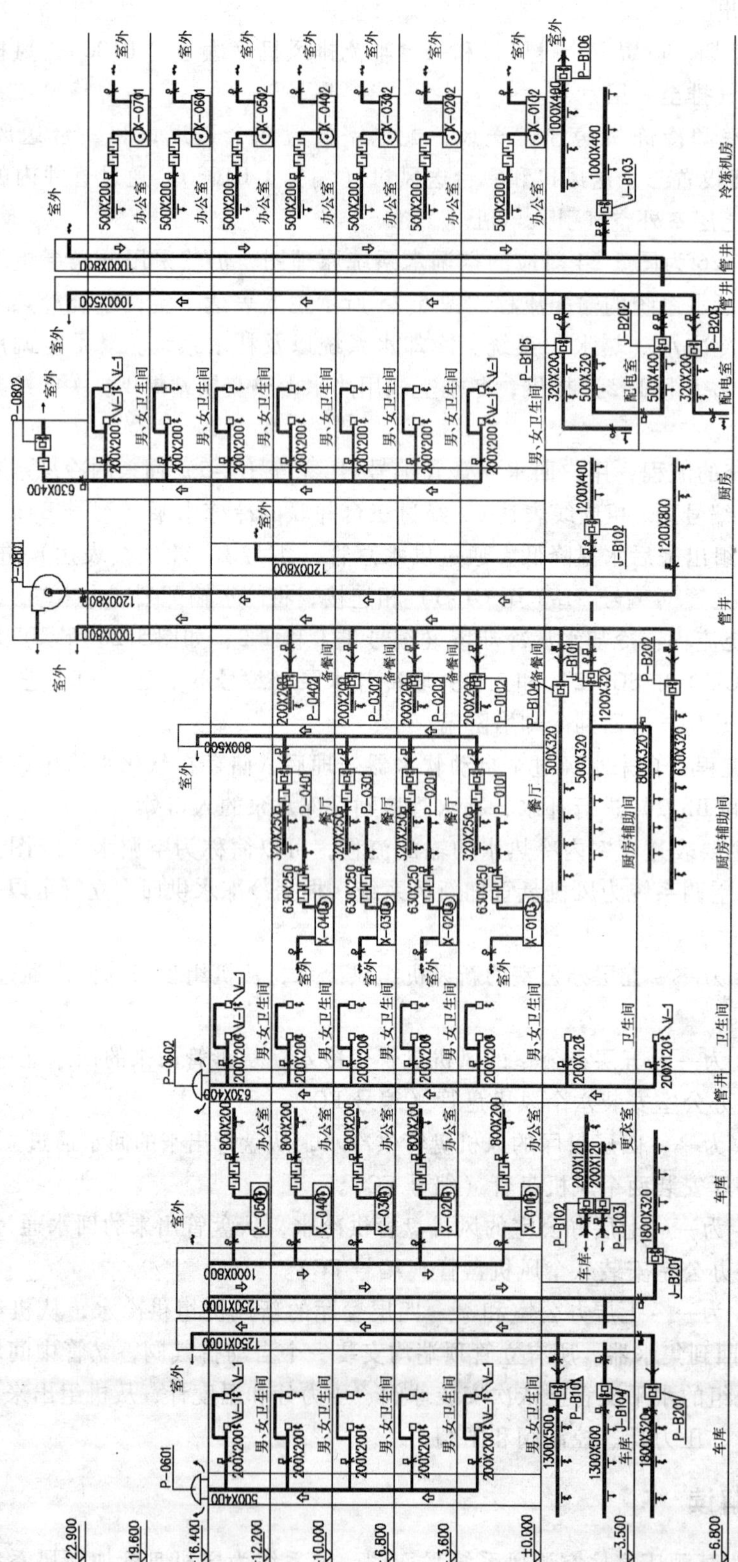

图 5-24 某综合办公楼空调通风系统原理图

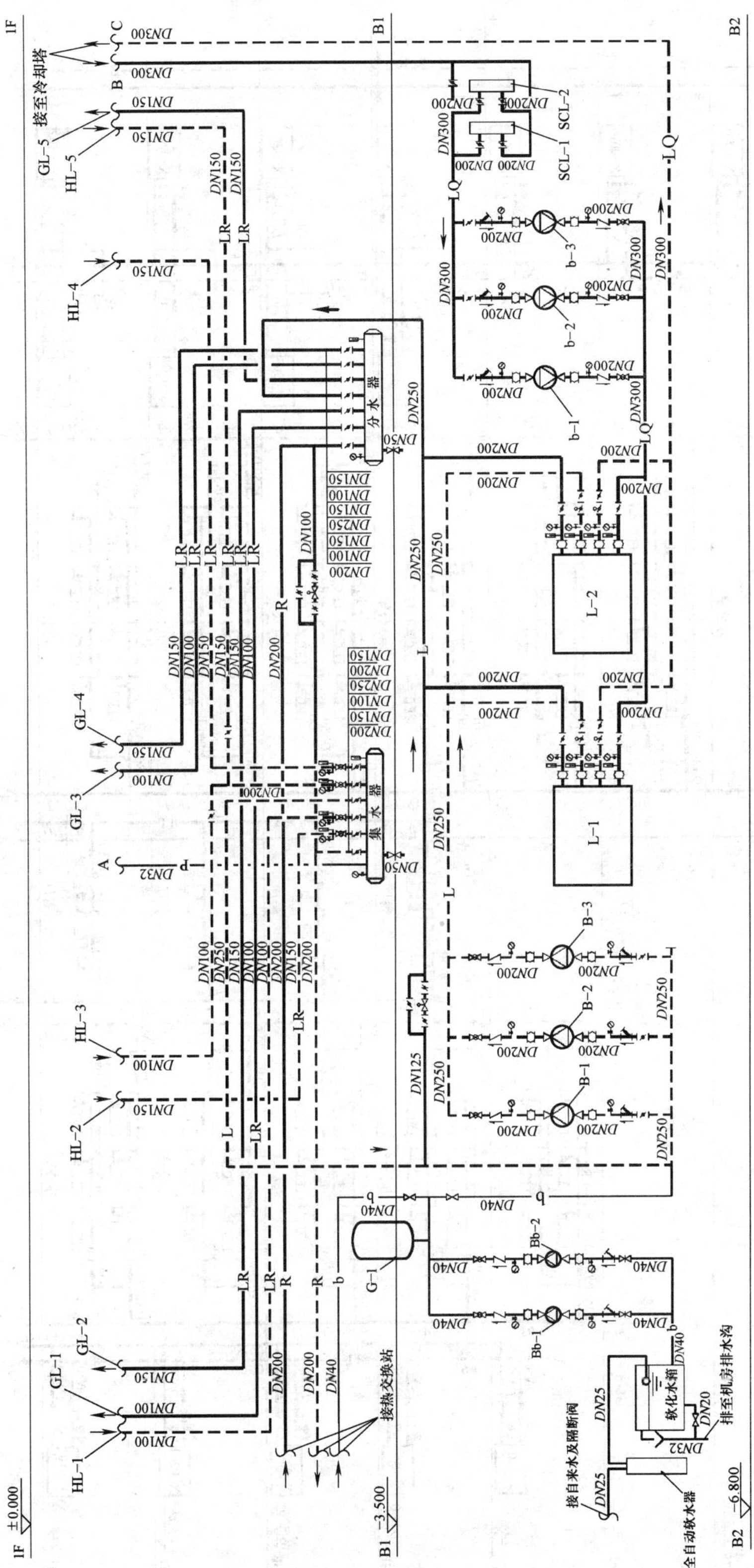

图 5-25　某综合办公楼空调水系统流程图（一）

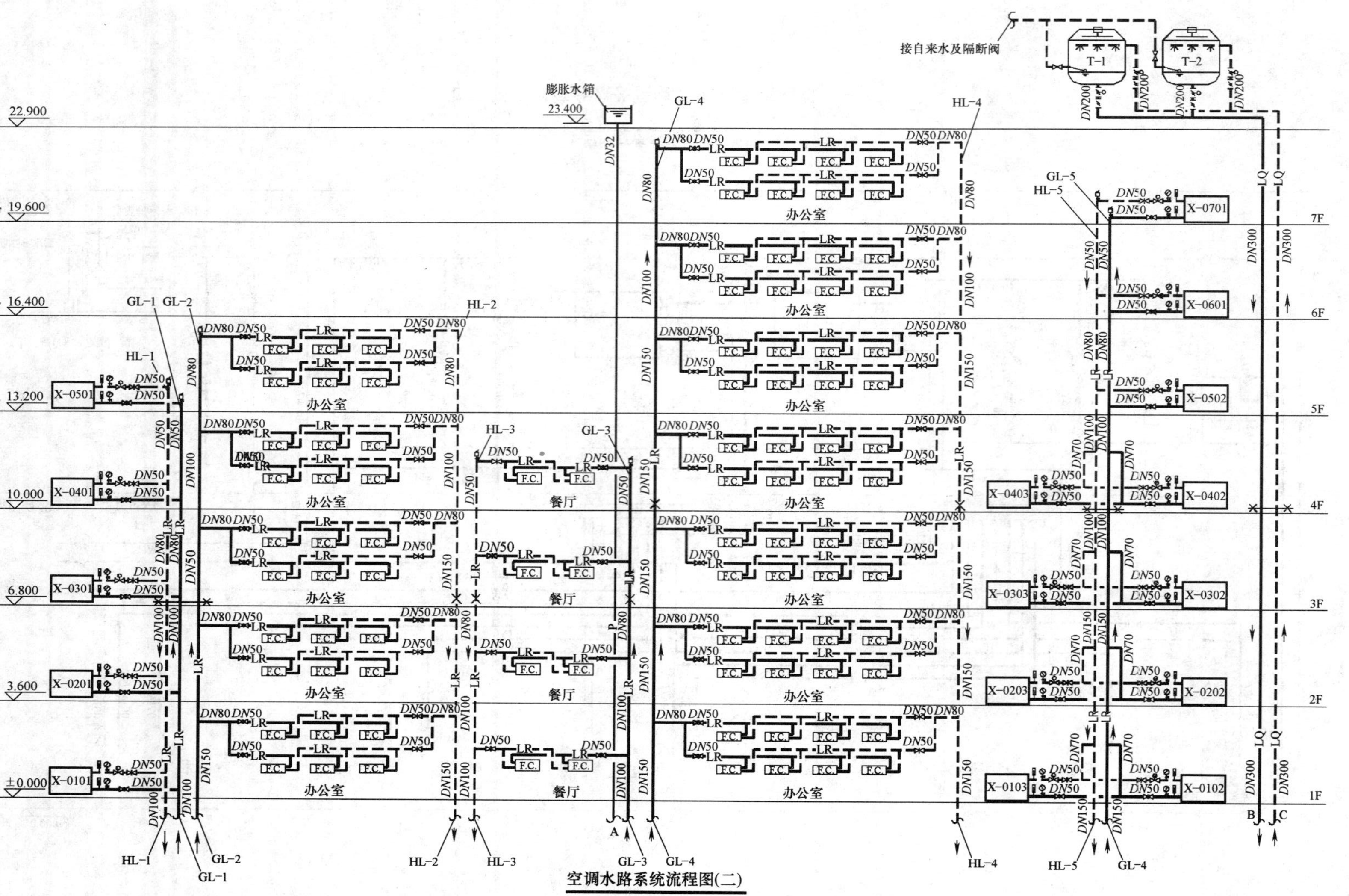

图 5-26 某综合办公楼空调水系统流程图（二）

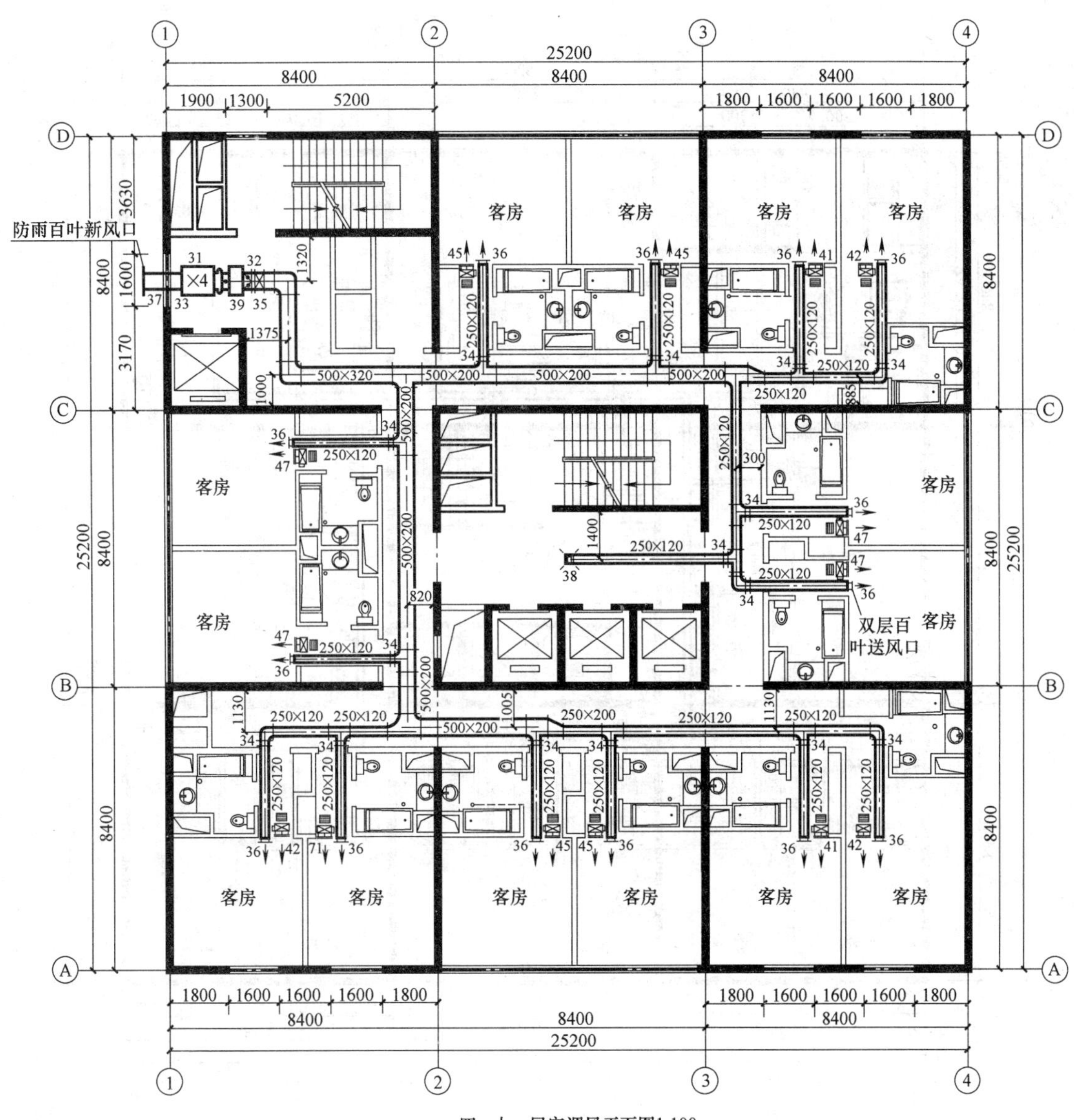

图 5-27 某空调风系统平面图

由侧送风口送到房间内。由于各房间负荷不同，选用的风机盘管型号不相同，故图中标注的风机盘管编号也不相同。新风经过新风机组（编号 X-4）处理后，输配到该层的每间客房，由双层百叶送风口将新风单独送入室内。新风机组入口的新风管上安装了电动风量调节阀和软连接，机组出口的送风管上安装了软连接、消声静压箱、对开多叶调节阀和防火阀。所有风管的截面尺寸和定位尺寸都标注在图中，风机盘管和送风口的定位尺寸一般可以不标注，以便给施工安装一定的自由度。要更直观地了解新风系统可参考图 5-31。

图 5-28 所示为图 5-27 对应空调的水系统平面图。识图时一般将风管和水管平面图对照来看，以帮助理解图纸表达的内容。图 5-28 中新风机组和风机盘管的位置与图 5-27 一一对应，供水管的代号为 LG，回水管的代号为 LH，凝结水管的代号为 N，供回水管用实线表示

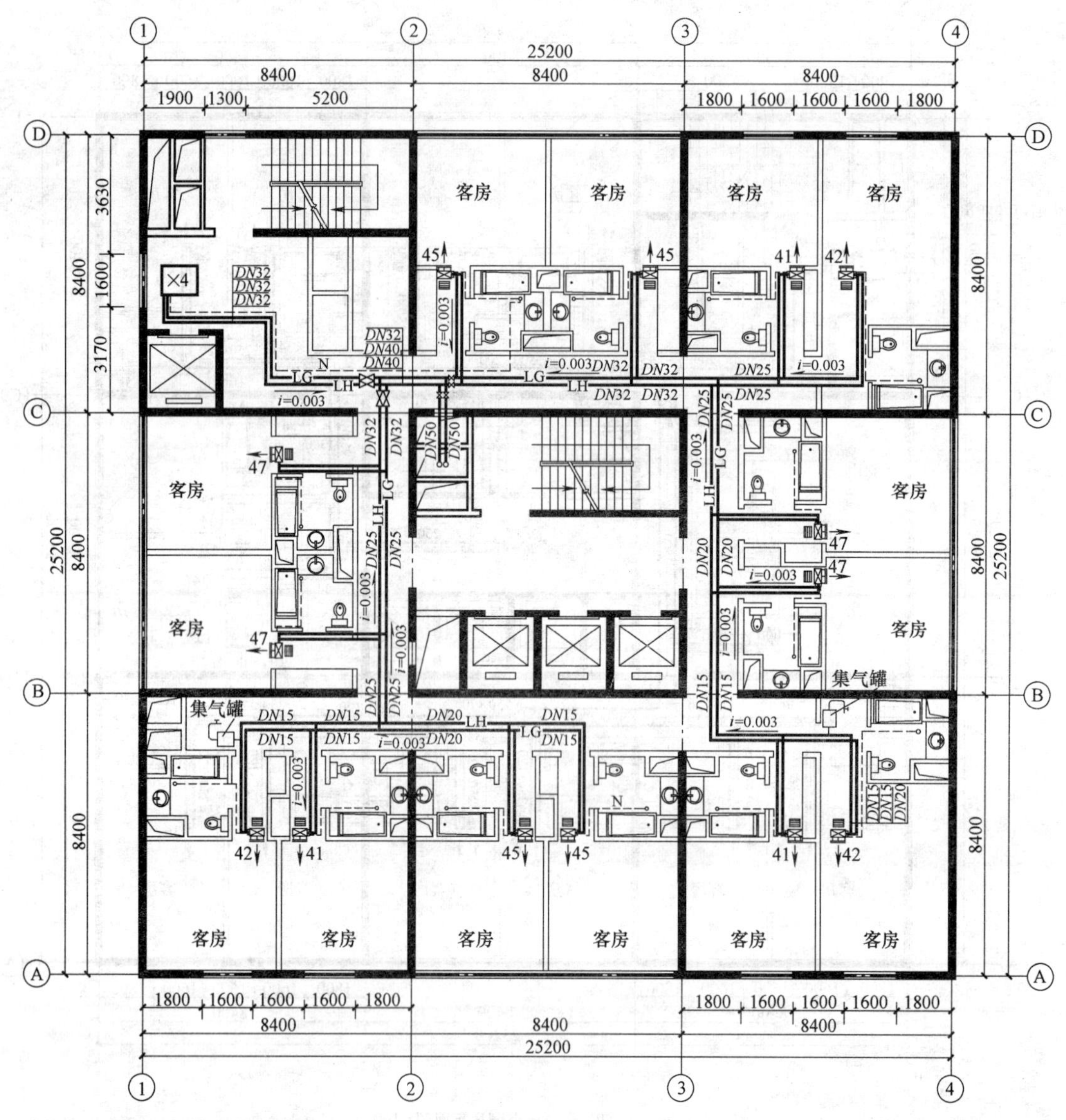

图 5-28 某空调水系统平面图

而凝结水管用虚线表示。图中标注了所有管段的管径、坡向和坡度。图中未对管道进行定位标注，但图中的设计思想已表明，希望管道尽可能沿走廊布置。此外，在该层水系统的最高点设置了集气罐。要更直观地了解该水系统可参考图 5-32。

图 5-29 所示为某空调系统的新风机房平面图。该机房位于建筑的地下二层，室内地面标高为 -11.950m。图中主要表达了新风机组的构成以及各部分的尺寸，还表达了排烟系统风机段的构成以及各部分的尺寸。室外空气经新风道引入新风管（尺寸 1000×1000），风管上安装了风量调节阀控制新风量，新风管通过软连接和消声静压箱（尺寸 1680×1000×1160）与新风机组（编号 B3-K-1）相连，处理后的新风经送风管（尺寸 1000×500）输配到室内，送风管上依次安装了软连接、防火阀和静压箱（尺寸 1200×3500×700）。新风机

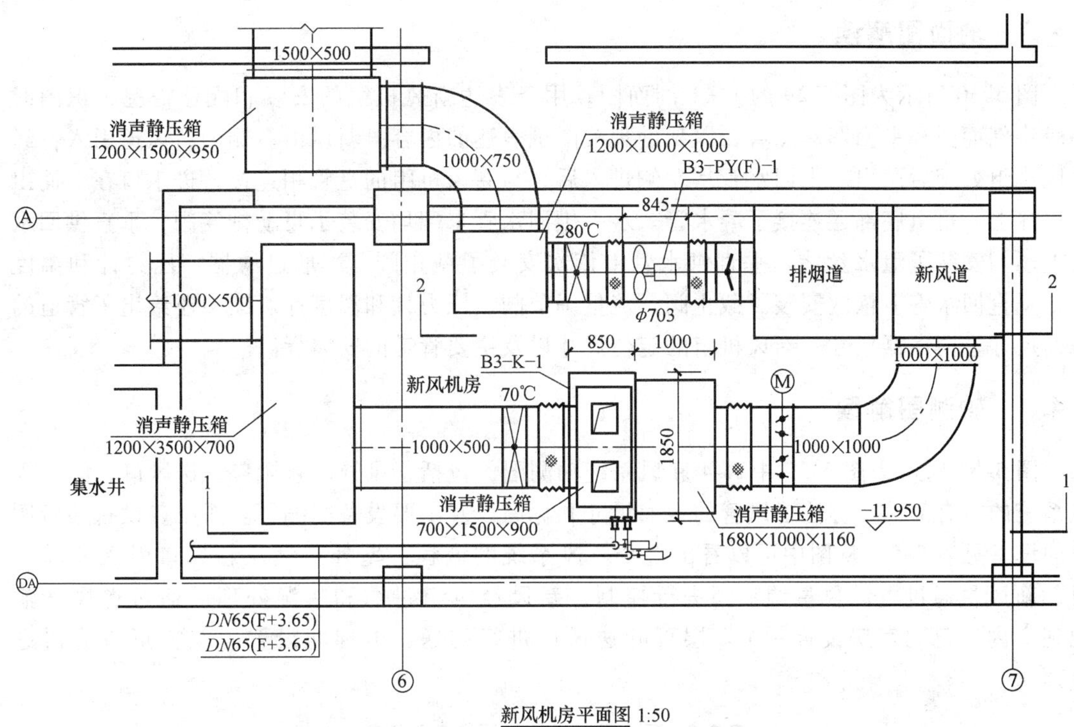

图 5-29 某空调系统新风机房平面图

组的供回水管靠南外墙布置，管道尺寸均为 *DN*65，管道轴线距机房地面 3.65m，在管道的最高处还安装了自动排气阀。室内烟气经风管汇集到排烟道，通过圆形风管（尺寸 ϕ703）与排烟风机［编号 B3-PY（F）-1］吸入口相连，而风机出口串联了两个静压箱，最后通过风管（尺寸 1500×500）将烟气排至室外。在风机入口风管上安装了止回阀而出口风管上安装了防烟阀。为了清楚地表示新风机组的接管情况，该图在 1—1 面剖切；为了表示排烟风机的接管位置在 2—2 面剖切。1—1 剖面如图 5-30 所示。

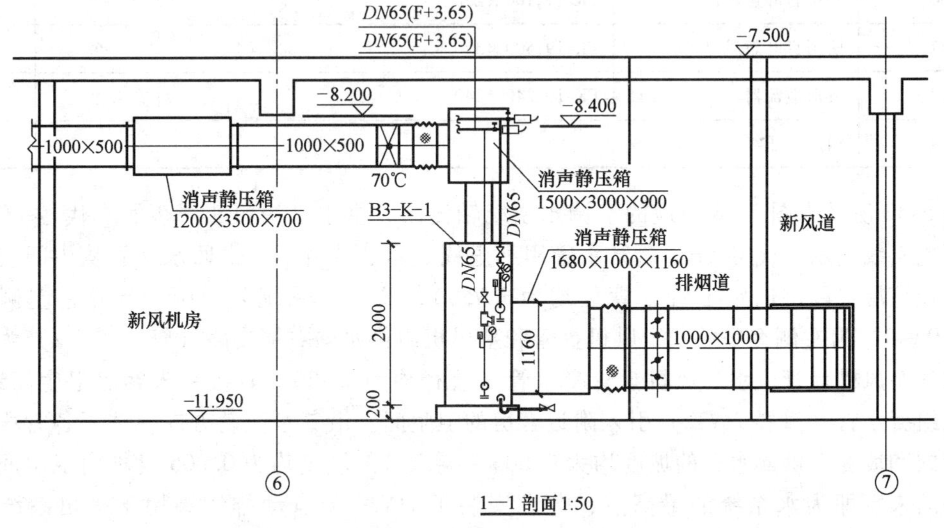

图 5-30 某空调系统新风机房 1—1 剖面图

5.4.3 剖面图解读

图 5-30 所示为图 5-29 的 1—1 剖面图，用于表达新风机组的安装和配管情况，识图时一般将剖面图和平面图对照看，以帮助理解图纸表达的内容。新风由右侧的新风道引入，经新风机组处理后送出。供回水管从左侧进入后，与新风机组的盘管相连接，进水口在下而出水口在上，机组底部还连接了凝水管。水平供回水管末端均安装了自动排气阀，垂直供回水管末端均安装了泄水丝堵。垂直供水管上依次安装了截止阀、Y 形过滤器、压力计和温度计，垂直回水管上依次安装了截止阀、流量调节阀、压力计和温度计。图中还给出了管道的截面尺寸、消声器尺寸、新风机组的定位尺寸以及主要管道的安装标高。

5.4.4 轴测图解读

图 5-31 所示为图 5-27 中 X-4 新风系统轴测图，包括了风管、新风口、送风口、阀门等风系统的所有部件，标注了风管的截面尺寸和标高以及主要设备的编号。图中各设备编号所示的设备见表 5-5。从图中可以看出整个新风系统的流程：室外空气从新风口引入新风机组，新风量通过电动风量调节阀进行控制，新风经机组过滤和热湿处理后通过送风管输配到室内，每间客房设置一个双层百叶送风口进行侧送，电梯间设置一个方形散流器进行顶送。

表 5-5　X-4 新风系统主要设备明细表

设备编号	设备名称	设备型号及规格	单位	数量
31	新风机组(六排管)	ZK-DB6-2.5, $G=2500\text{m}^3/\text{h}$, $Q=32.4\text{kW}$	台	1
32	对开多叶调节阀	500×320	个	1
33	电动风量调节阀	500×320	个	1
34	风管蝶阀	250×120	个	14
35	防火阀	500×320,70℃	个	1
36	双层百叶送风口	FK-19,100×250	个	14
37	防雨百叶新风口	FK-19,500×320	个	1
38	方形散流器	FK-10,240×240	个	1
39	消声静压箱		个	1

图 5-32 所示为图 5-28 对应的空调水系统轴测图，供水管用粗实线表示、代号 LG，回水管用粗实线表示、代号 LH，凝结水管用细虚线表示、代号 N。供回水立管从中间引入该层后，接该层空调供回水干管（管径均为 *DN*50），其后水系统分为两个支路，左侧支路（管径 *DN*40）为左侧客房的六个风机盘管和新风机组供水，右侧支路（管径 *DN*32）为右侧客房的八个风机盘管供水。风机盘管凝水管（管径均为 *DN*20）直接引入客房卫生间地漏，新风机组凝水管（管径 *DN*32）引入附近客房的卫生间。沿着水流动方向标注了各管段的管径、坡向和坡度，供回水管的坡度均为 0.003，凝水管的坡度均为 0.005 且坡向卫生间。左右支路的末端即为水系统的最高点，分别安装了 *DN*20 的自动排气阀用于排出系统中的空气。

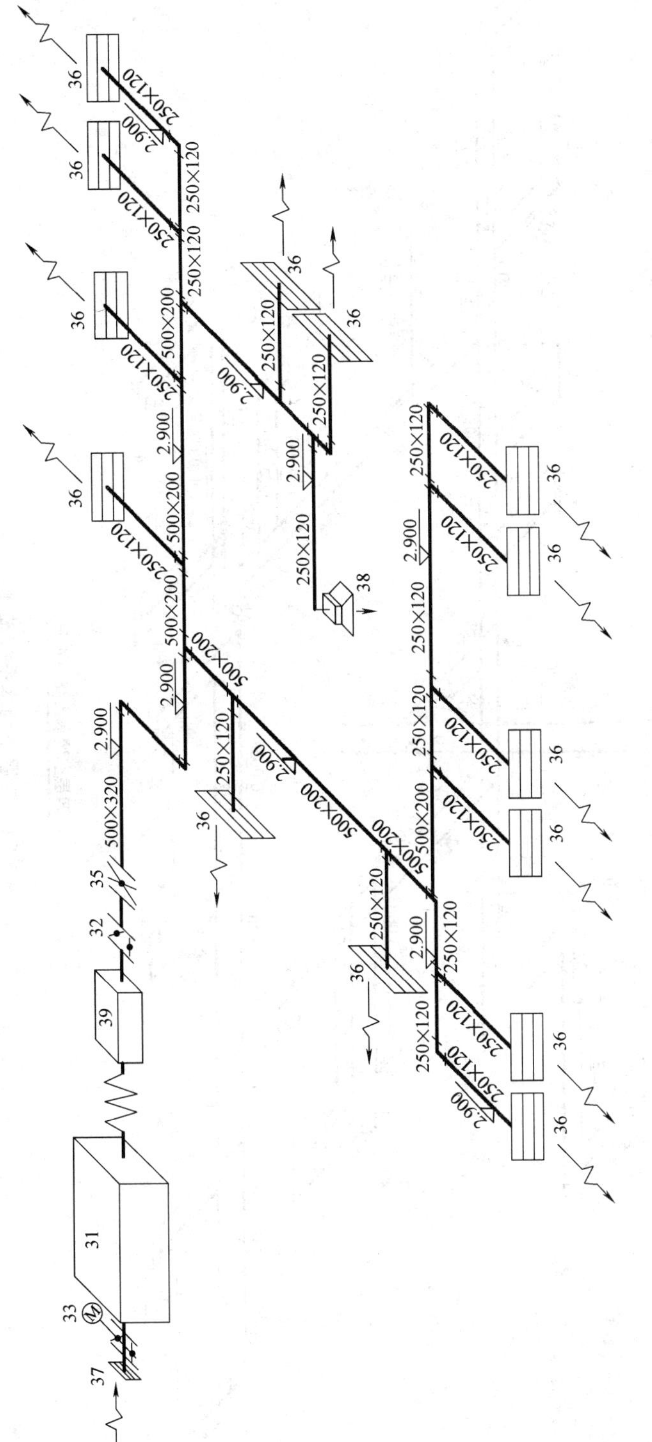

图 5-31　X-4 新风系统轴测图

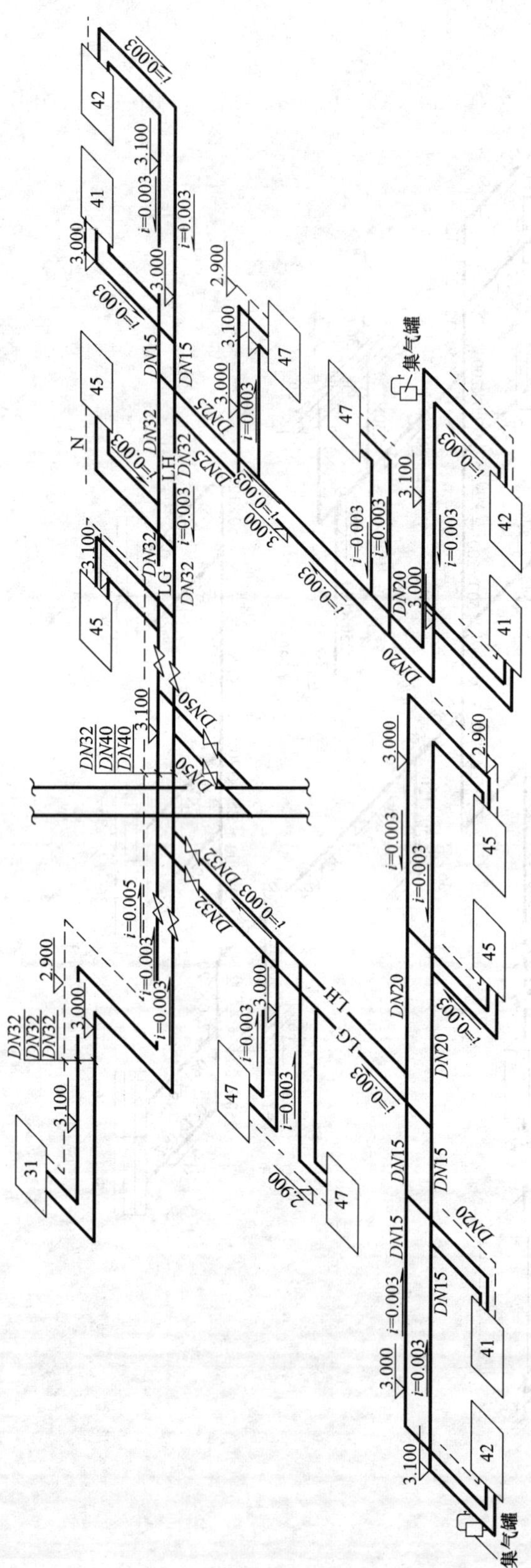

图 5-32 四层空调水系统轴测图

5.4.5　详图解读

图5-33所示为某空调机组配置图，由立、平、侧三视图构成，清晰表达了风管与设备的连接方式。该机组侧面回风，部分回风经回风机直接排至室外，剩余回风和新风混合，经过滤器、表冷器处理后，由送风机顶端送出。图中所示设备、附件明细表见表5-6。

表5-6　空调机组设备、附件明细表

设备编号	设备名称	说　明	设备编号	设备名称	说　明
1	送风机	$Q=76000\text{m}^3/\text{h}$，$P=300\text{Pa}$，$N=37\text{kW}$	6	防泄漏顶盖	SUS304
			7	电动回风阀	开关型
2	挡水板	AL	8	电动新风阀	带防雨百叶和防虫网，开关型
3	表冷器	冷量:450kW			
4	初效过滤器		9	电动送风阀	开关型
5	回风机	$Q=76000\text{m}^3/\text{h}$，$P=400\text{Pa}$，$N=15\text{kW}$	10	电动切换阀	开关型
			11	电动排风阀	开关型

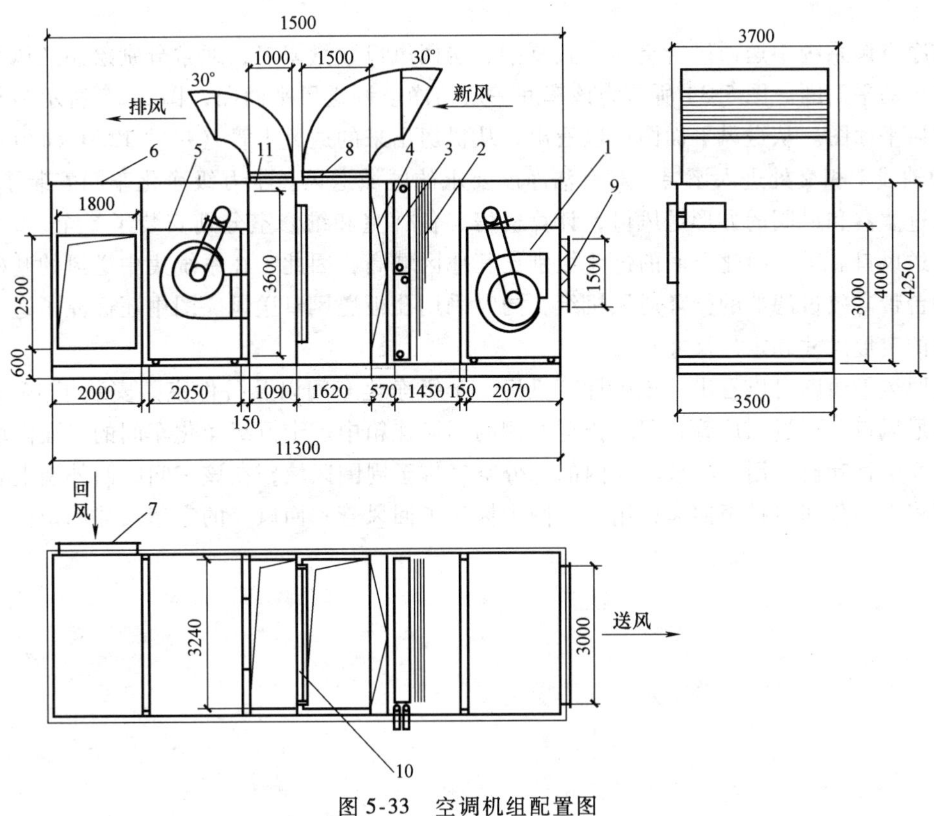

图5-33　空调机组配置图

5.5　某车间洁净空调施工图解读

完整的净化空调施工图包括原理图、平面图、剖面图、轴测图和大样详图，图样的表达方法和普通空调施工图相似，下面对某电子车间洁净空调施工图中两个典型图样（如图5-34、图5-35所示）进行解读。该工程的设计施工说明如下。

设计施工说明

（1）本设计为某研究所洁净空调系统改造。

（2）本工程冷、热源使用原有设备，室内参数为：夏季 26±1℃，冬季为 22±1℃。

（3）空调系统为全空气系统，风量为 $19300m^3/h$。夏季送风温度为 20℃，冬季送风温度为 28℃，系统所需全压约为 800Pa。风道采用不锈钢板，法兰连接，保温采用 PEF 高阻燃聚乙烯板，厚度为 30mm。

（4）送风要求机房内做初效、中效过滤，室内送风口处加高效过滤器。十万级洁净室为乱流洁净室，室内送风口为孔板扩散风口，局部千级洁净室为垂直层流，送风采用孔板送风口，静压箱内满布高效过滤器。回风口均为单层百叶阻尼风口。为保证千级净化室 43 次换气的要求，除系统向其内送 $1800m^3/h$ 风量外，再加一台内设高效过滤器的循环通风机组（风量大于 $2000m^3/h$，风压为 230Pa），以加大循环风量。

（5）由于各房间的参数要求基本一样，各风口的送风量差别不大，所以均为 $580m^3/h$。

（6）图中尺寸，标高以米计，其余以毫米计。未说明的设备安装详见图集及设备说明书。图中标高仅作参考，视现场情况确定。

（7）空调系统风机电源应与消防报警联动。

洁净空调系统中送回风管空间布置复杂、送回风口数量繁多，通常分别绘制送风系统和回风系统的平面图。图 5-34 所示为该车间一层洁净空调送风平面图，图 5-35 所示为与之对应的回风平面图。从送风平面图可以看出，从机房出来的送风干管（尺寸 1250×630）从轴线 C 和轴线 1 相交处进入该层，对有洁净度要求的区域送风。十万级净化车间安装了 18 个带高效过滤器和风阀的方形送风口，计算机房、备件室和维修室分别安装了 8 个、2 个和 2 个同类送风口。千级净化车间的进化级别比其他区域高，因此，在系统集中送风的基础上加设了一台带高效过滤器的循环通风机组，同时采用孔板送风口送风。图中还标注了送风管和送风口的定形尺寸和定位尺寸。

从回风平面图可以看出，该层计算机房、千级净化车间以及备件室共安装了 15 个单层百叶阻尼风口，通过回风管将回风排至西侧的回风连箱中。十万级净化车间的三面内墙下部安装了 8 个百叶窗，用于将该车间内的部分空气排至周围区域，在该车间的西外墙上有四个回风洞将大部分回风排至回风连箱中。图中标注了回风管和回风口的定形尺寸和定位尺寸。

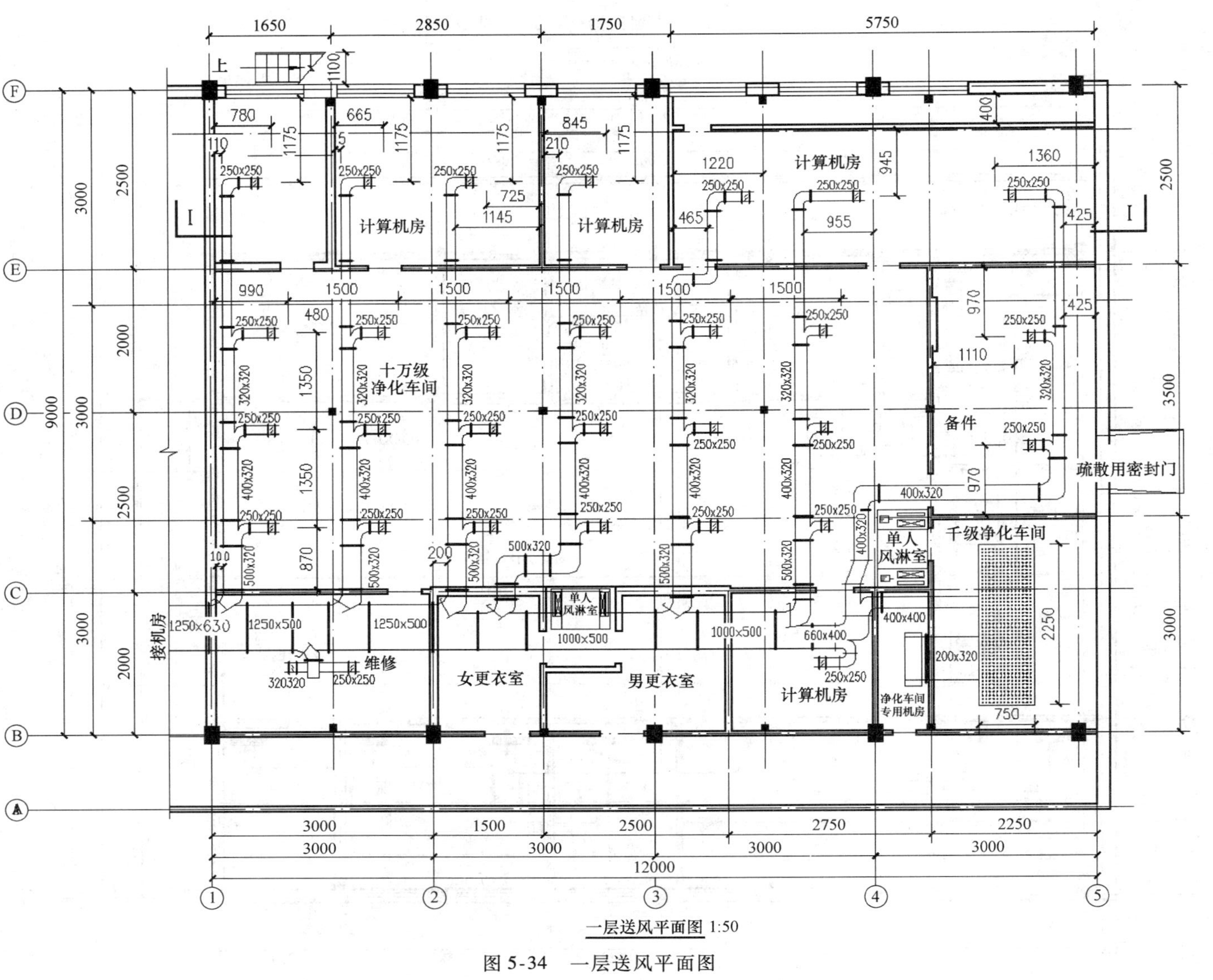

图 5-34　一层送风平面图

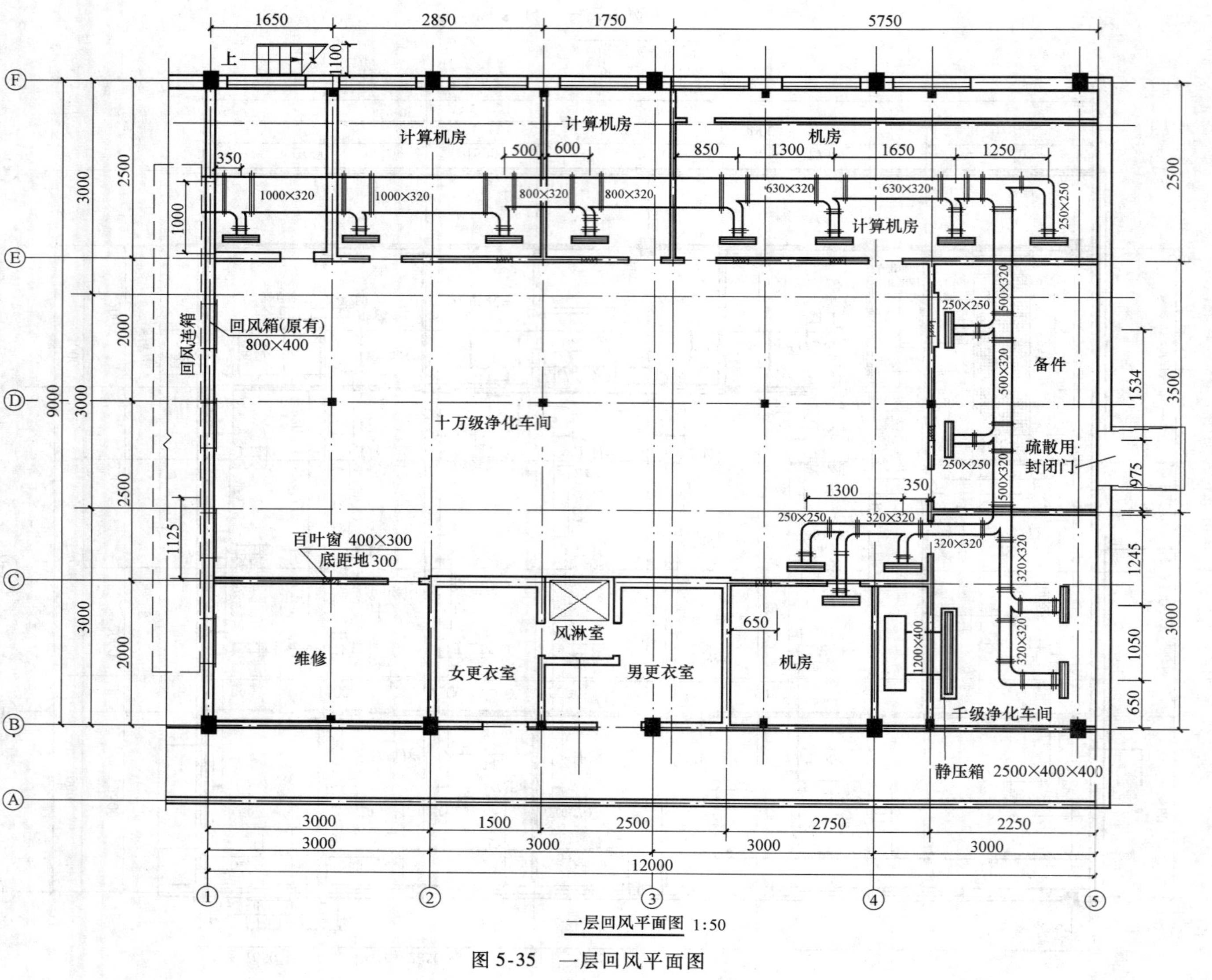

图 5-35 一层回风平面图

第 6 章　冷热源工程图

冷热源是供热空调系统的“心脏”，其设计和制图是整个工程中很重要的一部分。本章主要介绍冷热源机房工程图的图示内容、表达特点以及阅读方法；在此基础上，对三套冷热源施工图进行详细解读。

6.1　常用冷热源

暖通空调系统的冷源主要是各种制冷装置，而热源主要是分散锅炉房、区域锅炉房以及热电厂。此外，还有既能供冷又能供热的冷热源一体化设备，如热泵机组、直燃型冷热水机组。

6.1.1　电制冷装置

电制冷装置即蒸气压缩式制冷系统，单级理想蒸气压缩制冷的具体工作流程如图 6-1 所示。压缩机排出的高温高压气体进入冷凝器，将热量传递给冷却水或空气而冷凝成液体（放热过程）。液体经过节流机构（膨胀阀）节流降压（节流过程），成为低压气液混合物进入蒸发器，吸收冷冻水热量而全部汽化（吸热过程）。然后，气体被吸进压缩机压缩（压缩过程），完成制冷循环。蒸气压缩制冷广泛应用于舒适性和工艺性空调系统中。

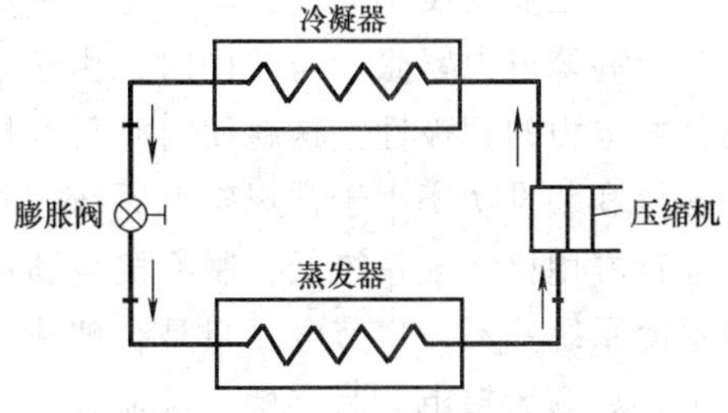

图 6-1　单级理想蒸气压缩制冷工作过程

根据蒸发器中放热介质的不同，电制冷机组可分为两大类：

1. 水冷冷水机组

在这一类机组中，制冷剂在蒸发器中吸收水中的热量而蒸发，机组向空调系统提供冷水，因此称为冷水机组。在压缩式制冷中，若冷凝器中吸收制冷剂热量的工质为空气，则称为风冷式冷水机组。风冷压缩式冷水机组的压缩机通常为活塞式和螺杆式两大类。在压缩式制冷冷水机组中，若冷凝器中吸收制冷剂热量的工质为水，则称为水冷式冷水机组。根据压缩机类型不同，常见的水冷压缩式冷水机组有离心式冷水机组、螺杆式冷水机组和活塞式冷水机组三类。

活塞式冷水机组是民用建筑空调制冷中采用时间最长、使用数量最多的一种机组，它具有制造简单、价格低廉、运行可靠、使用灵活等优点，在民用建筑空调中占有重要地位。对于舒适性和工艺性空调系统，活塞式制冷压缩机采用的冷媒通常为 R22、R134a、R404A、R407A 和 R407C。目前，我国制造的活塞式制冷压缩机多为中型和小型，其单机制冷量范围为 1～300kW。近年来，为了增加活塞式冷水机组的容量，出现了多机机组，即采用多台压缩机联合运行的方式，使得某些机组的总制冷量可达 1500kW 以上。

螺杆式冷水机组已有多年的发展和应用历史，但在我国则是近20年才逐渐有所发展的。它的主要优点是结构简单、体积小、重量轻，可以在15%～100%的范围内对制冷量进行无级调节，且在低负荷时的能效比较高，这对于大型建筑的空调负荷有较好的适应性。此外，螺杆式水冷机组运行比较平稳，易损件少，单级压缩比大，管理方便。因此，在大、中等容量的商业和工业空调系统中，螺杆机有取代活塞式和离心式压缩机的趋势。

离心式冷水机组是目前大中型商业建筑空调系统中使用最广泛的一种机组，常采用的制冷剂是R22、R123和R134a。离心式压缩机是依靠气体动能的改变来提高压力（部分动能转化为静压）。离心式压缩机中带叶片的工作轮称为叶轮，根据叶轮的数量可以分为单级、双级和三级离心式制冷压缩机。离心式机组的制冷量一般在350～35000kW之间，具有质量轻、制冷系数较高、运行平稳、容量调节方便、噪声较低、维修及运行管理方便等优点，主要缺点是小制冷量时机组能效比明显下降，负荷太低时可能发生喘振现象，机组运行工况恶化。

2. 风冷冷风机组

在这一类机组中，蒸发器为直接膨胀式盘管，制冷剂在盘管中吸热蒸发，直接对空气进行冷却，因此称为冷风机组。机组中的压缩机通常为活塞式、螺杆式和转子式。这类机组的容量较小，常见的有房间空调器和单元式空调机组。

3. 蓄冷

由于工业发展和人民物质文化生活水平的提高，空调的普及率逐渐增长，电力消耗增长迅速，高峰电力紧张。与此同时，由于“分时电价”政策以及某些激励性政策，推动了使用移峰电力的积极性。这就使离峰蓄冷技术得到重视和发展。蓄冷空调的主要优点是制冷设备容量和装设功率小于常规空调系统，可减少30%～50%，转移电力高峰期用电负荷，系统运行费用比常规系统低，制冷机组满负荷运行比例增大，状态稳定，提高设备利用率。但是蓄冷系统并不一定节电，只是合理使用峰谷段的电能。蓄冷空调可应用于各种场合的建筑物中，如商场超市、写字楼、医院、宾馆、综合大楼、体育馆、影剧院、图书馆、餐厅娱乐、住宅小区、生产车间、冷藏冷冻、工艺冷却、应急冷源等。

蓄冷空调系统包括制冷系统、蓄冷装置和末端空调系统三大部分。常用的蓄冷介质有冷水、冰以及某些低温共融的无机物或有机物。

根据冷却介质，分为冷媒直接蒸发冷却制冰和用盐水间接冷却制冰。间接制冰时所用盐水一般为乙二醇水溶液，浓度为25%～30%，由制冷机维持进入蓄冰槽的盐水温度为-3～-6℃。

根据冰体形成的过程，分为静态和动态蓄冰。静态蓄冰是指冰体由生长、增厚至蓄冰完成的整个过程是稳定的、不发生移动的；而动态蓄冰是指在冷表面的冷却作用下，形成一定冰层厚度时使其脱落，重新结冰，再使其脱落的变化过程。

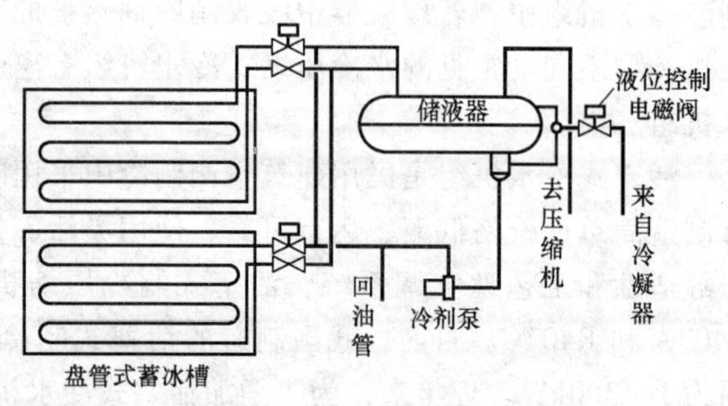

图6-2　盘管式蓄冰

根据具体的蓄冰方法，分为盘管式蓄冰、全冻结式蓄冰和容器式蓄冰等静态蓄冰方法。盘管式蓄冰（如图6-2所示）是将制冷剂或盐水通入盘管，盘管在水槽内绕行。蓄冰工况时，水槽内的水降温，当管表面水温低于0℃时，则在盘管管壁外表面结冰，当冰的厚度达到40～60mm时，蓄冰工况结束。全冻结式蓄冰与盘管式蓄冰类似，也采取管外结冰方式，不同点在于蓄冰桶（槽）内的盘管多用聚乙烯软管，多采用乙二醇水溶液作为二次（中间）冷媒。容器式蓄冰是指在一定形状的小容器内充水并加入成核剂，将数量足够多的小容器堆积在蓄冰桶（槽）内，以低温盐水通过各容器使其内的水结冰。

6.1.2　吸收式制冷装置

吸收式制冷和蒸气压缩式制冷一样，都是利用制冷剂液体在汽化时要吸收汽化潜热这一物理特性来实现制冷的。所不同的是蒸气压缩式制冷是靠消耗机械功或电能，使热量从低温热源转移到高温热源的；而吸收式制冷则是依靠消耗热能来完成这种非自发过程的。吸收式制冷使用的工质是两种物质组成的二元溶液，称为“工质对”。溴化锂—水溶液是空调用吸收式制冷系统常用的工质对，水为制冷剂，溴化锂为吸收剂。

吸收式制冷系统（如图6-3所示）主要由四大设备组成：发生器、冷凝器、蒸发器和吸收器。制冷剂循环由蒸发器、冷凝器和膨胀阀组成。高压气态制冷剂在冷凝器中向冷却水放热被凝结为液态后，经节流机构（膨胀阀）减压降温进入蒸发器。在蒸发器，该液体被汽化为低压制冷剂蒸气，同时吸取被冷却介质的热量产生制冷效应。这些过程与蒸气压缩式制冷是一样的。吸收剂循环主要由吸收器、发生器和溶液泵组成。在吸收器中，用液态吸收剂吸收蒸发器产生的低压气态制冷剂，以达到维持蒸发器内低压的目的。吸收剂吸收制冷剂蒸气而形成的制冷剂—吸收剂溶液，经溶液泵升压后进入发生器。在发生器中，该溶液被加热至沸腾，其中沸点低的制冷剂汽化形成高压气态制冷剂，又与吸收剂分离，然后前者去冷凝器液化，后者则返回吸收器再次吸收低压气态制冷剂。

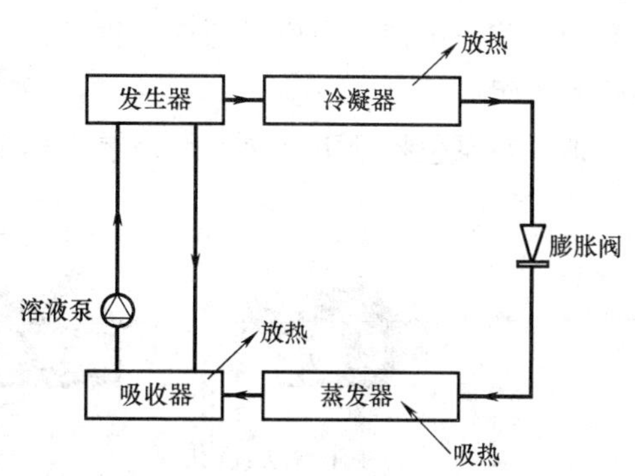

图6-3　吸收式制冷系统

目前，常用的吸收式制冷机组有三类：

（1）吸收式冷水机组，利用热能进行制冷　直燃型双效溴化锂冷水机组是使用最多的一种吸收式冷水机组，具有较高的性能系数。所谓“双效”是指在机组中设有高压与低压两个发生器；而“直燃”是指利用燃烧器直接加热溴化锂水溶液。吸收式冷水机组的主要特点是以燃气或燃油为动力，大大节省电力。该类机组的另一个特点是由于传热面积大、传热温差小，机组运行工况较为稳定。然而，传热面积大会增加金属的耗量，因此，直燃型双效溴化锂冷水机组的初投资比压缩式冷水机组高。但是。这类机组的运行费用低，尤其是在燃油或燃气可以方便获得的地区，初投资的回收期可以缩短到几年。

（2）吸收式冷热水机组，利用热能进行供冷或供热　吸收式冷热水机组在结构上和双效吸收式冷水机组很相似，只是增加了一些阀门和转换开关。机组供冷水时，和双效溴化锂冷水机组的工作过程基本相同；机组供热水时，以直接燃烧产生的高温烟气作为加热源，由蒸发器和加热盘管构成热水回路。

(3) 吸收式热泵机组，向低温热源吸热，供应热水、蒸汽或向空间供热　吸收式热泵机组可以实现冬季供热、夏季供冷，以及生活用热水。吸收式热泵机组从低温热源（通常是工业余热、废热或地表水）吸取热量，并且把热量传递到高温热源，以实现冬季供热的目的。吸收式热泵机组的 COP 较其他吸收式制冷机组高，一般在 1.2～1.7 之间。

6.1.3 热泵

热泵机组在冬季消耗少量的功由低温热源取热，向需热对象供应热量，夏季系统消耗少量的功将需冷对象中的热量带走，释放到高温热汇中。热泵机组不但效率高，而且可以夏季供冷、冬季供热，实现一机两用。热泵机组比普通压缩式制冷系统主要增加了四通换向阀，当机组从制冷工况转换到制热工况时，换向阀把制冷剂从冷凝器转换到蒸发器，蒸发器的空气通道相应地转换到冷凝器。常用的有空气源热泵和地源热泵。

空气源热泵以室外空气作为冷热源，在冬季供热时，室外空气作为提供热量的热源；而夏季供冷时，室外空气作为释放热量的热汇。由于空气无处不在，因此空气源热泵是居住建筑和商业建筑中使用最广泛的热泵机组，如家用空调、商用单元式热泵空调机组和风冷热泵冷热水机组。

地源热泵包括地下水热泵、地表水热泵、土壤源热泵，如图 6-4 所示。土壤源热泵是以

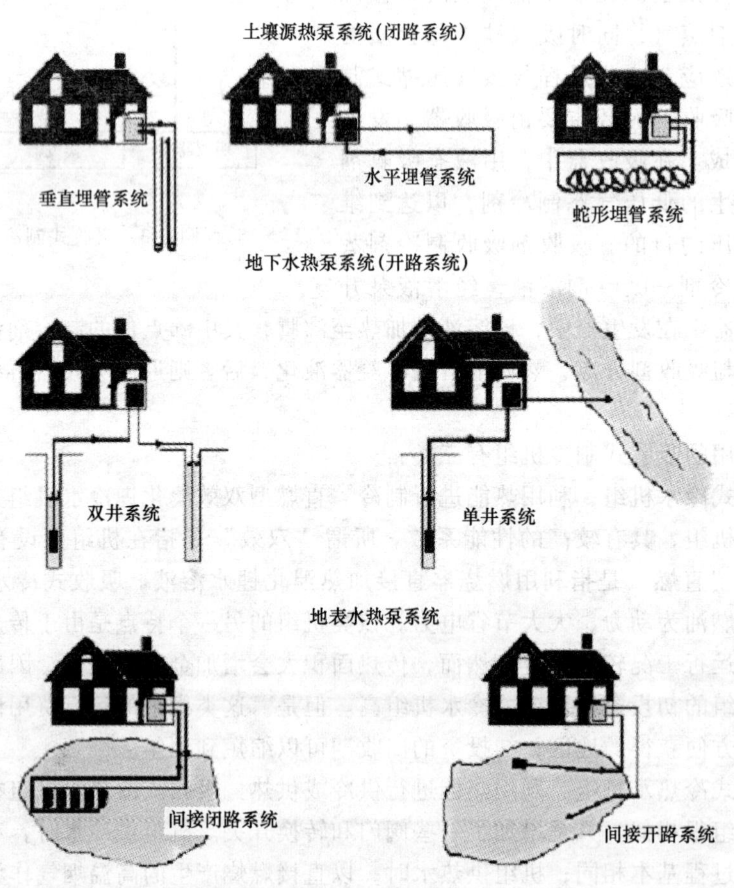

图 6-4　地源热泵

大地为热源对建筑进行空调的技术。与空气源热泵相比，机组 COP 值高，制冷制热效率稳定。根据地下盘管的铺设方式，土壤源热泵分为水平式和垂直式两类。由于地下水温度全年变化不大，地下水源热泵在夏季供冷时以井水作为热汇，而冬季供热时以井水作为低温热源。与空气源热泵相比，地下水源热泵的能效较高；而且机组运行性能不受室外空气影响，常年保持稳定。因此，在当地地下水政策允许的条件下，地下水源热泵非常适合于多层住宅和多层商业建筑的空气调节。地下水源热泵的主要缺点是初投资高，系统维护费用高，受当地地下水政策限制。地表水热泵系统在结构上与地下水源热泵类似，主要利用地表水系如河水、湖水、海水作为热源或热汇。通常采用塑料管、铜管或板式换热器构成闭式水环路，以减少水换热器中的水垢。

6.1.4 常用热源

采暖和空调系统常用的热源装置有锅炉、热泵、热力管网与热交换器以及直燃机。热泵和直燃机在前面已有介绍，它们都是既可以供冷也可以供热的装置。热泵供热的性能系数明显高于电热，但其适用范围有限。直燃机在电力紧张、油或汽充足的地区有很大的优势。

热交换器的一次热媒通常来自于自备锅炉房或城市热网。采用热交换器的主要优点是一次热媒的热源系统与空调供热的水系统完全分开，使空调热水系统的设计不受一次热媒的影响。其主要缺点是在热交换的过程中存在热损失，因此，换热器的性能是设计中要考虑的主要因素。

锅炉是目前应用最广泛的一种热源装置。供热用锅炉分为热水锅炉和蒸汽锅炉。在空调热水系统中，由于空调机组及整个水系统要随建筑的使用要求进行调节与控制，因此采用热水锅炉直接供应空调系统热水的方式不是十分合适，通常需要设置中间换热器。蒸汽锅炉适用范围广，既可以直接使用，又可以通过热交换使用其热量；同时，也为空调加湿提供条件。

6.2 冷热源机房

6.2.1 制冷机房

1. 制冷机房主要设备

(1) 制冷机组　把压缩机、辅助设备及附件紧凑地组装在一起、专供各种用冷目的使用的整体式制冷装置称为制冷机组。制冷机组具有结构紧凑、外形美观、配件齐全、制冷系统的流程简单等特点。机组运到现场后只需简单安装，接上水、电即可投入使用。目前，空调工程中应用最多的是蒸气压缩式冷水机组和溴化锂吸收式冷水机组。蒸气压缩式冷水机组又分为活塞式、离心式和螺杆式三种，溴化锂吸收式冷水机组可分为蒸汽型、热水型和直燃型三种。

(2) 冷却塔　冷却塔的作用就是通过接触散热、辐射热交换以及蒸发散热而降低水温。根据通风方式有自然通风式、机械通风式、机械和自然联合式。自然通风式主要利用风和局部自然对流来散热，因此它的冷却能力受到气候条件的限制。空调中常用的是机械通风冷却塔，它是利用风机造成空气快速流动而达到降低水温的目的。风机可设在空气入口侧或出口侧，水自上而下而空气可自下而上（逆流式，如图6-5所示），或水平方向流入（横流式）。

（3）冷却水循环泵　用于冷却水系统的水泵，一般多为离心水泵和管道泵。离心水泵是叶片式泵，按轴的位置不同，分卧式与立式两大类。最常见的离心水泵是单吸单级泵，它能提供的流量范围为4.5～900m^3/h，扬程范围为8～150m，这种泵结构简单、工作可靠、部件较少。

（4）水处理设备　暖通空调冷却水系统一般设有水处理设备，如软化水处理装置、循环水处理器、电子或静电水处理器、臭氧发生器等。

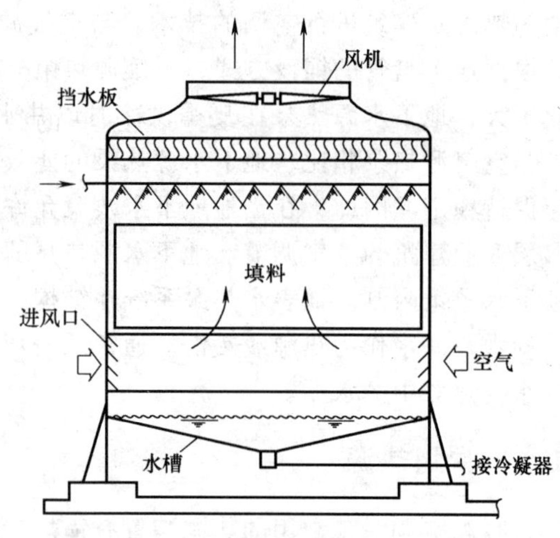

图6-5　机械通风逆流式冷却塔

（5）定压装置　常用定压设备有膨胀水箱、补给水泵和气压罐等。

膨胀水箱的作用是用来储存热水供热系统加热的膨胀水量，另一个作用是恒定供热系统的压力。开式膨胀水箱适用于中小型低温水供热及空调系统，有方形和圆形之分。

补给水泵定压容易实现，定压效果好，但耗电量较大，是目前暖通空调系统的主要定压方式。对中小型系统补给水泵定压可采用图6-6所示的两种形式。连续补水定压使系统压力稳定在一个水平上，但耗电较多。间歇补水定压节省电能，但系统压力不够稳定。

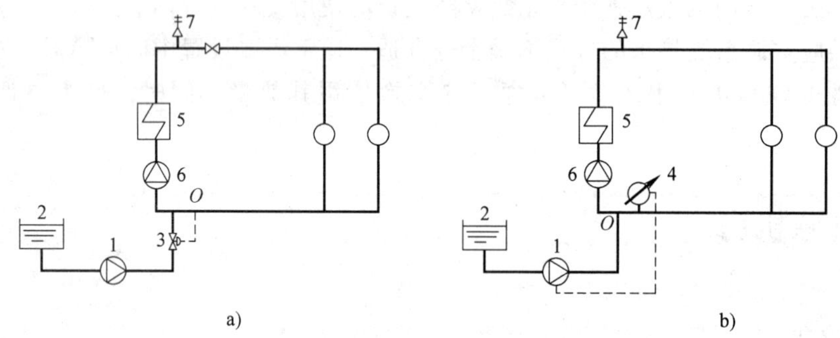

图6-6　补给水泵定压

a）连续补水定压　b）间歇补水定压

1—补给水泵　2—补给水箱　3—压力调节阀　4—电接点压力表　5—冷热源机组　6—循环水泵　7—安全阀

当建筑物顶部安装开式高位膨胀水箱有困难时，可采用气压罐方式。采用这种方式时，不仅能解决系统中水的膨胀问题，而且可与系统的补水和稳压结合起来。气压罐一般安装在空调机房内，其工作原理如图6-7所示。

（6）冷冻水循环泵　冷冻水循环泵同冷却水循环泵一样，一般也采用离心水泵或管道泵。

2. 制冷机房水系统

中央空调的水系统一般分为冷却水系统（排除冷凝热量）和冷冻水/热水系统（输送冷量/热量）两个部分，根据不同情况可以设计成不同的形式。

（1）冷却水系统　冷却水系统一般分为两类，即直流式供水系统和循环式供水系统。前者适用于水源水量特别充足的地区，例如以江、河、湖、海的水源作为冷却水，城市自来水作为冷却水源时则不应选用，而且它一般用于采用立式冷凝器的供冷系统。循环式供水系统是将来自冷凝器的冷却水通过冷却塔或冷却水池冷却后循环使用，在使用过程中只需要少量的补充水，但需增设冷却塔和水泵等。供水系统比较复杂，常在水源水量较小、水温较高时采用，它在目前空调系统中应用最多。

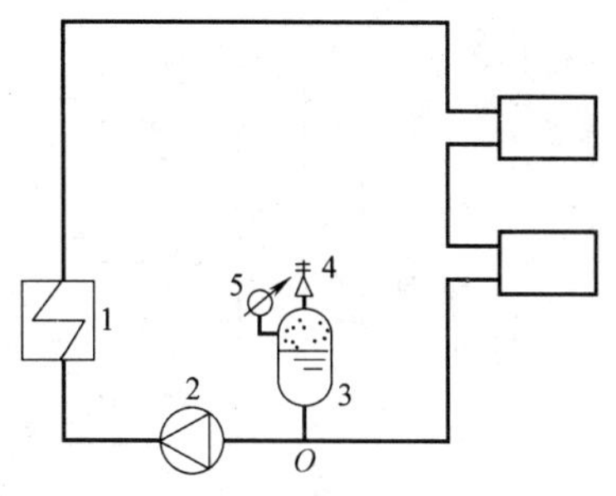

图6-7　气压罐定压原理图

1—冷热源机组　2—循环水泵　3—气压罐　4—安全阀　5—压力表

（2）冷冻水/热水系统　经制冷机/换热器制得的冷冻水/热水由水泵送到空调系统，放出冷量/热量后，再回到制冷机/换热器中进行制冷/制热，如此循环。

根据系统内管路是否与大气相通，冷冻水系统可分为开式和闭式系统，如图6-8所示。闭式系统中，冷、热水在盘管、加热器、冷水机组、锅炉以及其他换热器中流动，形成一个封闭的环路，环路中的水不与大气接触，仅在系统最高点设置膨胀水箱。闭式系统中管道与设备的腐蚀机会少，不需克服静水压力，水泵压力、功率均低，并且系统形式简单，因此在工程实际中应用广泛。开式系统中，管路中的水与大气相接触。由于水中含氧量高，管路和设备易腐蚀，系统需要增加克服静水压力的额外能量，输送能耗大，因此开式系统实际应用受限。

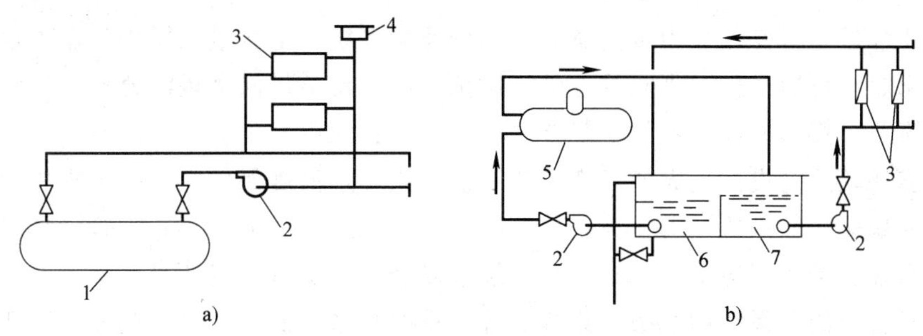

图6-8　冷冻水系统分类一

a）闭式系统　b）开式系统

1—壳管蒸发器　2—水泵　3—空气冷却器　4—膨胀水箱　5—卧式壳管式蒸发器　6—回水箱　7—冷水箱

根据供、回水管所走路线的长短不同，冷冻水系统分为异程和同程系统，如图6-9所示。当冷冻水流过每个末端设备的管道长度都不相同时，称为异程式系统。其主要优点是管路系统简单，初投资小；但要注意流量分配和压力平衡的问题，特别是在大型建筑空调系统中。同程式系统中，供、回水干管中的水流方向相同，冷冻水流过每个末端设备的管道长度都相同。同程式系统可以较好地解决流量分配和压力平衡的问题，但是管路系统较复杂，使得系统的初投资较高。在大型建筑物中，为了保持水力工况的稳定性，水系统常采用同程式。

针对风机盘管加新风的空调方式，冷冻水系统可分为二管制、三管制和四管制系统。对

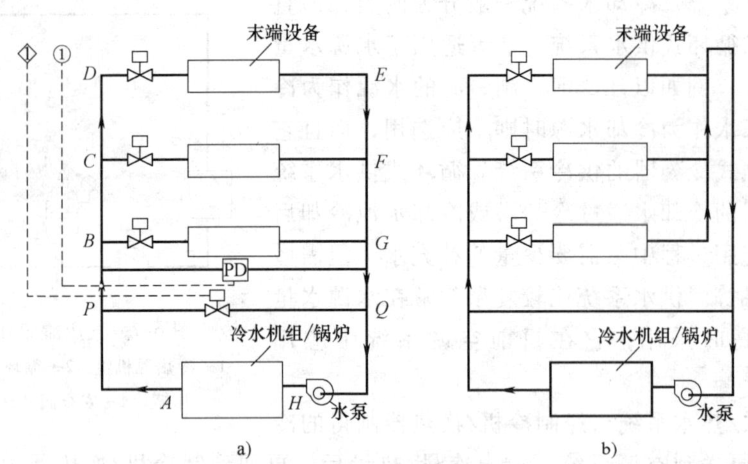

图 6-9 冷冻水系统分类二

a）异程式系统 b）同程式系统

于具有供、回水管各一根的风机盘管水系统称为二管制系统，它与机械循环热水采暖系统相似，夏季供冷、冬季供热；对于全年要求有空调的建筑物，在过渡季节有些房间需要供冷，有些房间要求供热，为了使用灵活，常采用三管制系统，即一根冷水供水管、一根热水供水管、一根回水管，根据房间温度控制设备，控制是冷水还是热水进入风机盘管；更为完善的方式是四管制系统，即冷热水供、回水管各自独立，根据室内温度控制进入风机盘管的是热水或冷水。

根据循环水量是否变化分为定流量系统和变流量系统。定流量系统中的循环水量保持定值，负荷变化时，可通过供回水支管上的三通调节阀，调节供回水量混合比，从而调节供水温度。系统简单，操作方便，不需要复杂的自控设备；缺点是配管设计时不能考虑同时使用系数，输送能耗始终为设计最大值。变流量系统中供回水温度保持定值，供水流量随着系统负荷的改变而变化。输送能耗随负荷减少而降低，水泵容量和电耗小；配管设计时，可以考虑同时使用系统，管径相应减少。缺点是系统较复杂，需配备一定的自控装置。

此外，还有单级泵系统和双级泵系统之分。单级泵系统的冷、热源侧和负荷侧只用一组循环水泵，系统简单、初投资少；缺点是不能调节水泵流量，难以节省输送能耗，不能适应供水分区压降较悬殊的情况。单级泵变流量系统（如图 6-10 所示）是最常用的水系统形式。双级泵系统（如图 6-11 所示）的冷、热源侧和负荷侧分别设置循环水泵，可以实现负荷侧水泵变流量运行，能节省输送能耗，并能适应供水分区不同压降的需要，系统总压力低；但系统较复杂、初投资较高。

6.2.2 锅炉房

锅炉房是供热之源，它在工作时，源源不断地产生蒸汽（或热水），供应用户的需要。工作后的冷凝水（或称回水）又被送回锅炉房，与经处理后的补给水一起，再进入锅炉继续受热、汽化。因此，锅炉房设备由锅炉本体和锅炉房辅助设备组成。锅炉房辅助设备由以下几个系统组成：

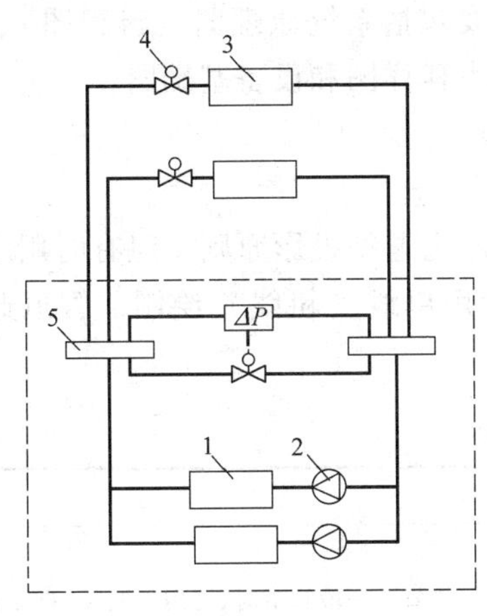

图 6-10 单级泵变流量系统

1—冷水机组 2—循环水泵 3—末端设备
4—二通阀 5—旁通调节阀

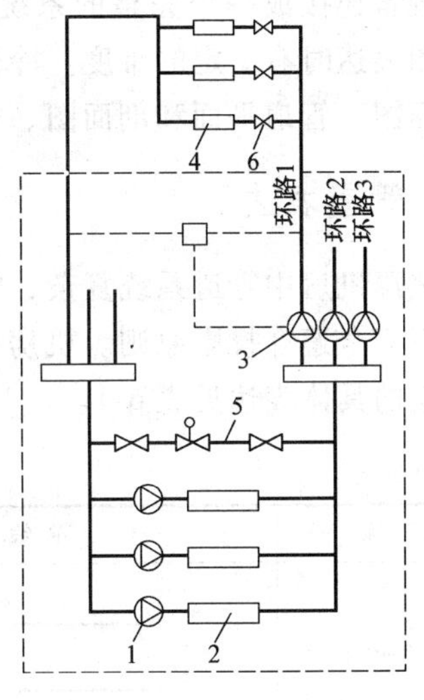

图 6-11 双级泵系统

1—一次泵 2—冷水机组 3—二次泵 4—风机盘管或空调机组 5—旁通管 6—二次调节阀

(1) 水、汽系统（包括排污系统） 汽锅内具有一定的压力，因而给水必须借助给水泵提高压力后送入。此外，为了保证给水质量，避免汽锅内壁结垢和腐蚀，锅炉房内还设有水处理设备（包括给水软化设备和除氧设备）。为了储存给水，也需要设置一定容量的水箱等。锅炉产生的蒸汽一般先送至锅炉房内的分汽缸，由此再接至各用户的管道。锅炉的排污水因具有相当高的温度和压力，因此必须接入排污降温池或专设的扩容器，进行膨胀减温。

(2) 送、引风系统 为了给炉子送入燃烧所需空气和从锅炉引出燃烧产物—烟气，以保证燃烧正常进行，并使烟气以必需的流速冲刷受热面，锅炉的通风设备有送风机、引风机和烟囱。为了改善环境卫生和减少烟尘污染，锅炉还设有除尘器，为此也要求必须保持一定的烟囱高度。除尘器除下的飞灰由灰车送走。

(3) 运煤除渣系统 用于燃煤锅炉，其作用是保证为锅炉送入燃料和送出灰渣，煤是由运煤带运输机送入煤仓，而后借自重下落，再通过炉前小煤斗而落入炉排上。燃料燃尽后的灰渣，则由灰斗放入灰车送出。

(4) 供油、气系统 燃油燃气锅炉都配有燃烧器，每个燃烧器都有各自的供油、气系统，需要设置储油罐、油泵、油管道及油过滤器、加热器等装置；或设置储气罐、气压调压装置及输送管道。

为监督锅炉设备安全经济运行，除了锅炉本体上装设的仪表外，还常设有一系列的仪表和控制设备，如蒸汽流量计、水量表、烟气温度计、风压计、排烟二氧化碳指示仪等常用仪表。在有的工厂锅炉房中，还设置有给水自动调节装置，烟、风闸门远距离操纵或遥控装置，以便更科学地监督锅炉运行。

6.3 冷热源工程图的特点及阅读方法

冷热源机房中一般有大量的设备，如泵、制冷机、换热器等，通过大量的管道和附件，将这些设备连接成一个完整的系统，进行供热制冷。这些设备、管道、附件在空间纵横交错，制图表达时有一定的难度。冷热源机房施工图主要包括系统原理图（流程图）、设备平面和剖面图、管道平面和剖面图、管路系统轴测图、大样详图和设备基础图。

6.3.1 管道表达

冷热源机房中管道系统复杂，管道的表达方法基本上遵循投影原则，但有时用示意表达方式，不完全遵守投影原则。机房中的各类管道一般用单线（粗线）绘制，管道遮挡、重叠、分支的具体表达见表 6-1。

表 6-1 管道的表达

名称	单线表示	备注
管道基本表示	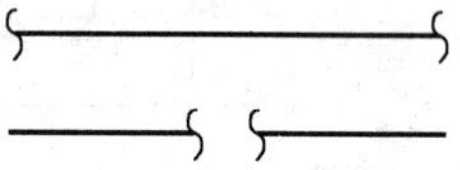	当省去一段管道时，可用折断线，折断线应成双对应
管道空间交叉	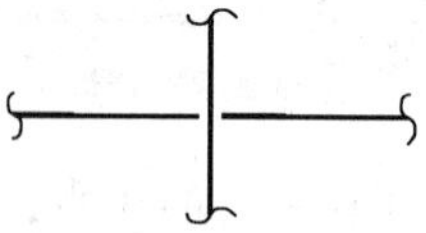	管道空间交叉时，上面或前面的管道应连通；在下面或后面的管道应断开
管道交叉（四通）	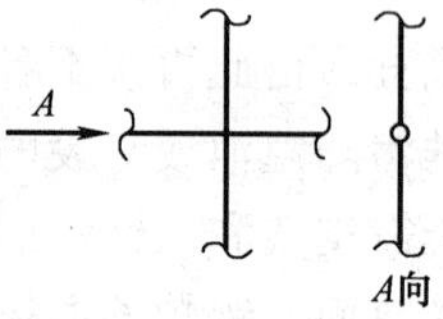 A A向	
管道分支	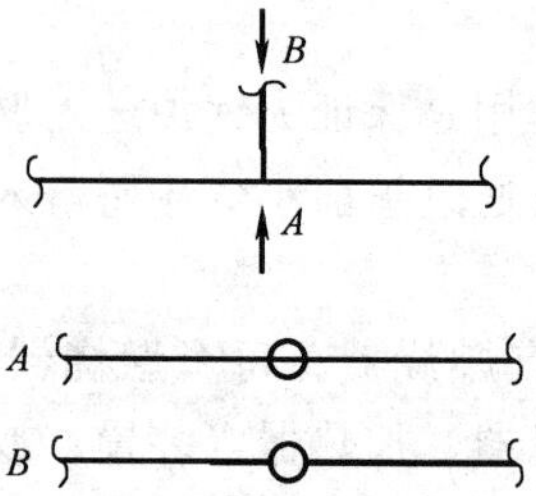 B A A B	管道分支时，应表示出支管的方向
管道重叠与断开	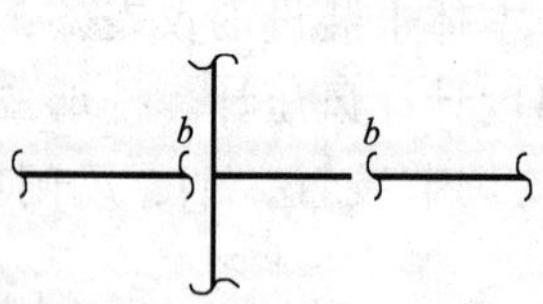 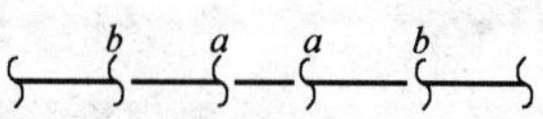 b b	管道重叠时，若需要表示下面或后面的管道，可将上面或前面的管道断开 同一管道的两个折断符号在一张图中，折断符号的编号用小写英文字母表示。当管道在本图中断，转至其他图面表示（或由其他图中引来）时，应注明转至（或来自）的图样编号
	b a a b	

（续）

名　称	单线表示	备　注
管道转弯	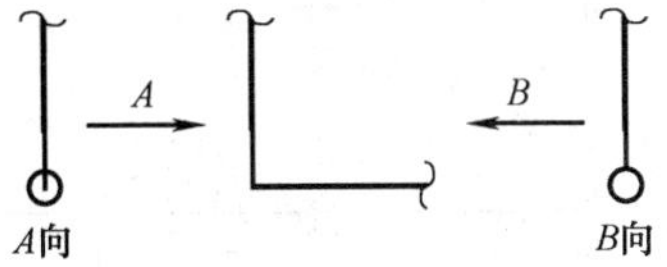 A　B　A向　B向	
管道跨越	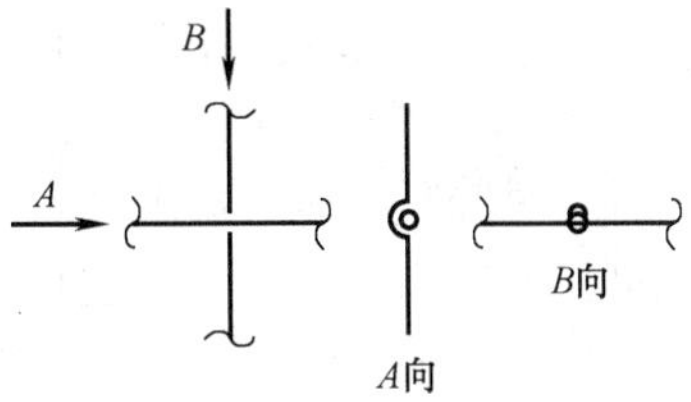 B　A　A向　B向	

冷热源系统中管道的标注方法可参考第 3 章，常用的为镀锌钢管和无缝钢管，其管径标注方法如下：

1）对于镀锌钢管、铸铁管等，用“*DN* 公称直径”表示，如 *DN*100。

2）对于无缝钢管、焊接钢管、铜管、不锈钢管等，用“*D* 外径 × 壁厚”表示，如 *D*108 ×4。

管道的代号名称取自汉语拼音。绘制时，将管道断开，于断开处写管道代号，如图6-12 所示。文字方向和管道标注文字方向遵守相同规则。管道代号应优先采用制图标准中规定的符号；对于标准中没有的内容，用户可以自行建立，并在图样中对这些代号的含义进行说明，自行定义的代号不要与标准中的代号冲突。

R

图 6-12　管道代号的表示

6.3.2　图形符号

水、汽管道附件以及常用设备的图例见表 6-2。以阀门的通用符号为例，管道与阀门的三种连接方式见表 6-3。

表 6-2　管道附件及常用设备图例

名　称	图　例	名　称	图　例
阀门（通用）、截止阀	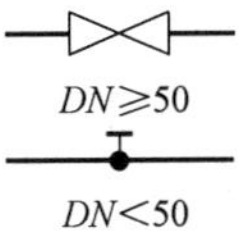 *DN*≥50 *DN*<50	四通阀	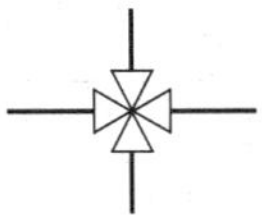
角阀		三通阀	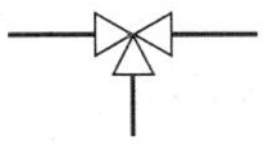

（续）

名　称	图　例	名　称	图　例
弹簧安全阀	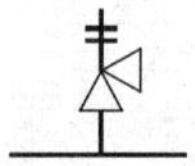	重锤安全阀	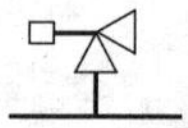
闸阀		手动调节阀	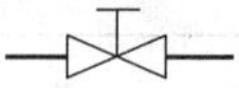
球阀		快速排污阀	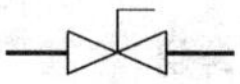
蝶阀	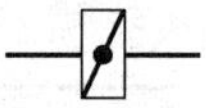	平衡阀	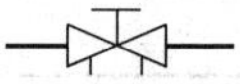
减压阀	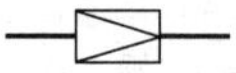	止回阀	
自动排气阀	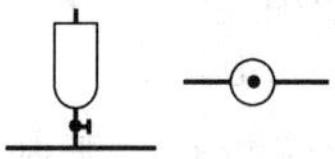	介质流向	 或
疏水器	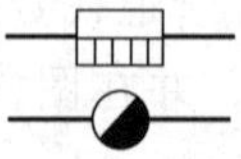	除污器	
Y 形过滤器	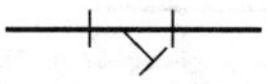	卧式除污器	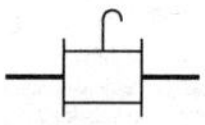
集气罐	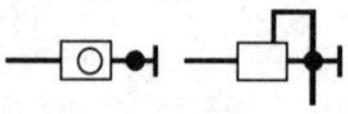	变径管	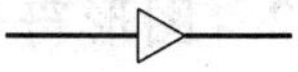
丝堵	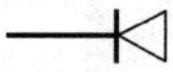	活接头	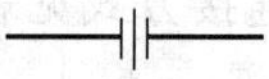
管道穿楼板套管	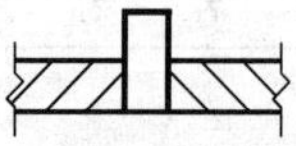	软接头	
柔性防水套管	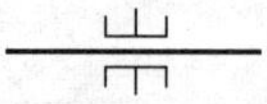	固定支架	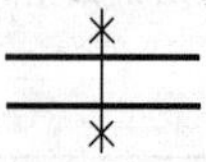
球形补偿器		矩形补偿器	

（续）

名称	图例	名称	图例
套管伸缩器	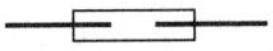	电动水泵	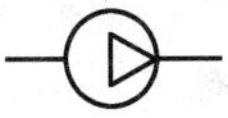
水泵(通用)	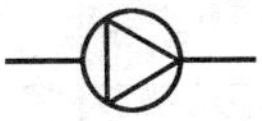	真空泵	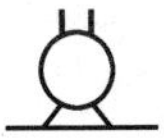
调速水泵		水、蒸汽喷射器	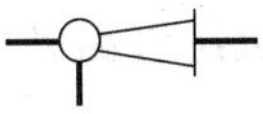
板式换热器	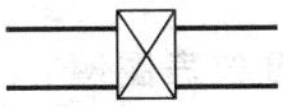	除氧器	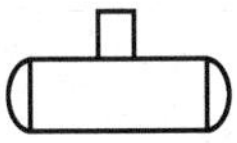
分、集水器	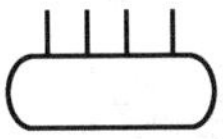		

表 6-3 管道与阀门的连接

连接形式	图例	连接形式	图例	连接形式	图例
螺纹连接		法兰连接		焊接	

对于泵、换热器、除污器等设备的上述图例主要应用于原理图的绘制，而在平面图和剖面图时，一般要根据设备的外形按比例进行绘制。对于阀门、接头等管道附件，这些图例可以应用于原理图的绘制，而在平面图和剖面图中，则应视投影方向确定是否使用上述图例，并应结合该图例以及物体的实际形状确定应绘制成什么样子。例如，当投影方向和闸阀的阀体轴线垂直时，可以使用闸阀的图例，图例的大小应和阀门的实际大小大体匹配，即大阀门绘制的大一些，小阀门绘制的小一些；当投影方向和阀体轴线平行时，则可不绘制该阀门（见表6-4）。

表 6-4 常用阀门绘制

名称	俯视	仰视	主视	侧视	轴侧投影
截止阀	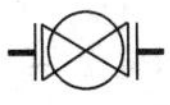	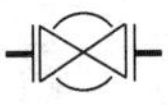	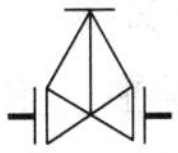		
闸阀			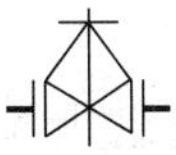		

（续）

名称	俯视	仰视	主视	侧视	轴侧投影
蝶阀					
安全阀					

机房管路系统常用调节控制装置及仪表的图例见表6-5。

表6-5 调节控制装置及仪表图例

名　称	图　例	名　称	图　例
温度传感器	T 温度	湿度传感器	H 湿度
压力传感器	P 压力	压差传感器	ΔP 压差
压力表		温度计	T
流量计	F.M.	能量计	E.M. T1 T2

6.3.3 冷热源施工图的特点及阅读方法

冷热源机房施工图主要包括图样目录、设计与施工说明、设备与主要材料、系统原理图（流程图）、设备平面和剖面图、管道平面和剖面图、管路系统轴测图、大样详图和设备基础图。每个项目的图样可能有所增减，但宜按上述顺序排列。当设计较简单而图样内容较少时，可将上述某些图样合并。图样目录和主要设备材料表的格式可以参考第2章。

1. 设计施工说明

设计施工说明是工程设计的重要组成部分，它包括对整个设计的总体描述（如设计条件，方案选择，安装和调试要求，执行的标准），以及对设计图样中没有表达或表达不清晰内容的补充说明等。冷热源工程的设计施工说明除了包括应遵循的设计、施工验收规范外，一般还应包括如下内容：

1）设计的冷热负荷要求。

2）冷热源设备的型号、台数及运行控制要求。

3）冷热水机组的安装和调试要求。

4）泵的安装要求。

5）管道系统的材料、连接形式和要求，防腐、隔热要求。

6）管路系统的泄水、排气、支吊架、跨距要求。

7）系统的工作压力和试压要求。

2. 原理图

原理图也称流程图或系统图，它是工程设计图中重要的图样，应表示出设备和管道间的相对关系以及过程进行的顺序，不按比例和投影规则绘制。对于采用电制冷机、电动热泵、电锅炉，或者蒸汽、热水型溴化锂制冷机的冷热源工程，其原理图一般只有热力系统原理图；对于采用燃油燃气锅炉、直燃型制冷机的冷热源工程，除热力系统原理图外，还有燃油燃气系统原理图，这些原理图视复杂程度可分别绘制，也可绘制在一张原理图上。

对于一个工程，首先要明白其工作原理，看其方案是否正确。原理图表达系统的工艺流程，识图时必须先看原理图。读图的步骤如下：

1）首先结合设计施工说明和设备表，了解工程概况，弄清楚流程中各设备的名称和用途，在冷热源机房中一般有冷水机组、锅炉、换热器、泵、水处理设备、水箱等。

2）根据介质的种类以及系统编号，将系统进行分类。例如，将系统分为供冷系统、供热系统、热水供应系统，再对各个系统进行细分。例如，供冷系统又可分为冷冻水系统、冷却水、补水系统、燃料供应系统。

3）以冷热水主机为中心，查看各系统的流程。例如，以制冷机组为中心，冷冻水系统的流程一般为：用户回水→集水器→除污器→冷冻水泵→制冷机蒸发器→分水器→去用户；冷却水系统流程一般为：出冷却塔→冷却水泵→制冷机冷凝器→去冷却塔；补水系统流程一般为：原水箱（自来水）→水处理系统（软化和除氧）→补水箱→补水泵→需补水的系统。

4）明白系统中所有介质的流程后，明确各管段的管径，了解各阀门的作用及运行操作情况。

3. 设备平面、剖面图

设备平面、剖面图主要反映设备的布置和定位情况，是施工安装的重要依据。应采用正投影法按比例绘制。设备是突出表达的对象，设备轮廓用粗线，设备轮廓根据实际物体的尺寸和形状按比例绘制。设备平面图中不绘制管道。

阅读设备的平面图和剖面图，主要是了解设备的定位布置情况，看图时应结合设备表，了解各设备的名称，分布在什么地方，设备的定形、定位尺寸以及设备的标高。

4. 管道平面、剖面图

管道平面、剖面图主要表达管道的空间布置，即管道与设备、建筑的位置关系，管道是突出表达的对象。和设备平面图、剖面图相比，主要增加了管道、管道附件及相关的标注。图中管道用粗线绘制，而设备轮廓线用中粗线绘制。

阅读时应以平面图为主，剖面图为辅，并结合原理图和设备表。根据管道的表达规则，尤其是弯头转向和管道分支的表达方法，这时要充分注意管道代号的作用，必要时根据管段的管径和标高，将平面图、剖面图上的各管段对应起来。要首先弄清主要管道的走向，比如制冷系统中的冷冻水的大致流程，一些设备就近的配管（比如泄水管、放气管）先不要管它。由于在管道平面图中设备的配管难以表达清楚，设计人员往往提供某些设备的配管平面图、剖面图或轴测图，待主要管道的走向弄清之后，可以根据管道表达规则对这些设备配管仔细阅读。

5. 管路系统轴测图

为了将管路系统表达清楚，一般要绘制管路系统轴测图。轴测图宜采用正等轴测法或正面斜二测画法。在工程应用中，建筑设计部门大多采用正面斜等测法。图中管道用粗线绘制，而设备轮廓线用中粗线绘制。为使图面清晰，一个系统经常断开为几个子系统，分别绘制，断开处要标识相应的折断符号。也可将系统断开后平移，使前后管道不聚集在一起，断开处要绘出折断线或用细虚线相连。

要了解管道的布置，需要查看管道平面图、剖面图、管路系统轴测图。如果有管路系统轴测图，首先应阅读它。阅读管路系统轴测图的方法与阅读原理图的方法相似，首先将其分为几个系统，然后弄清各个系统的来龙去脉，并注意管道在空间的布局和走向。之后，结合平面图和剖面图，了解管道的具体定位尺寸和标高。有了管路系统轴测图，图样阅读的难度一般不大。对于较复杂的管路系统，最好绘制管路系统轴测图，以减少阅读的难度。同时，可省去许多剖面图。

6. 详图和设备基础图

（1）加工详图　当用户所用的设备由用户自行制造时，需绘制加工图，通常有水箱、分水器等。

（2）基础图　如水泵的基础、换热器的基础等，可参阅标准图集中相关设备的绘制方法。

（3）安装节点详图　如供热管网节点详图。

6.4 某制冷机房施工图解读

某制冷机房施工图如图6-13～图6-17所示。限于篇幅，图样目录和设计施工说明略去，图例见表6-6。

表6-6　图例

名　称	图　例	名　称	图　例
空调冷热水供水管	——— LN1 ———	冷却水供水管	——— LQ1 ———
空调冷热水回水管	——— LN2 ———	冷却水回水管	——— LQ2 ———
空调冷水供水管	——— L1 ———	空调热水供水管	——— N1 ———
空调冷水回水管	——— L2 ———	空调热水回水管	——— N2 ———

（续）

名　称	图　例	名　称	图　例
凝结水管	—— n ——	手动调节阀	
蝶阀		截止阀	
流量计		闸板阀	
电动两通阀	M	压力表	
动态流量平衡阀	G	温度计	
动态平衡电动平衡阀	D	水流开关	K
压差传感器	ΔP	止回阀	
温度传感器	T		

1. 系统原理

该机房内冷热水系统的工作原理如图6-13所示，机房中主要设备的名称和规格型号直接标注在图中，可以看出夏季由两台水冷冷水机组提供冷水，冬季由市政热力管网经两台板式换热器提供热水，通过四个阀门实现冷热水管路的转换。该空调系统由冷却水系统、冷冻水系统、热水系统和补水系统构成。

图中左侧为冷却水系统，其流程如下：从冷却塔（两台并联）出来的冷却水（管路代号LQ1）经过电子水处理仪处理后，通过冷却水循环泵（两用一备）送入冷水机组（两台并联），在机组内换热后水温升高，冷却水（管路代号LQ2）再回到冷却塔降温。

冷冻水系统为单级泵变流量系统，其流程如下：夏季来自空调用户的冷水汇集到集水器，从集水器出来的冷水（管路代号LN2）经过电动两通阀A1（阀后管路代号L2）后进入冷水机组，经机组降温后的冷冻水（管路代号L1）通过冷冻水循环泵（两用一备）送出，经过电动两通阀B1（阀后管路代号LN1）后接至分水器，通过分水器将冷冻水送到各空调用户，完成空调冷冻水系统的循环。

图中右上侧为热水系统，其流程如下：冬季从空调用户回来的热水汇集到集水器，从集水器出来的热水（管路代号LN2）经过电动两通阀A2（阀后管路代号N2）后进入板式换热器，加热升温后的热水（管路代号N1）通过空调热水循环泵（两用一备）送出，经过电动两通阀B2（阀后管路代号LN1）后接至分水器，通过分水器将热水送到各空调用户，完成空调热水系统的循环。

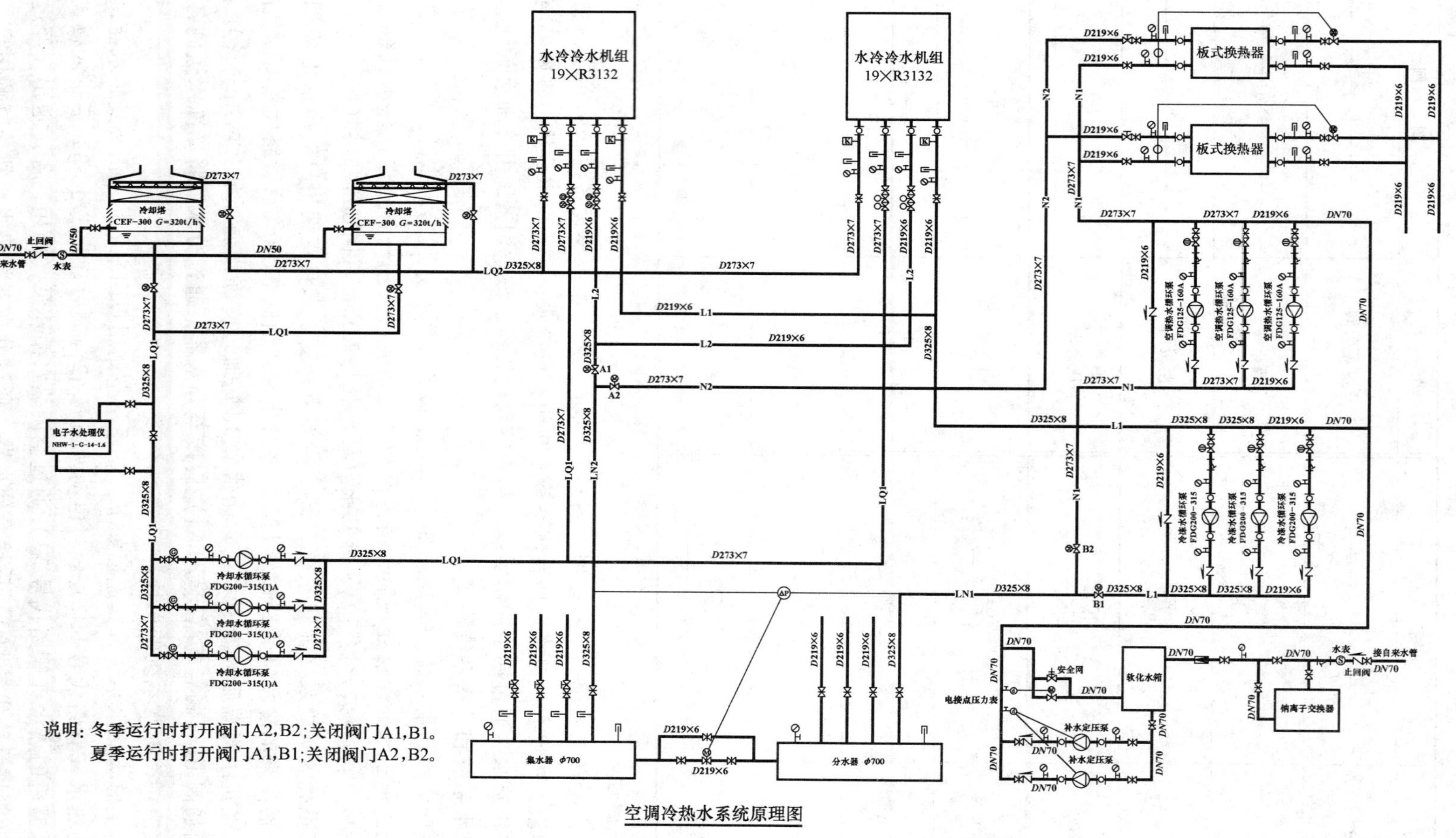

空调冷热水系统原理图

说明：冬季运行时打开阀门A2,B2;关闭阀门A1,B1。
夏季运行时打开阀门A1,B1;关闭阀门A2,B2。

图 6-13 制冷机房原理图

图中右下侧为补水系统，接在冷冻水泵和热水泵的吸入口，对冷冻水系统和热水系统进行补水，其流程如下：自来水经过钠离子交换器处理后，进入软化水箱，再通过补水定压泵（一用一备）对冷热水系统进行补水，同时确保系统在一定的压力下稳定运行。

2. 设备布置

机房设备平面图（如图6-14所示）反映了该机房内主要设备的布置情况，包括设备的型号与台数、大小和定位尺寸。从图中可以看出，该机房有两台水冷冷水机组、两台板式换热器、分水器、集水器、三台冷却水循环泵、三台冷冻水循环泵、三台空调热水循环泵、两台补水定压泵、软化水箱以及全自动钠离子交换器，此外还有四台组合式空调机组。图中粗实线为设备基础轮廓线，细实线为设备轮廓线，所有设备及其基础的大小和定位尺寸都标注在图中。部分设备高度方向的尺寸可以从剖面图（如图6-16所示）中获得。

3. 管道布置

机房内管道安装平面图（如图6-15所示）和剖面图（如图6-16所示）反映了该机房内管道的布置以及管道与设备的连接情况。图中粗实线为管路，细实线为设备及其基础轮廓线，所有标高均以首层室内地面为±0.000。读图时以平面图为主，剖面图为辅，弄清楚水系统中管道的走向。

（1）冷却水系统　从冷却塔出来的冷却水从北侧8轴附近引入机房（管段LQ1，管径$D325\times8$，标高－1.60m），进入机房后水平向南，在进入电子水处理仪之前，管道垂直向下1.4m后与水处理仪连接（结合B-B剖面），从水处理仪出来的冷却水管道垂直向上1.4m后，继续水平向南铺设，然后分成三个支路分别与三台并联的冷却水循环泵连接，水泵出口管道汇合后再分成两个支路（管段LQ1，管径$D273\times7$，标高－1.60m），管道水平向右分别到达两台冷水机组的前端，然后垂直向下再水平向右1.1m后与机组连接（结合B-B剖面）。从机组出来的冷却水管道（管段LQ2，管径$D273\times7$，标高－2.50m）水平向左后汇合，汇合后的管道（管径$D325\times8$）水平向北穿出机房，与室外的冷却塔连接。

（2）冷热水系统　从空调用户回来的冷水/热水管道（管段LN2，管径$D273\times7$，标高－2.00m）水平向左铺设，从北侧⑧轴附近引入机房，进入机房后垂直向下2.1m与集水器连接（结合A—A剖面），从集水器出来的管道分成热水支路和冷冻水支路：

1）热水支路（管段N2，管径$D273\times7$，标高－2.00m）经电动二通阀A2后水平向南铺设，再分成两个支路（管径$D219\times6$）水平向左，到达板式换热器的前端后垂直向下（结合B—B剖面），再分别与换热器连接，从两台换热器出来的热水管道（$D219\times6$）垂直向上再汇合，汇合后的管道（管段N1，管径$D273\times7$，标高－2.50m）水平向南，然后分成三个支路分别与三台并联的热水循环泵连接，水泵出口管道汇合后经电动二通阀B2后与冷冻水支路汇合。

2）冷冻水支路（管段L2，管径$D325\times8$，标高－2.00m）经电动二通阀A1后水平向右铺设再向南，然后分成两个支路（管径$D219\times6$）到达冷水机组的前端，管道垂直向下再水平向右1.1m后与机组连接（结合B—B剖面），从机组出来的冷冻水管道（管段L1，管径$D219\times6$，标高－3.00m）水平向左后汇合，汇合后的管道（管径$D325\times8$）水平向南，然后分成三个支路分别与三台并联的冷冻水循环泵连接，水泵出口管道汇合后经电动二通阀B1后与热水支路汇合。冷热水支路汇合后的管道（管段LN1，管径$D325\times8$）水平向右再垂直向上，然后水平向北跨过冷水机组到达分水器上空，垂直向下2.5m后与分水器连

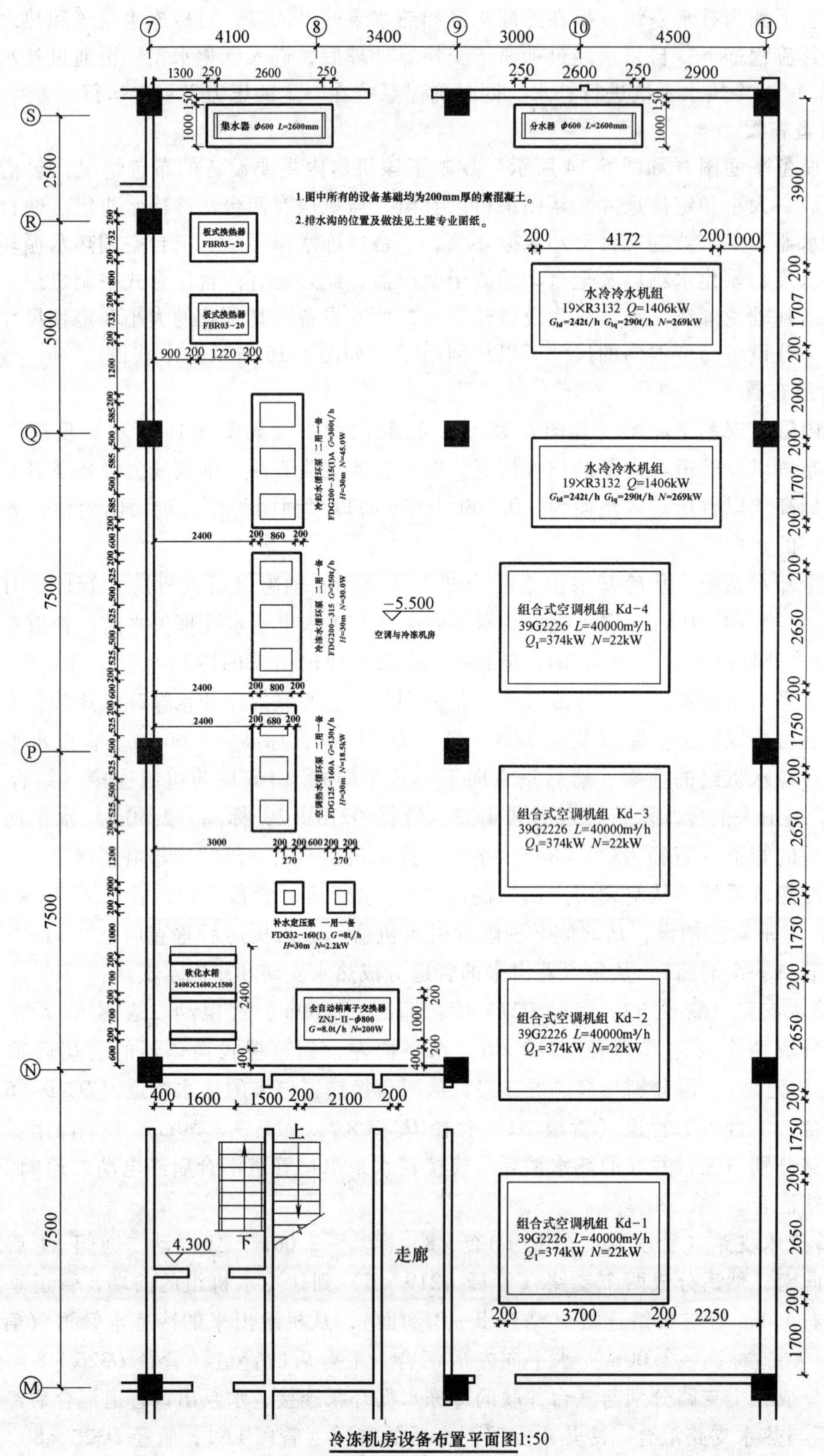

图 6-14 制冷机房设备平面图

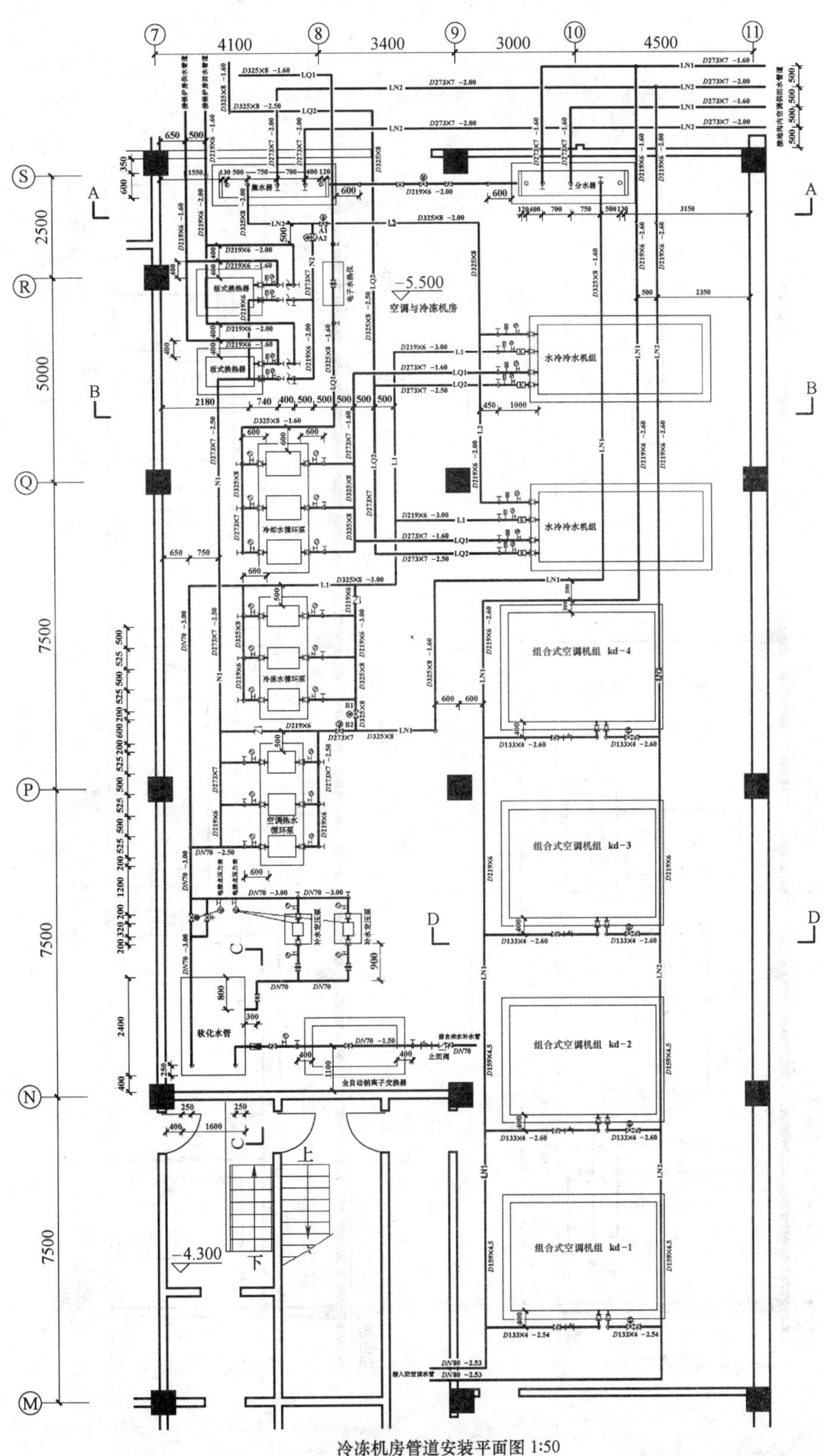

冷冻机房管道安装平面图 1:50

图6-15 制冷机房管道平面图

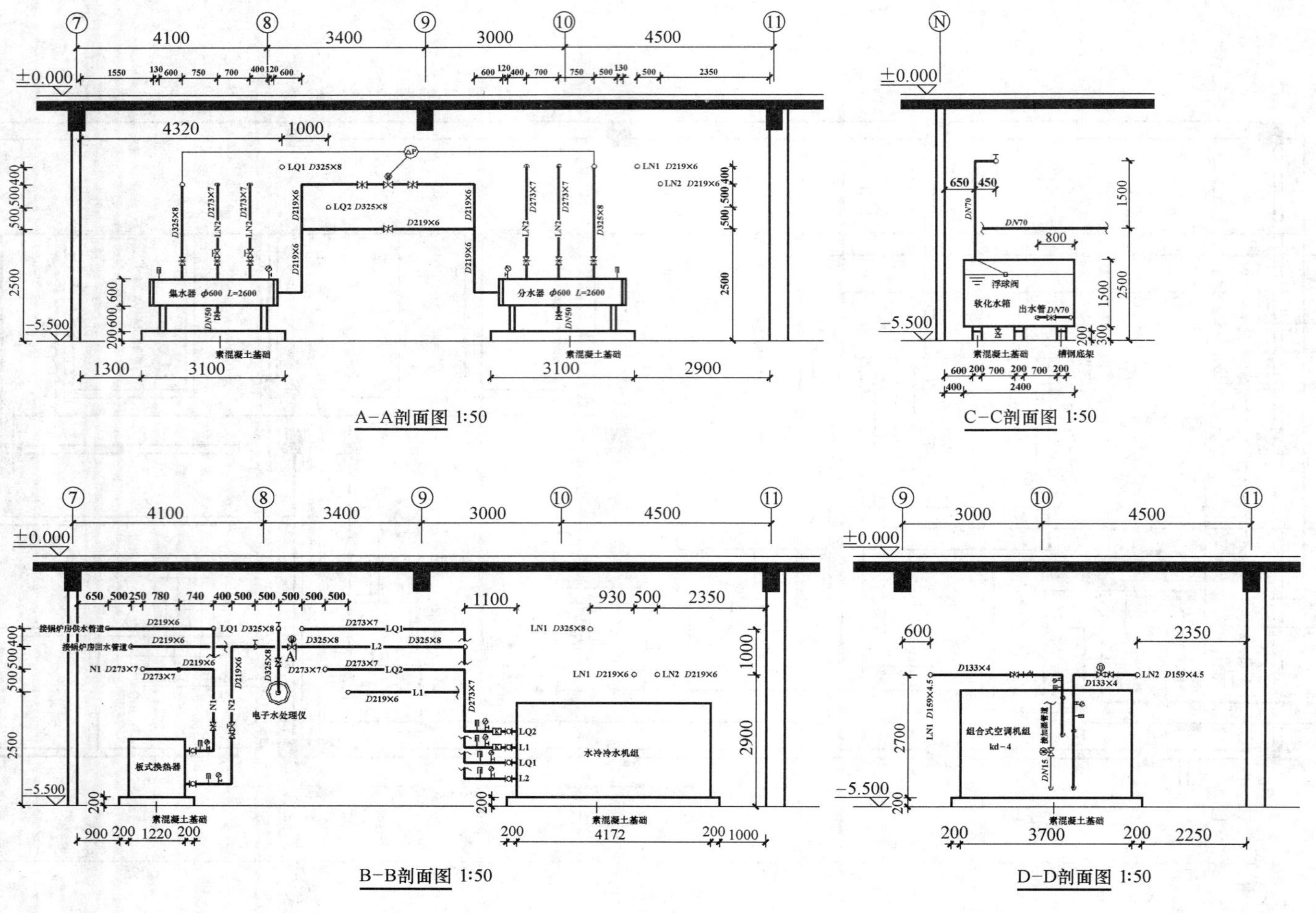

图 6-16 制冷机房管道剖面图

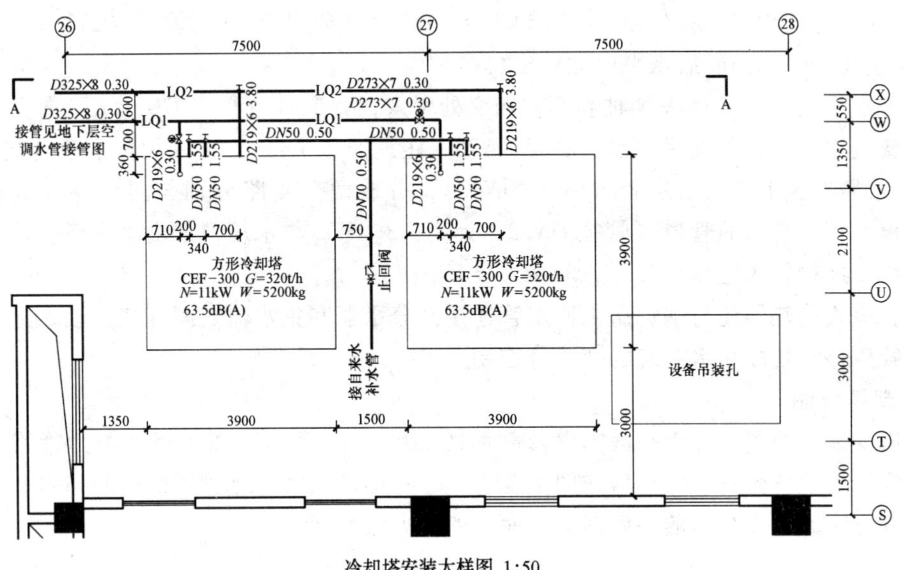

冷却塔安装大样图 1:50

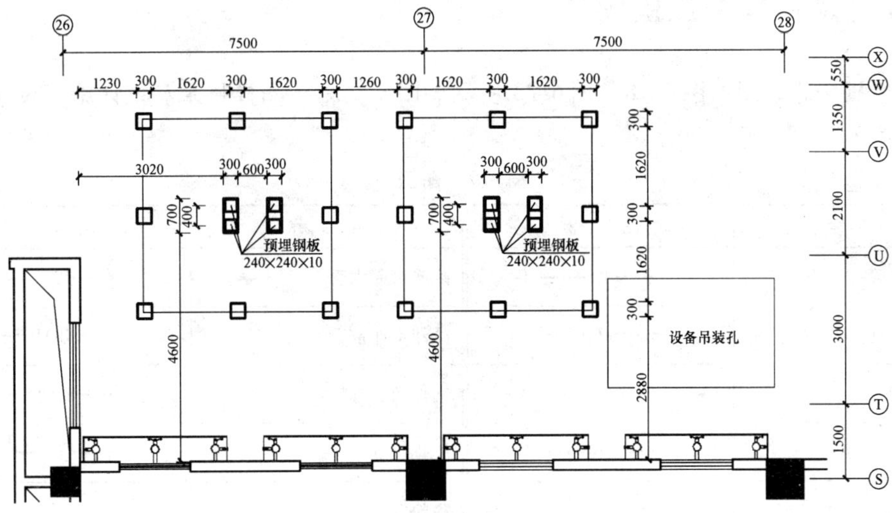

冷却塔基础平面图 1:50

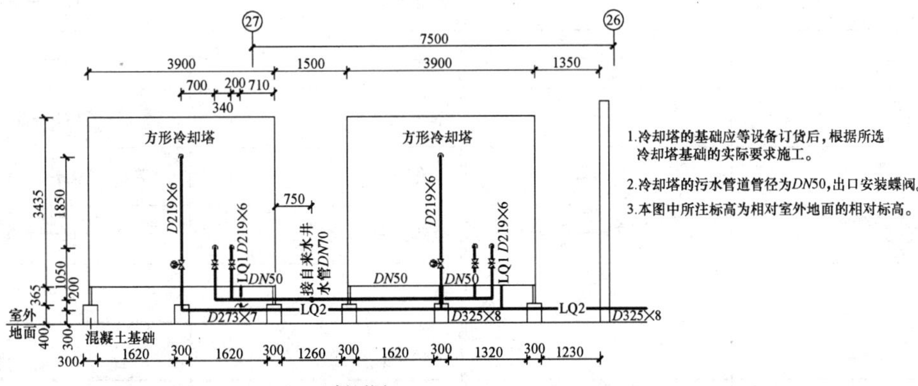

A—A剖面图 1:50

图 6-17 冷却塔安装大样图

接（结合 A—A 剖面），从分水器接出的冷热水管（管段 LN1，管径 $D273\times7$，标高 -1.60m）垂直向上 2.5m 后水平向北穿出机房。

(3) 补水系统　自来水从 N 轴和 8 轴相交处引入，管道（管径 *DN*70）水平向左与全自动钠离子交换器连接，处理后的水（管径 *DN*70，距地面 2.5m）再进入软化水箱（结合 C—C 剖面），水箱右侧下部接出水管（管径 *DN*70），分成两个支路分别与两台补水定压泵连接，水泵出水管汇合后的管道（管径 *DN*70，标高 -3.0m）与水箱顶部出水管汇合后，接入冷热水系统，进行补水定压。

此外，板式换热器还与锅炉房供回水管连接。分水器和集水器之间连接电动二通阀，根据供回水管压差实现冷热水系统的变流量控制。

4. 冷却塔详图

冷却塔安装平面图、基础平面图以及剖面图如图 6-17 所示，图中粗实线为管路和基础轮廓，细实线为设备轮廓。冷却塔详图主要表达了冷却塔以及连接管道的空间布置和定位情况，其阅读方法和前面介绍的平面图、剖面图阅读方法相同。

6.5　某直燃机房施工图解读

某直燃机房施工图如图 6-18 ~ 图 6-23 所示。限于篇幅，图样目录和设计施工说明略去，图例见表 6-7。

表 6-7　图例

名　称	图　例	名　称	图　例
冷冻水供水管	—— L1 ——	冷冻水回水管	—— L2 ——
冷却水供水管	—— LQ1 ——	冷却水回水管	—— LQ2 ——
锅炉供水管	—— GL1 ——	锅炉回水管	—— GL2 ——
补水管	—— b ——	软化水管	—— r ——
膨胀管	—— p ——	冷却塔	LT—
直燃机组	L—	常压热水锅炉	GL—
板式换热器	HR—	冷冻水泵	B—
冷却水泵	b—	锅炉循环泵	BG—
补水泵	bb—	软化水器	RH—
真空脱气机	ZT—	全程水处理仪	JZ—
排风机	P—	送风机	S—
漏斗	（图形符号）	浮球阀	（图形符号）
水泵	（图形符号）	水量开关	F（图形符号）

（续）

名　　称	图　　例	名　　称	图　　例
压力表		温度计	
温度传感器	T	压力传感器	P
流量传感器	F	自动排污过滤器	
软接头		平衡阀	
止回阀		闸阀	
电动调节阀	M	电动蝶阀	
蝶阀		截止阀	
风管软接头		排烟放火阀（280℃熔断）	280℃
天圆地方		消声静压箱	
双层可调节百叶风口		风管剖面	
风机			

1. 系统原理

该机房内冷热水系统的工作原理如图 6-18 所示，可以看出夏季由五台直燃机组提供冷水，冬季由两台热水锅炉提供热水，全年生活热水也由锅炉提供。该空调系统包括冷却水系统、冷冻水系统、热水系统和补水系统。

图中左侧为冷却水系统，其流程如下：从冷却塔（五台并联）出来的冷却水（管路代号 LQ1）通过冷却水循环泵（五台并联）送入直燃机组（五台并联），在冷凝器（代号 C）中换热后水温升高，冷却水（管路代号 LQ2）再回到冷却塔降温。

图中部为冷冻水系统，其流程如下：夏季来自空调用户的回水（管路代号 L1）依次经过真空脱气机和全程水处理器的处理后，通过冷冻水循环泵（五台并联）送入直燃机组，经蒸发器（代号 E）降温后的冷冻水（管路代号 L2）再输送到各空调用户。

图中右上侧为热水系统，其流程如下：从板式换热器出来的一次水回水（管道代号 GL1）通过锅炉循环泵（两台并联）送入热水锅炉（两台并联）进行加热，从锅炉出来的一次水供水（管道代号 GL2）再回到换热器对二次水进行加热；板式换热器的另外两个接口与用户侧的供回水管（二次水）连接。

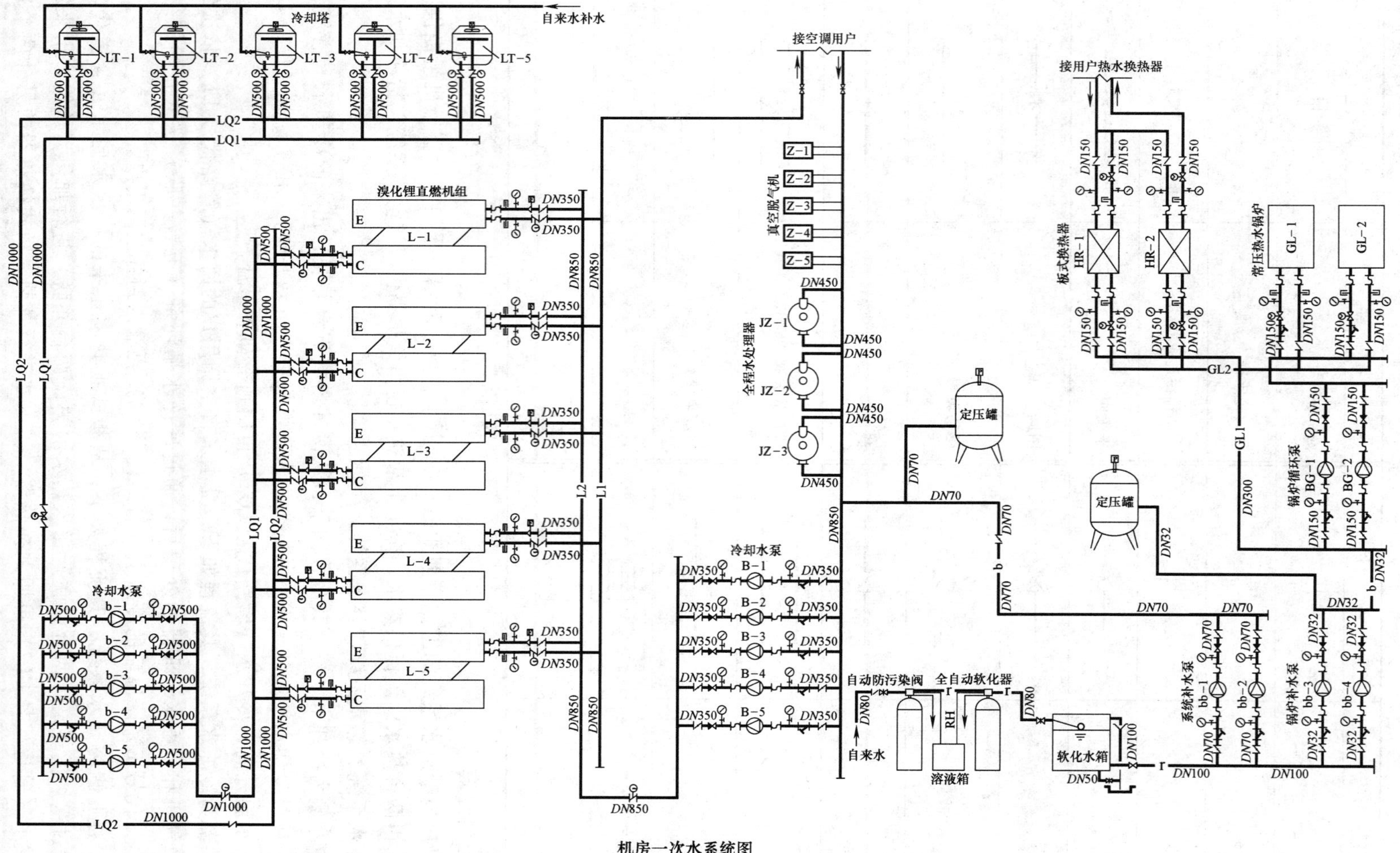

图 6-18 直燃机房水系统图

图中右下侧为补水系统（管道代号 b），其流程如下：自来水经过全自动软水器处理后，进入软化水箱，再通过系统补水泵（两台并联）和定压罐对冷冻水系统进行补水定压，通过锅炉补水泵（两台并联）和定压罐对热水系统进行补水定压；冷冻水系统补水点设在冷冻水泵吸入口管段上，而热水系统补水点设在锅炉循环泵吸入口管段上。

2. 设备布置

机房设备平面图（如图 6-19 所示）反映了该机房内主要设备的布置情况，包括设备的编号、台数、大小和定位尺寸，图中粗实线为设备轮廓线。按照从上到下、从左往右的顺序，该机房布置了两台锅炉循环泵、冷冻水系统定压罐、软水器、软化水箱、两台锅炉补水泵、两台系统补水泵、热水系统定压罐、两台常压热水锅炉、五台溴化锂直燃机组、两台板式换热器、五台冷冻水循环泵、五台冷却水循环泵、三台全程水处理器、五台真空脱气机。所有设备的大小和定位尺寸都标注在了图中。部分设备高度方向的尺寸可以从剖面图（如图 6-21 所示）中获得。

3. 管道布置

机房管道平面图（如图 6-20 所示）和机房剖面图（如图 6-21 所示）反映了该机房内管道的布置以及管道与设备的连接情况。图中粗实线为管路，细实线为设备及其基础轮廓线，所有标高均以机房室内地面为 ±0. 000。读图时以平面图为主，剖面图为辅，弄清楚四个水系统中管道的空间走向。

（1）热水系统　热水系统的设备和管道都布置在机房的西侧，结合管道平面图和Ⅲ-Ⅲ剖面图可以看出：从两台板式换热器出来的热水管道汇合后，管道（代号 GL1，管径 *DN*300，标高 3. 20m）水平向北铺设然后接一个三通，一端和补水管（代号 b，管径 *DN*32）连接，另一端接热水管水平向西铺设，分出一个支管（管径 *DN*32）与定压罐连接，热水管继续向西铺设到达锅炉循环泵的上空（标高 3. 20m），然后分出两根垂直向下的支管（安装了 Y 形过滤器），分别与两台水泵顶端的吸入口连接，水泵的出水口设在右端（Ⅲ-Ⅲ剖面图），两台水泵连接的出水管（安装了止回阀）垂直向上在标高 3. 20m 处汇合，汇合后的管道（管径 *DN*300，标高 3. 20m）水平向西铺设，在连接两个 90°弯头后水平向东，经过除污器后水平管道上分出两根垂直向下的支管（管径 *DN*150），分别与两台锅炉下部的进水口连接（Ⅲ-Ⅲ剖面图），加热后的热水从锅炉顶部左侧的出水口送出，与出水口连接的两根热水支管先垂直向上，在标高 3. 20m 处再水平向南，然后垂直向上在标高 4. 70m 处汇合，汇合后的管道（代号 GL2，管径 *DN*300，标高 4. 70m）水平向南铺设，最后与板式换热器连接。

（2）冷冻水系统　冷冻水系统中的冷水在空调用户和直燃机组之间循环，因此，首先要找到与空调用户连接的供回水干管，该机房是设置在化验室北侧的管井中，从左往右第一根管道是从空调用户回来的冷水管（代号 L1，管径 *DN*850，标高 4. 70m），第二根是从直燃机组出来的冷冻水管（代号 L2，管径 *DN*850，标高 3. 30m），向空调用户输送冷水。从空调用户回来的冷水开始，顺着水的流动方向，结合管道平面图和Ⅰ-Ⅰ剖面图，就可以弄清楚管道的空间布置及其管径、定位尺寸和标高，这里不再详细解读。

（3）冷却水系统　冷却水系统中的冷水在冷却塔和直燃机组之间循环，因此，首先要找到与冷却塔连接的供回水干管，同样是设置在化验室北侧的管井中，从左往右第三根管道是从冷却塔回来的冷水管（代号 LQ1，管径 *DN*1000，标高 4. 70m），最后一根是从直燃机组出

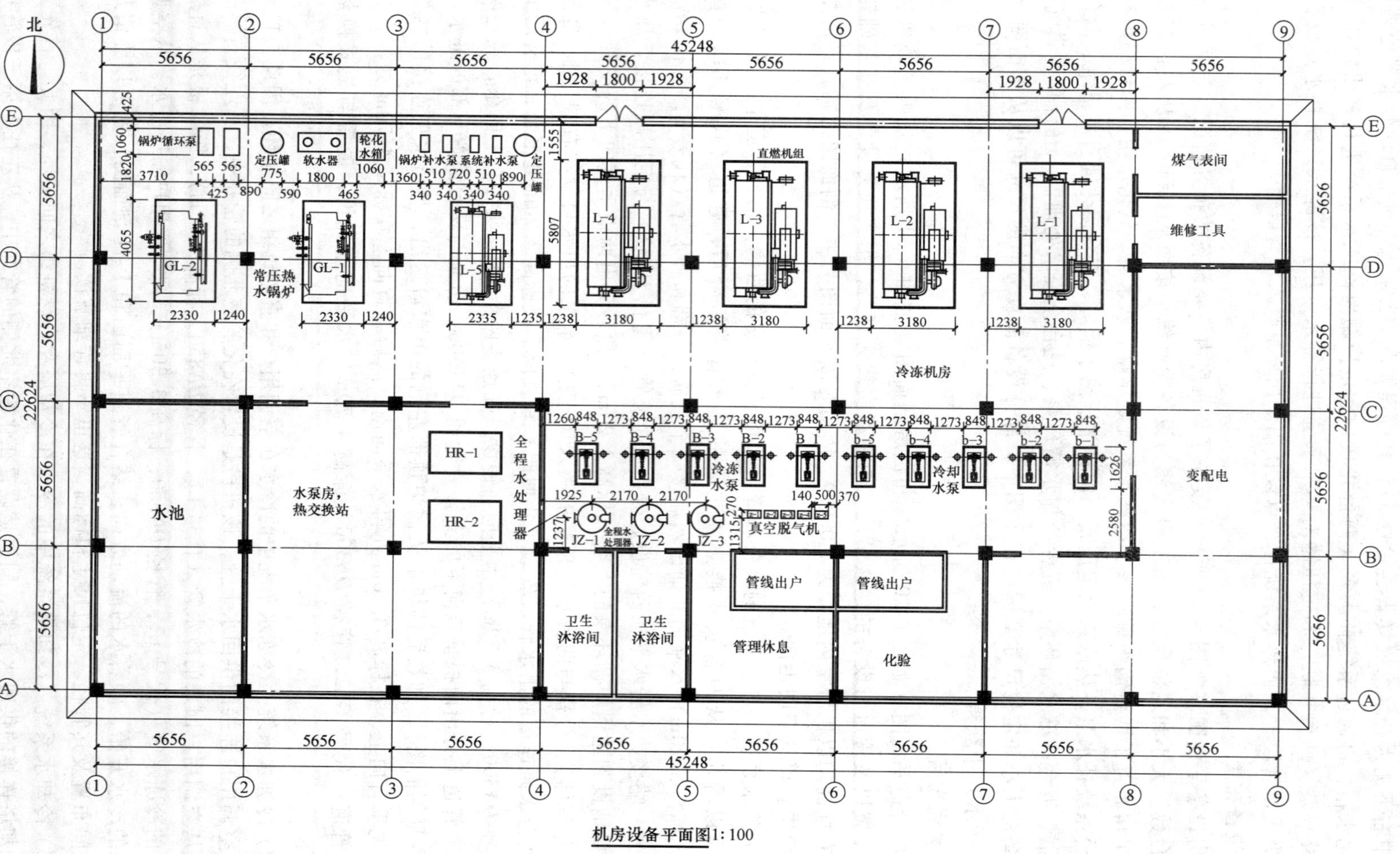

图 6-19 直燃机房设备平面图

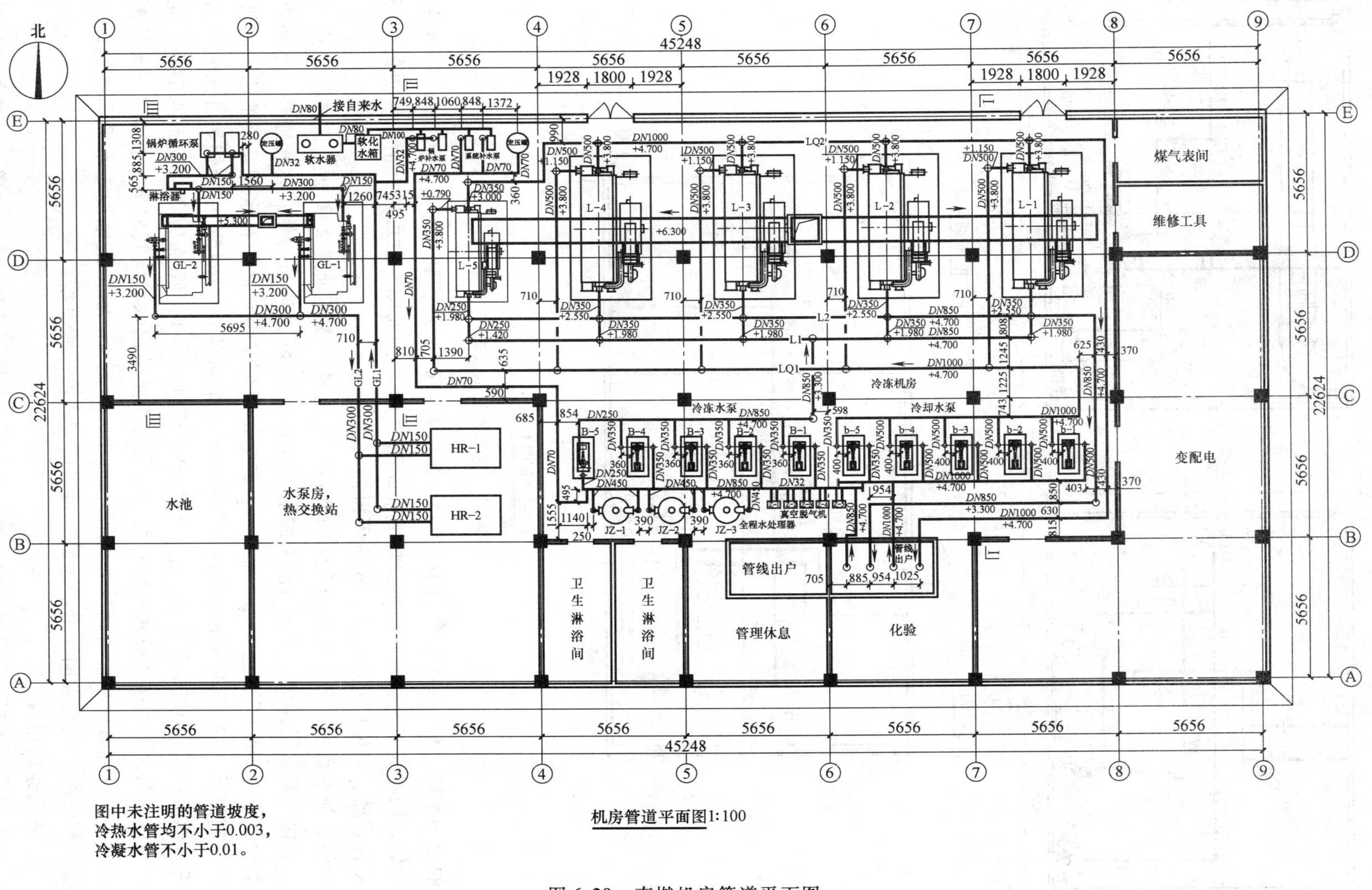

图中未注明的管道坡度，冷热水管均不小于0.003，冷凝水管不小于0.01。

图 6-20　直燃机房管道平面图

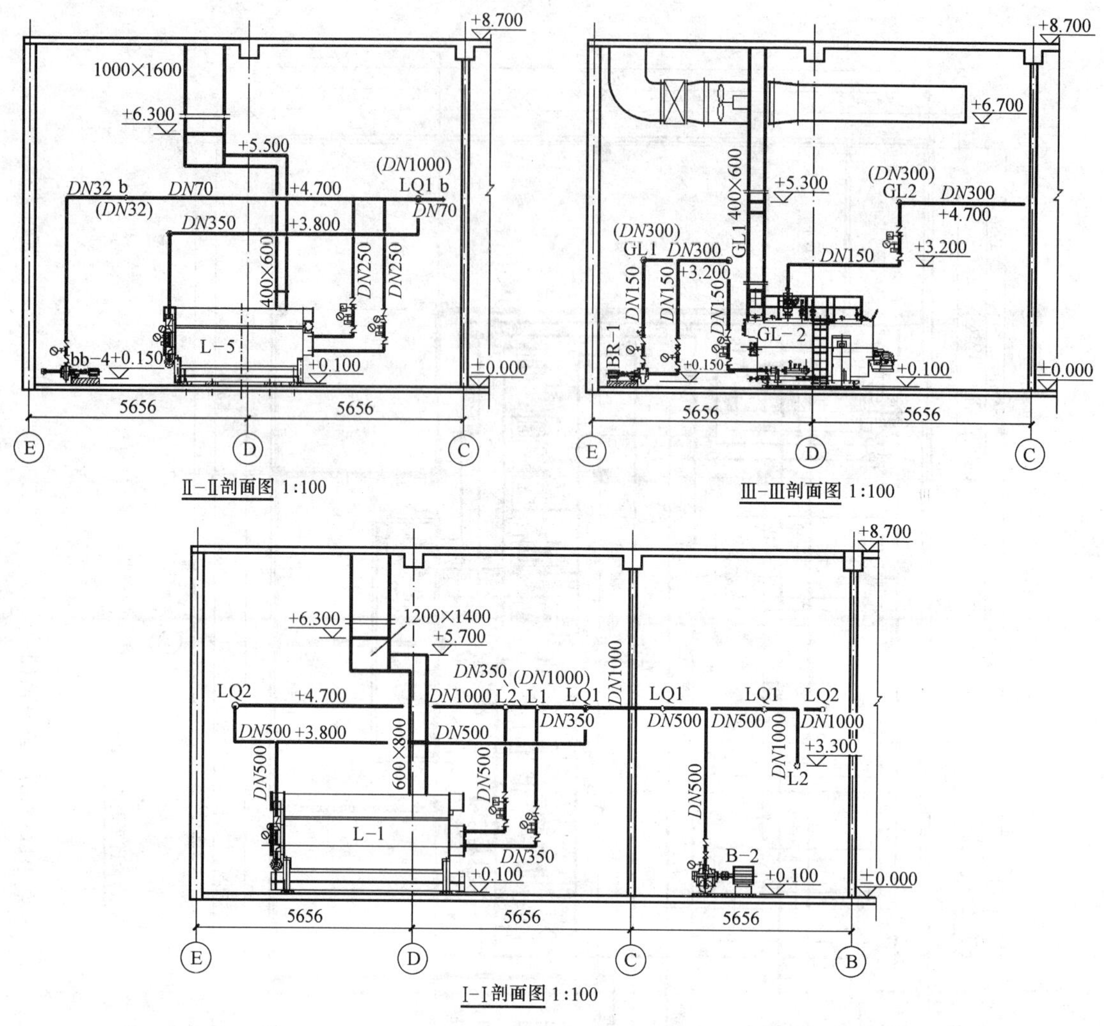

图 6-21 直燃机房剖面图

来的冷却水管（代号 LQ2，管径 *DN*1000，标高 4.70m），将回到冷却塔。从冷却塔回来的冷水开始，顺着水的流动方向，结合管道平面图和 Ⅰ-Ⅰ 剖面图，就可以弄清楚管道的空间布置及其管径、定位尺寸和标高，这里不再详细解读。

（4）补水系统 自来水管（管径 *DN*80）从北侧外墙（轴线 2 和轴线 3 之间）进入机房，直接与软水器连接，软水器出来的水管（管径 *DN*80）向东与软化水箱连接，水箱出来的水管（管径 *DN*100）继续向东铺设，首先分出两个支管与锅炉补水泵左端的吸入口连接（Ⅱ-Ⅱ 剖面图），然后再分出两个支管与系统补水泵的吸入口连接；两台锅炉补水泵的出水管垂直向上在标高 4.7m 处汇合，汇合后的补水管（代号 b，管径 *DN*32，标高 4.70m）先水平向南再向西，然后接入热水系统；两台系统补水泵的出水管垂直向上在标高 4.7m 处再水平向南，汇合后的补水管（代号 b，管径 *DN*70，标高 4.70m）沿轴线 3 水平向南铺设，在轴线 3 和轴线 C 相交处向东沿墙铺设，再向南接入冷冻水系统。

4. 机房通风空调

图 6-22 所示为机房内通风空调系统的平面图，反映了通风设备、风管、风口等的平面位

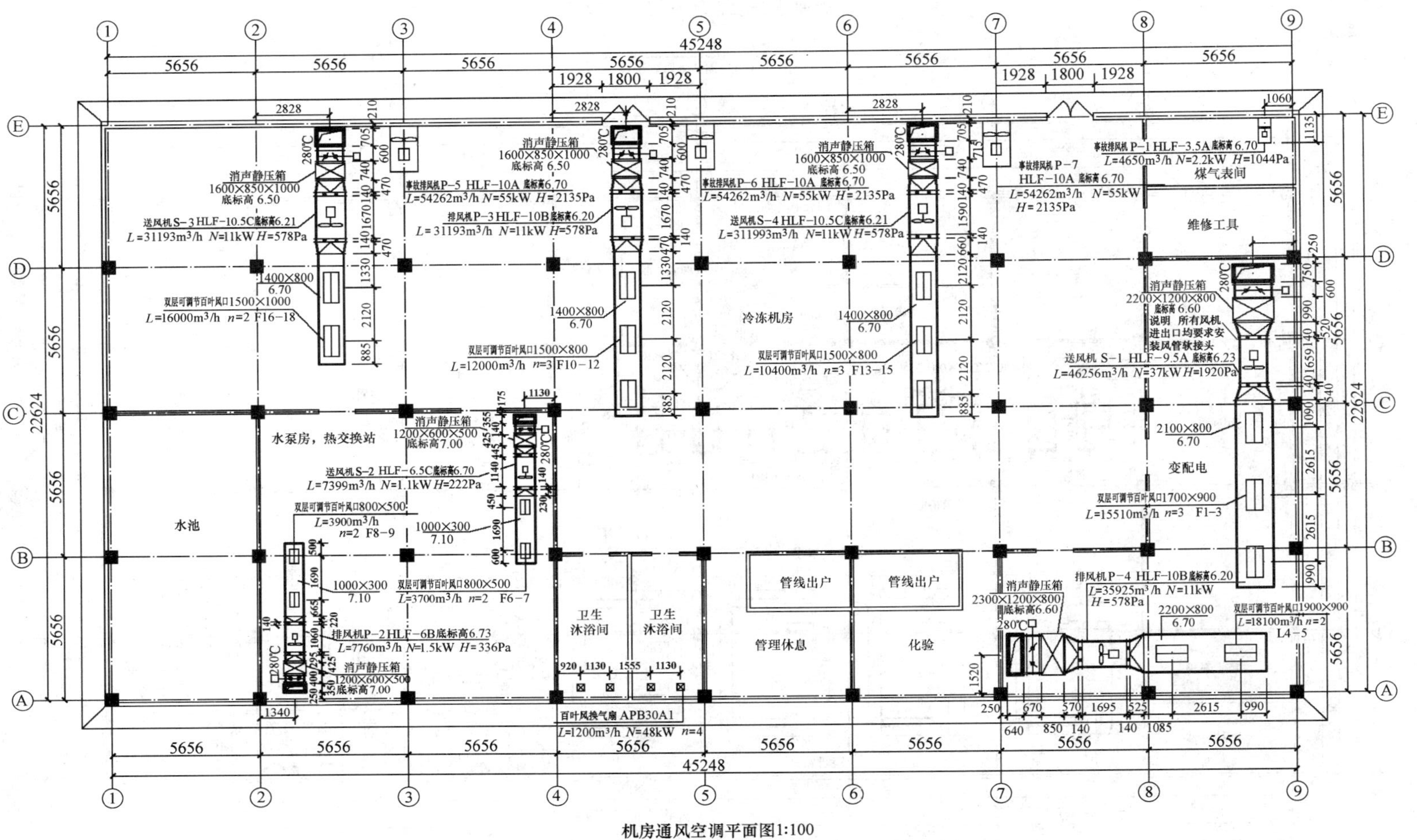

机房通风空调平面图1:100

图 6-22　直燃机房通风空调平面图

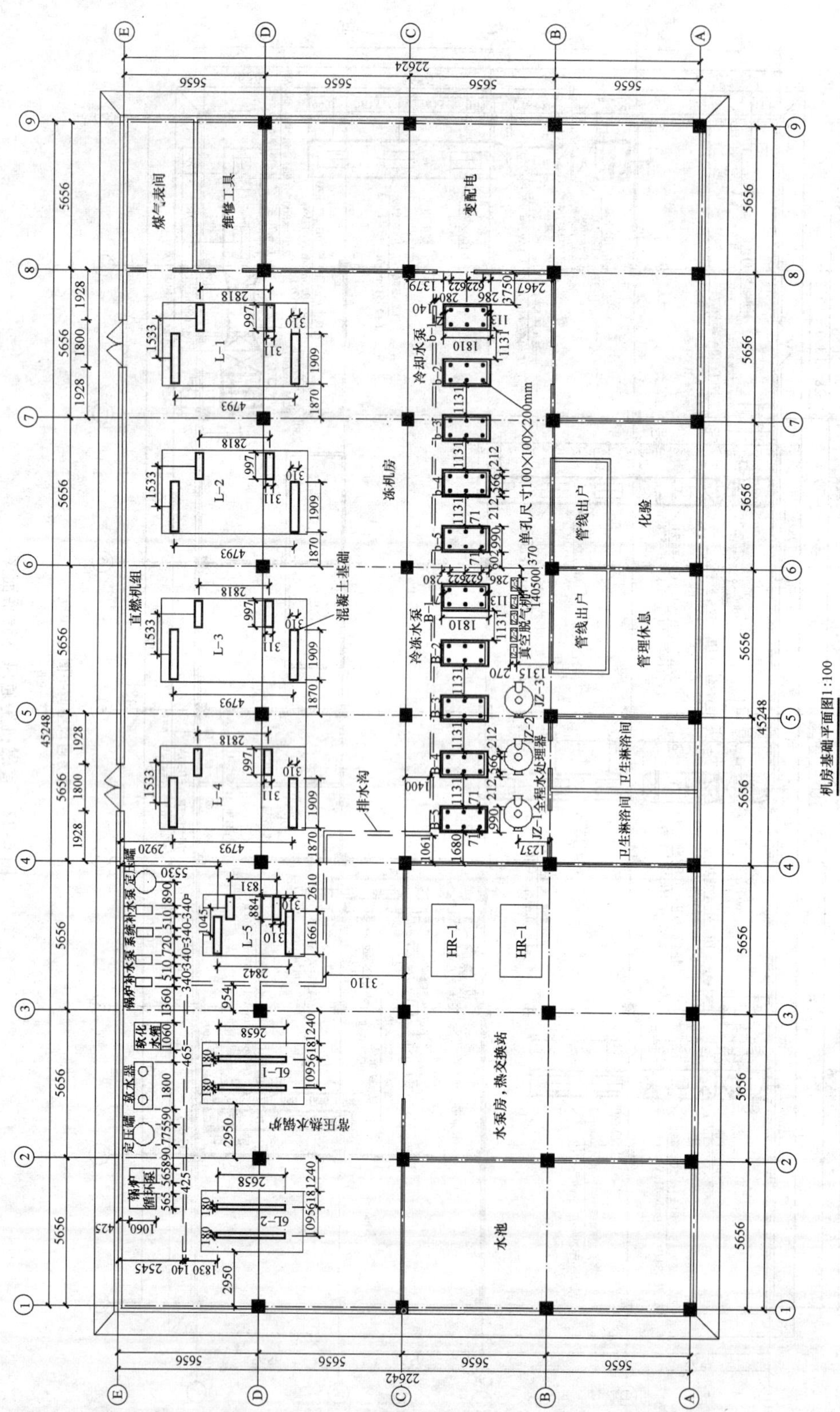

图 6-23　直燃机房基础平面图

置、型号及其与建筑之间的相互关系。图中通风管道用中实线双线绘制，标高均指风管底部标高。从图中可以看出，该机房的通风包括 4 个送风系统、3 个排风系统以及事故通风系统，具体的解读方法可以参考第 5 章。

5. 机房设备基础

图 6-23 所示反映了该机房内主要设备基础的布置情况，以及基础的大小和定位尺寸。图中粗实线为基础轮廓，细实线为设备轮廓线，所有标高均以首层室内地面为 ±0.000。再结合剖面图可知，锅炉、直燃机组、冷冻水泵和冷却水泵的基础高 0.1m，而补水泵和锅炉循环泵的基础高 0.15m。

6.6　某燃气锅炉房施工图解读

某燃气锅炉房施工图如图 6-24 ~ 图 6-28 所示。限于篇幅，图样目录和设计施工说明略去，图例和主要设备见表 6-8 和表 6-9。

表 6-8　图例

名　称	图　例	名　称	图　例
蒸汽管	—— Z ——	凝结水管	—— N ——
锅炉给水管	—— S ——	软化水管	—— SR ——
排溢水管	—— X ——	定期排污管	—— P1 ——
自来水管	—— G ——	放气管	—— AQ ——
截止阀		法兰闸阀	
止回阀		快速排污阀	
水泵		排污消声器	
压力表		温度计	
放空管		安全阀	
法兰堵板			

表 6-9 主要设备表

编号	名称	规格及型号	单位	数量	备注
1	燃气锅炉	WSN2-1.25-Q	台	1	$Q=4t/h$ $P=1.25MPa$ $N=6.6kW$
2	燃气锅炉	WSN4-1.25-Q	台	1	$Q=2t/h$ $P=1.25MPa$ $N=6.6kW$
3	锅炉给水泵		台	2	随锅炉配套
4	软化水装置	LDZN-6	台	1	$Q=5.5\sim6.5m^3/h$ $N=0.6kW$ $H=220\sim3A$ 另购或随锅炉配套
5	软化水箱	$V=5m^3$ 2200×1800×1500(H)	台	1	钢板自制或随锅炉配套
6	排污降温池	2480×1480×1100(H)	台	1	国标 88S238(-)
7	烟囱	$D380$ $H=12m$	座	1	随锅炉配套
8	烟囱	$D500$ $H=12m$	座	1	随锅炉配套
9	分汽缸	$D400\times2060$	台	1	国标 92T907
10	分汽缸	$D400\times1870$	台	1	国标 92T907

1. 系统原理

图 6-24 所示反映了燃气锅炉房内各设备之间管路的种类、连接顺序、连接管径、设备工作原理等。该图中的主要设备有蒸汽锅炉、水处理相关设备、分汽缸等，主要管道有蒸汽管（Z）、凝结水管（N）、锅炉给水管（S）、定期排污管（P1）、自来水管（G），所包含的热力流程有锅炉给水处理流程、蒸汽流程和排污流程，具体流程如下：室外自来水总管（管径 $DN50$）分成两个支路，一路（管道代号 G，管径 $DN32$）接入排污降温池，另一支管（管径 $DN40$）与软化水装置 4 连接，处理后的水接入软化水箱 5，通过两台循环水泵 3 将给水（管道代号 S，管径分别为 $D48\times3.5$ 和 $D42.3\times3.25$）分别输送到锅炉 1 和锅炉 2，软化水在锅炉内被加热后变成蒸汽，通过设在锅炉上方的蒸汽管道（管道代号 Z，管径分别为

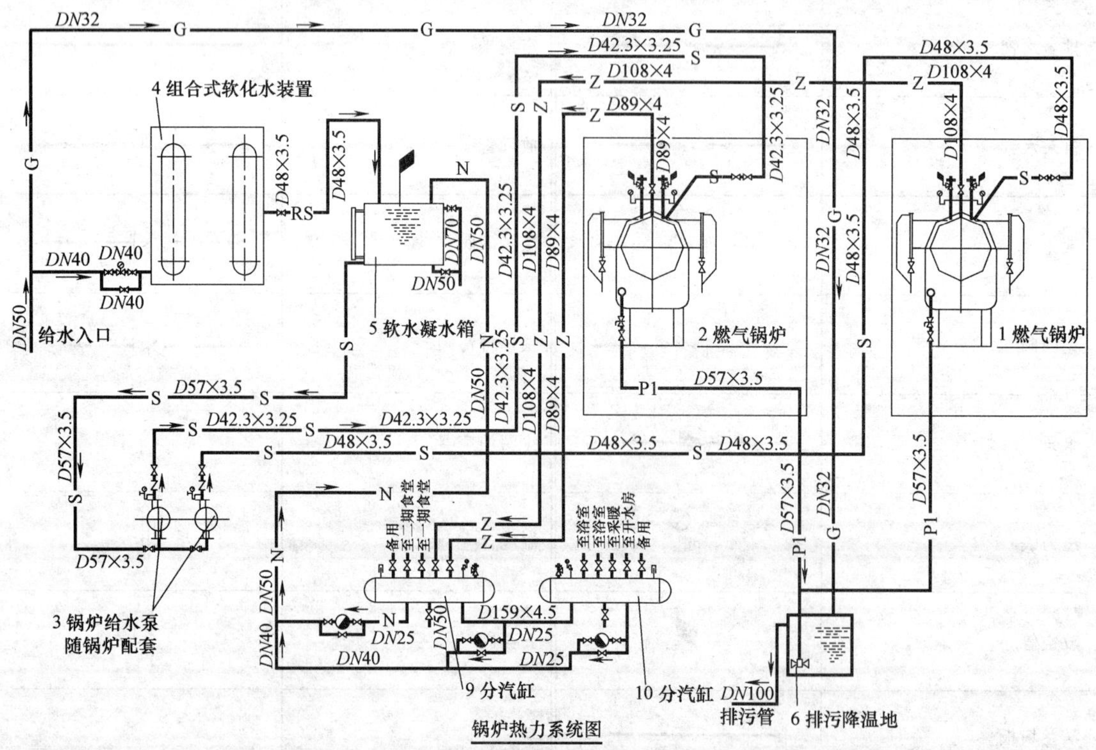

图 6-24 锅炉热力系统图

$D108\times4$ 和 $D89\times4$）接至分汽缸 9，从分汽缸上的蒸汽管将蒸汽分配到食堂和分汽缸 10，分汽缸 10 再将蒸汽分配到浴室、开水房和采暖系统，分汽缸下部设置疏水器，凝水通过管道（管道代号 N，管径 $DN50$）输送到软化水箱 5。此外，每台锅炉设一个排污口，每根排污管（代号 P1）的管径均为 $D57\times3.5$，两根排污管合并后接入排污降温池 6。

2. 设备布置

锅炉房设备平面图（如图 6-25 所示）反映了主要设备的布置情况，图中粗实线为设备

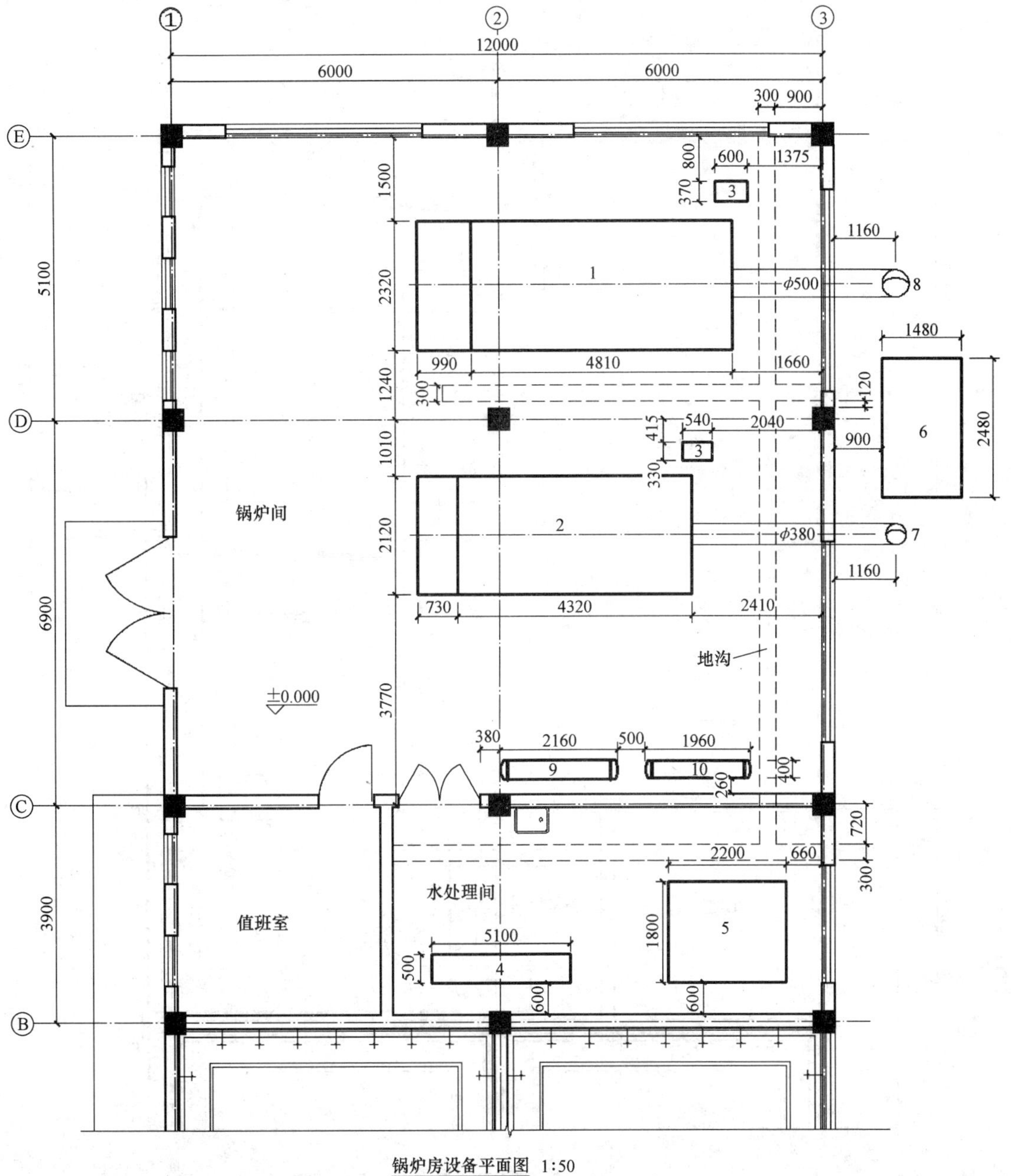

图 6-25　锅炉房设备平面图

轮廓线。该锅炉房由锅炉间、水处理间和值班室组成，锅炉间大门设在左侧。在轴线 D 和轴线 E 之间安装锅炉 1，轴线 C 和轴线 D 之间安装锅炉 2，在锅炉本体的侧面安装水泵 3，分汽缸 9 和 10 靠锅炉间的南墙布置，软化水装置 4 和软化水箱 5 布置在水处理间。锅炉 1 本体通过排烟管（管径 500mm）与室外烟囱 8 连接，锅炉 2 本体通过排烟管（管径 380mm）与室外烟囱 7 连接，两个烟囱之间设置排污降温池 6。所有设备的大小和定位尺寸都标注在了图中。

3. 管道布置

锅炉房管道平面图（如图 6-26 所示）反映了相关管道的布置以及管道与设备的连接情

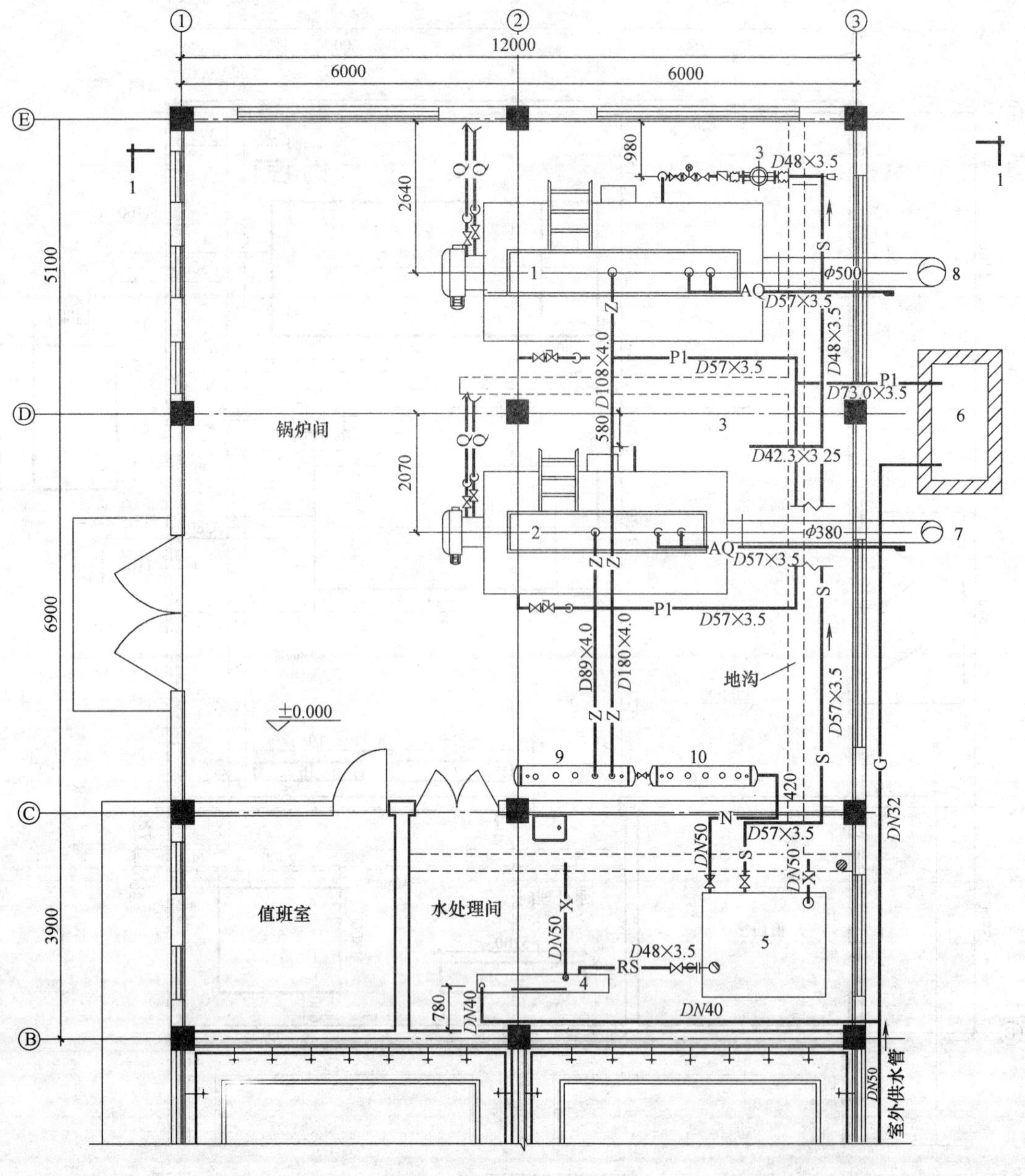

图 6-26 锅炉房管道平面图

况。图中粗实线为管路，细实线为设备轮廓线。读图时先了解管道种类及相关设备，然后查阅各种管道的引入点、接出点、管径等。

先看蒸汽管道（代号 Z），1 号锅炉本体中部引出的蒸汽管（管径 *D*108 ×4.0，表示管道外径 108mm，管壁厚 4mm）和 2 号锅炉本体中部引出的蒸汽管（管径 *D*89 ×4）向南铺设先后接入分汽缸 9 和 10（参见分汽缸大样图），从分汽缸出来的凝水管（代号 N，管径 *DN*50）向南铺设，穿墙进入水处理间后接入软化水箱。

室外自来水管（管径 *DN*50）从南侧引入，分成两个支路，一个支路（代号 G，管径 *DN*32）沿东外墙外侧水平向北铺设，接入排污降温池 6，另一个支路（管径 *DN*40）水平向西穿墙进入水处理间与软水器 4 连接，出来的软化水管（代号 RS，管径 *D*48 ×3.5）与软化水箱 5 连接，从软化水箱出来的给水管（代号 S，管径 *D*57 ×3.5）沿东外墙内侧向北铺设，依次分出两个支路（管径 *D*42.3 ×3.25 和 *D*48 ×3.5）分别与 2 号锅炉和 1 号锅炉北侧的水泵连接，通过水泵向两台锅炉供水。

每台锅炉南侧底部设有排污管（代号 P1，管径均为 *D*57 ×3.5），两管合并后（管径 *D*73.0 ×3.5）经室内地沟排至室外排污降温池 6。每台锅炉顶部各设有两根放气管（管径均为 *D*57 ×3.5），直接排入室外大气中。每台锅炉左侧端部各设有两根气管，与供气系统连接。此外，图中给出了 1-1 剖面图的剖切位置。

图 6-27 所示为锅炉房管道平面图中 1-1 剖切面对应的剖面图，可以看出层高 6.2m，室外地面比室内地面低 0.3m。锅炉左端连接两根气管（标高 4.7m）；顶部中间接一根蒸汽管（管径 *D*108 ×4，标高 4.0m）；顶部右侧连接两根放气管（管径 *D*57 ×3.5，标高 4.5m 和 4.25m），管的末端安装安全阀，阀后连接水平管段并引至室外。锅炉右端连接

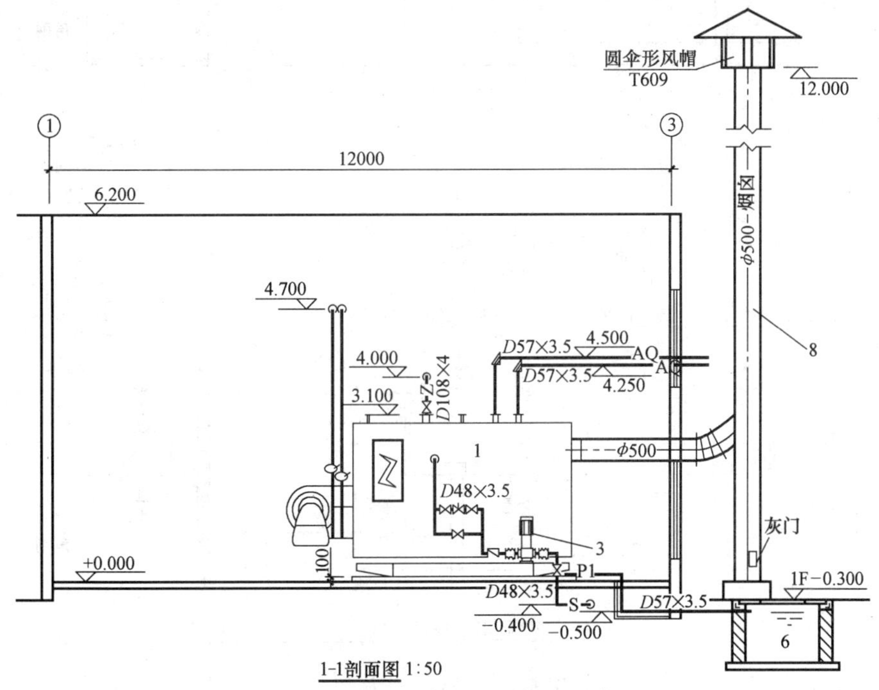

图 6-27　锅炉房剖面图

直径 500mm 的排烟管，再与室外烟囱 8（直径 500mm，高度 12m）连接，通过烟囱顶部的风帽将烟气排至室外。软化水管从锅炉底部（标高 -0.4m）引入，与锅炉 1 的给水泵 3 连接，水泵进水管（管径 *D*48 ×3.5）上依次设置阀门和软连接，水泵出水管（管径 *D*48 ×3.5）上依次设置软连接、压力表、止回阀、电动二通阀，出水管直接与锅炉本体连接进行供水。排污管（管径 *D*57 ×3.5）直接从锅炉底部引出，铺设在地沟内，最后排至室外的排污降温池 6 中。

4. 分汽缸大样图

图 6-28 所示反映了分汽缸 9 和分汽缸 10 的详细接管尺寸和标高。图中以地面的基准标高为准，分汽缸的中心高度均为 1000mm，汽缸的直接均为 400mm，汽缸底部均设有连通管（管径 *D*159 ×4.5）、排溢水管（管径 *DN*50）和疏水器连接管（管径 *DN*25）。9 号分汽缸上依次设有温度计、5 根接管、压力表以及安全阀，10 号分汽缸上依次设有安全阀、压力表、5 根接管以及温度计，管径和管间距均标注在图中。

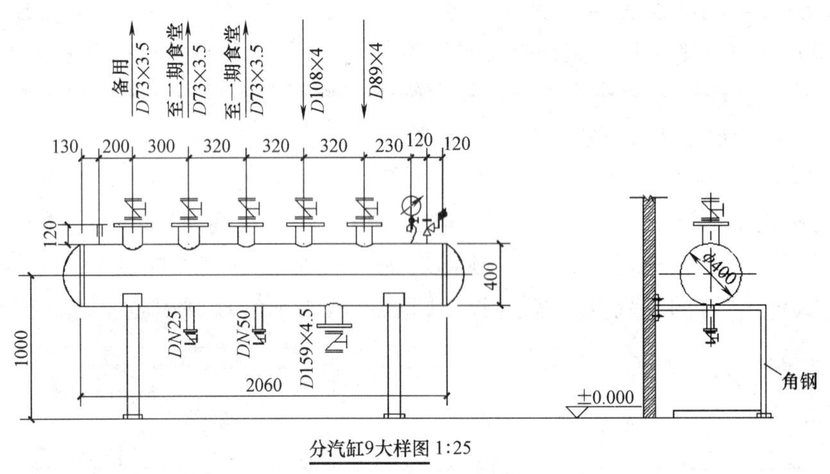

分汽缸9大样图 1:25

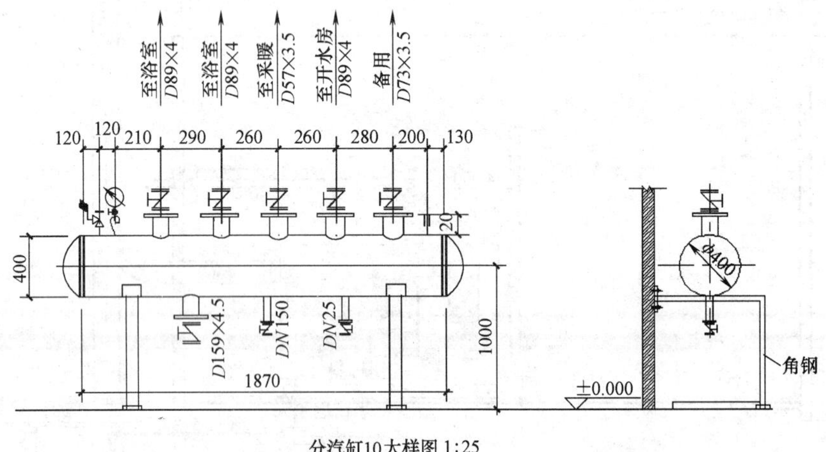

分汽缸10大样图 1:25

图 6-28 分汽缸大样图

第7章　燃气工程图

本章主要介绍燃气工程图的图示内容、表达特点以及阅读方法；在此基础上，对室内外燃气施工图进行详细解读。

7.1　燃气工程概述

城市燃气工程是向民用、商业及工业用户供应燃气作为炊事、热水、采暖空调和生产加工燃料的工程。城市燃气主要采用的燃气种类是天然气、液化石油气，某些中小城市目前还使用人工燃气。燃气工程通常包括三大部分：燃气生产、燃气输配和燃气燃烧与应用。

1. 城市燃气输配系统

城市燃气输配系统是负责将城市燃气从气源处输送到民用、商业和工业各个用户，保证用户安全可靠用气的系统。城市燃气输配系统是使城市千家万户安全可靠用上燃气的关键，是燃气工程核心部分之一。

我国城市燃气管网根据燃气管道的输气压力可分为：

1）低压燃气管道：$p<0.01\text{MPa}$

2）中压B燃气管道：$0.01\text{MPa}<p\leqslant0.2\text{MPa}$

3）中压A燃气管道：$0.2\text{MPa}<p\leqslant0.4\text{MPa}$

4）次高压B燃气管道：$0.4\text{MPa}<p\leqslant0.8\text{MPa}$

5）次高压A燃气管道：$0.8\text{MPa}<p\leqslant1.6\text{MPa}$

6）高压B燃气管道：$1.6\text{MPa}<p\leqslant2.5\text{MPa}$

7）高压A燃气管道：$2.5\text{MPa}<p\leqslant4.0\text{MPa}$

居民用户和小型商业用户一般直接由低压管道供气。中压B和中压A管道必须通过区域调压站或用户专用调压站才能给大型商业或工厂企业用户供气。不同级别管网通过调压站相连。一般由城市高压B或A燃气管道构成大城市输配管网系统的外环网。市区敷设次高压、中低压管道。城市燃气系统中各级压力的干管，特别是中压以上的管道，应连成环网，初建时也可以是半环形或枝状管道，但应该逐步连成环网。

城市燃气管网系统根据所采用的管网压力机制可分为：

1）一级系统：仅用低压管网来分配和供给燃气，一般只适用于小城镇的供气。

2）两级系统：由低压和中压两级管道组成。

3）三级系统：包括低压、中压和次高压三级管网。

4）多级系统：由低压和中压、次高压和高压管道组成。

图7-1所示是某大城市的燃气三级管网系统。图中的燃气管网系统，由低压、中压和高压管网组成，气源是来自长输管线的天然气（或者是高压的人工燃气），由建造在城市双侧的高压储气罐储气。郊区次高压管道形成半环形，从城市两侧供给次高压气。次高压和中压管网呈环形。次高、中压以及中、低压管线间由调压器连接，中低压调压器数目很多，图中

没有显示。低压管线连接居民用户。工业用户和大型商业用户可通过调压器与中压管线相连。

2. 建筑物内燃气供应

建筑燃气供应系统的构成，随城市燃气系统的供气方式不同而有所变化。图7-2所示燃气系统，是连接在城市燃气管网系统低压管道上某一用气建筑的室内燃气系统。该系统由用户引入管、干管、立管、用户支管、燃气计量表、用具连接管和燃气用具所组成。用户引入管与城市或庭院低压管道相接，在分支管处设阀门。

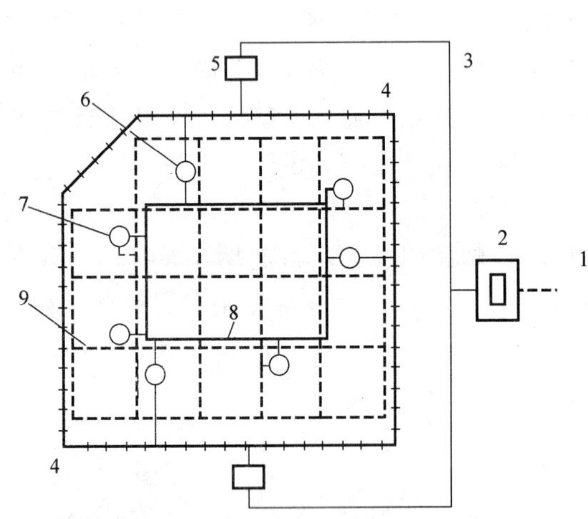

图7-1 城市燃气三级管网系统示意图

1—长输管线 2—燃气分配站 3—郊区高压管 4—高压管网 5—储气罐站 6—高中压调压站 7—中低压调压站 8—中压管网 9—低压管网

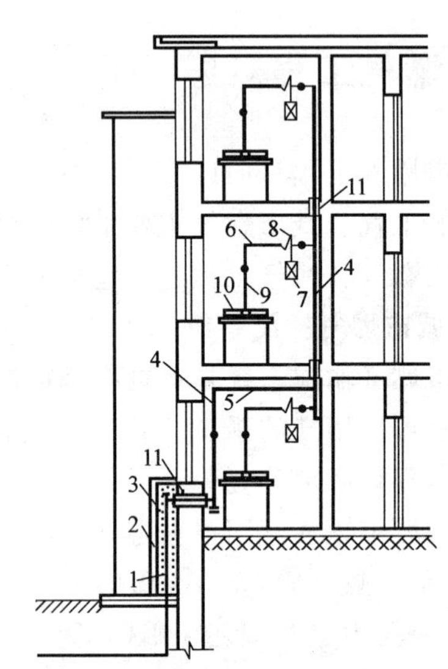

图7-2 建筑物内燃气供应系统

1—用户引入管 2—砖台 3—保温层 4—立管 5—水平干管 6—用户支管 7—燃气计量表 8—旋塞及活接头 9—用具连接管 10—燃气用具 11—套管

7.2 燃气工程图的特点及阅读方法

1. 管道表达

燃气工程图中用单线绘制燃气管道。管道规格的单位为毫米（mm）（通常省略不写），标注时应符合以下规定：

1）对于镀锌钢管等，用“*DN*公称直径”表示，如*DN*100。

2）对于无缝钢管、焊接钢管等，用“ϕ外径×壁厚”，如ϕ108×4。

管径尺寸标注的位置应注意：水平管道的管径尺寸应标注在管道的上方，垂直管道的管径尺寸应标注在管道的左侧，斜管道的尺寸应平行标注在管道的斜上方；当管径尺寸无法按上述位置标注时，可再找适当位置标注，但应用引出线示意该尺寸与管段的关系。管道所标注的标高一般表示管中心标高。管径和标高的标注可以参考前面章节中水管的标注方法。此外，在燃气系统图中除了标注管道尺寸和标高外，还应标出管段的长度（单位m）。燃气管道的标注如图 7-3 所示。

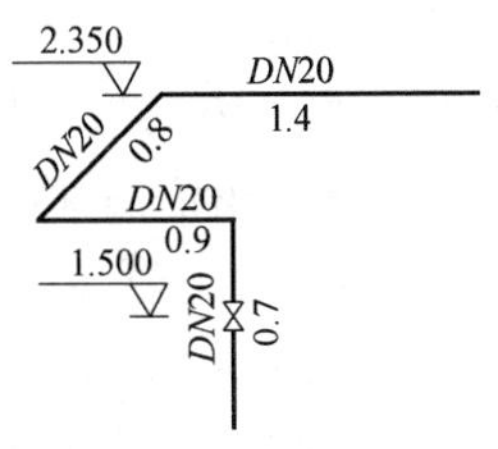

图 7-3　燃气管道的标注

2. 常用图例

燃气施工图中管件、设备常用图例见表 7-1。

3. 燃气工程图的阅读方法

燃气施工图包括图样目录、主要设备材料表、设计施工说明、庭院燃气管道平面图、室内燃气管道平面图、室内燃气管道系统图以及大样详图。图样目录和主要设备材料表的内容参见第 2.2 节。

表 7-1　管件、设备常用图例

名　称	图　例	名　称	图　例
燃气表		调压器	
双眼灶		壁挂炉	
管堵		活接头	
穿楼板加套管		穿墙加套管	
球阀		变径管	

（1）设计施工说明　设计施工说明是用文字对施工图上无法表示出来而又需要施工人员知道的内容予以说明，如工程规模、燃气种类、燃气用具情况、管道压力、管道材料、管道气密性检验方法、管道防腐方式和敷设方式、管道之间安全净距等，以及设计上对施工的特殊要求等。

（2）平面图　平面图分为室内燃气管道平面图和庭院燃气管道平面图。室内燃气管道平面图主要表示燃气引入管、立管和下垂管的位置，常用比例有 1:200、1:100、1:50。庭院燃气管道平面图主要表示室外燃气管道的平面分布、管道的走向，常用比例有 1:500、1:1000、1:10000 等。根据引入管引入位置的不同，施工图应分层表示。

对室内燃气管道平面图应重点阅读以下内容：

1）单元燃气管道引入管的位置、引入方法。

2）室内立管、下垂管的管径、位置和坡向等。

3）燃气表的安装位置及方式。

4）室内燃气用具的安装位置。

对庭院燃气管道平面图应重点阅读以下内容：

1）现状道路或规划道路的中心线及折点坐标。

2）燃气主管与市政燃气管道的连接位置和管径。

3）庭院管道的分布、管径、坡度，分支管道变径等。

4）阀门位置和调压设施的布置。

5）楼前管道的管径、管材，燃气管道与建筑物和其他主要管道、设备的间距。

（3）系统图　燃气系统图表示燃气管道的立体走向，用斜轴测投影绘制而成。燃气系统图所用比例通常为1:100或1:50，也可以不按比例绘制。识读系统图时，应将平面图和系统图结合对照进行，以弄清空间布置关系，重点阅读立管管径、支管管径、水平管道坡度、管道标高、活接头位置、套管位置等。

（4）详图　燃气工程详图主要包括管道穿墙、穿楼板大样图、燃气表安装详图等。

7.3 燃气施工图解读

7.3.1 某住宅楼室内燃气施工图解读

某六层住宅楼室内燃气工程的平面图、系统图和详图分别如图7-4～图7-7所示。限于篇幅，图样目录和设计施工说明略去。

1. 燃气管道平面图

图7-4、图7-5所示分别为住宅楼某单元的底层和标准层室内燃气管道平面图，从图7-4中可以看出：该单元有两套房间，分为两个燃气系统(1反)和①，两个系统完全对称。系统①的燃气引入管从北侧穿墙进入首层阳台，燃气管道沿墙布置进入厨房，在厨房的东北角与立管(A1)相连接，立管与每层的水平干管连接，干管的末端安装燃气表，从燃气表出来的用户支管沿北墙布置，在厨房西北角分成两个支路，北向支路为阳台的壁挂炉供气，南向支路为厨房双眼灶供气。燃气管道的空间走向以及管径和标高如图7-6所示。

2. 燃气管道系统图

图7-6所示为上述平面图中燃气系统①对应的系统图（也称轴测图）。该住宅楼的层高为2.8m，燃气立管前的干管标高以首层室内地面为基准，室内外高差是0.75m，立管后每层户内管道标高以该层室内地面为基准。系统图应结合平面图识读，从图中可以看出：引入管（无缝钢管$\phi57\times3.5$）从室外地下1.75m处引入，向南铺设2.0m后垂直向上进入室外砖台，在距首层地面0.3m处管道水平向南穿墙进入首层阳台，再垂直向上布置，管道上安装法兰球阀，阀后连接*DN*50的镀锌钢管，在距地面2.45m处沿阳台北外墙和东外墙水平铺设2.3m后，进入首层厨房。在厨房的东北角与室内立管(A1)相连接，立管与每层的水平干管连接，一～六层干管后的管道布置完全相同，图中只绘出了六层布置情况。水平干管（*DN*20）在距该层地面1.8m处从立管上引出，沿厨房东墙向南布置，依次安装球阀、调压器和活接头，再与燃气表连接，从燃气表出来的管道垂直向上0.5m后，沿厨房东墙和北墙

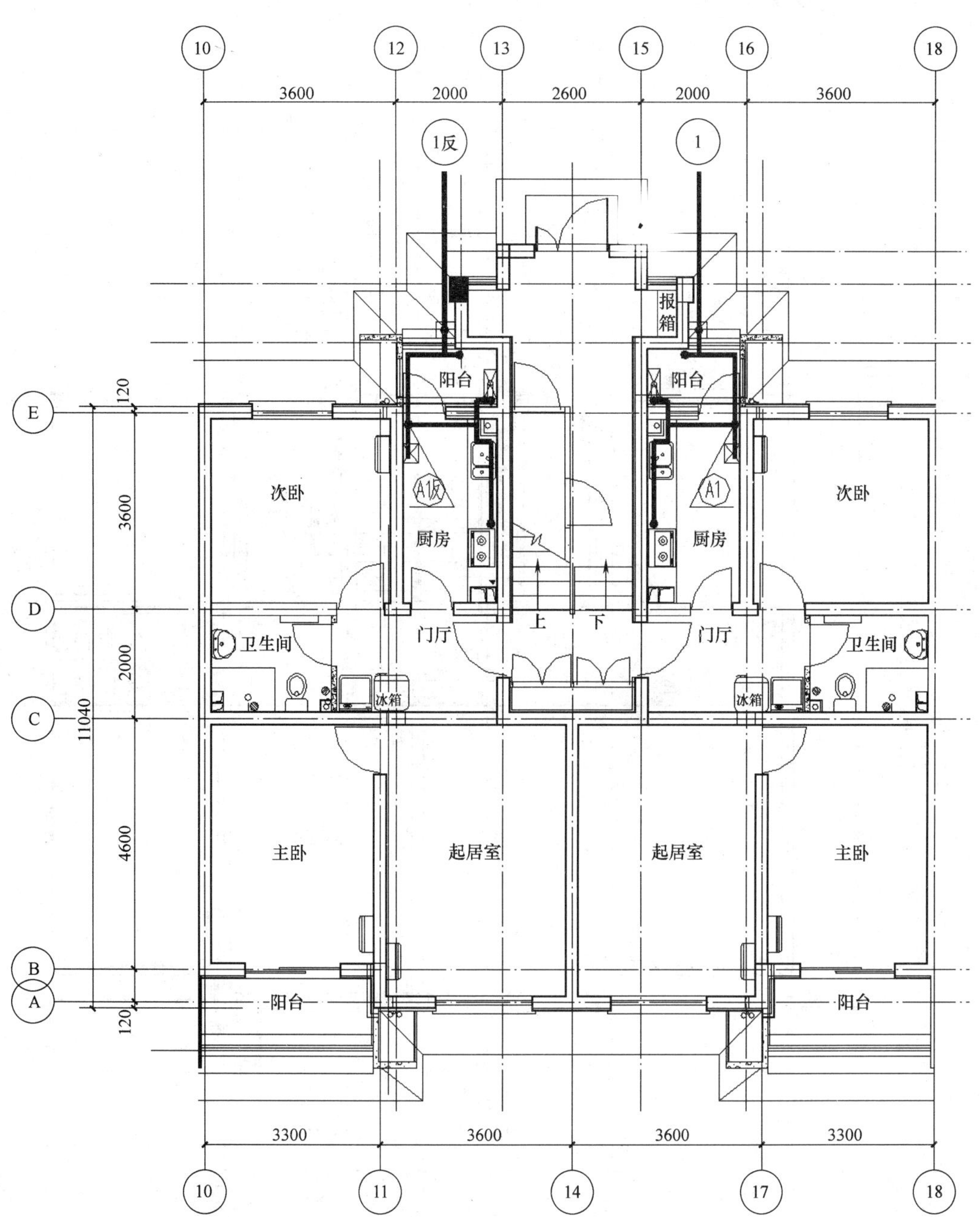

图 7-4　首层燃气管道平面图（部分）

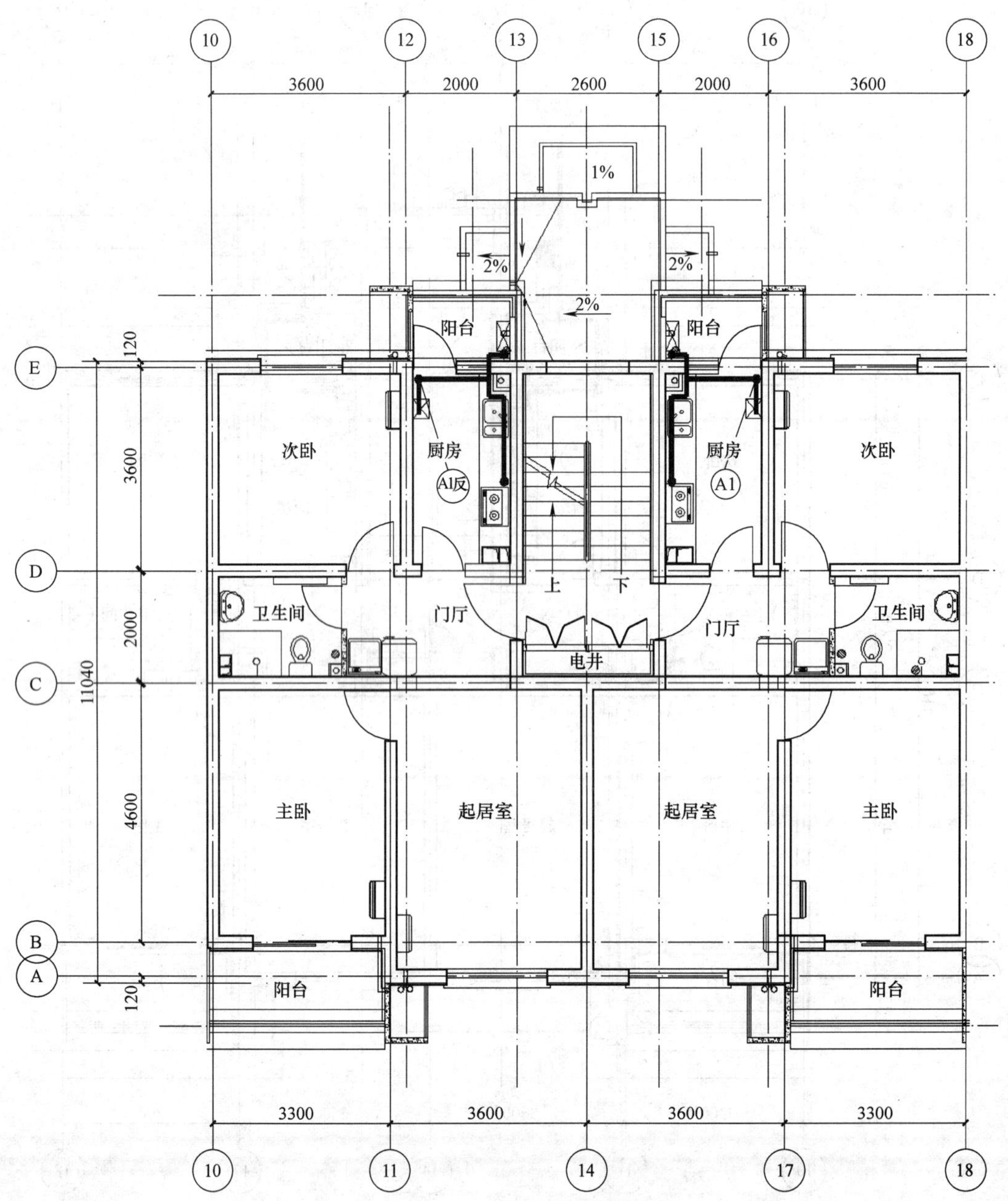

图 7-5 标准层燃气管道平面图（部分）

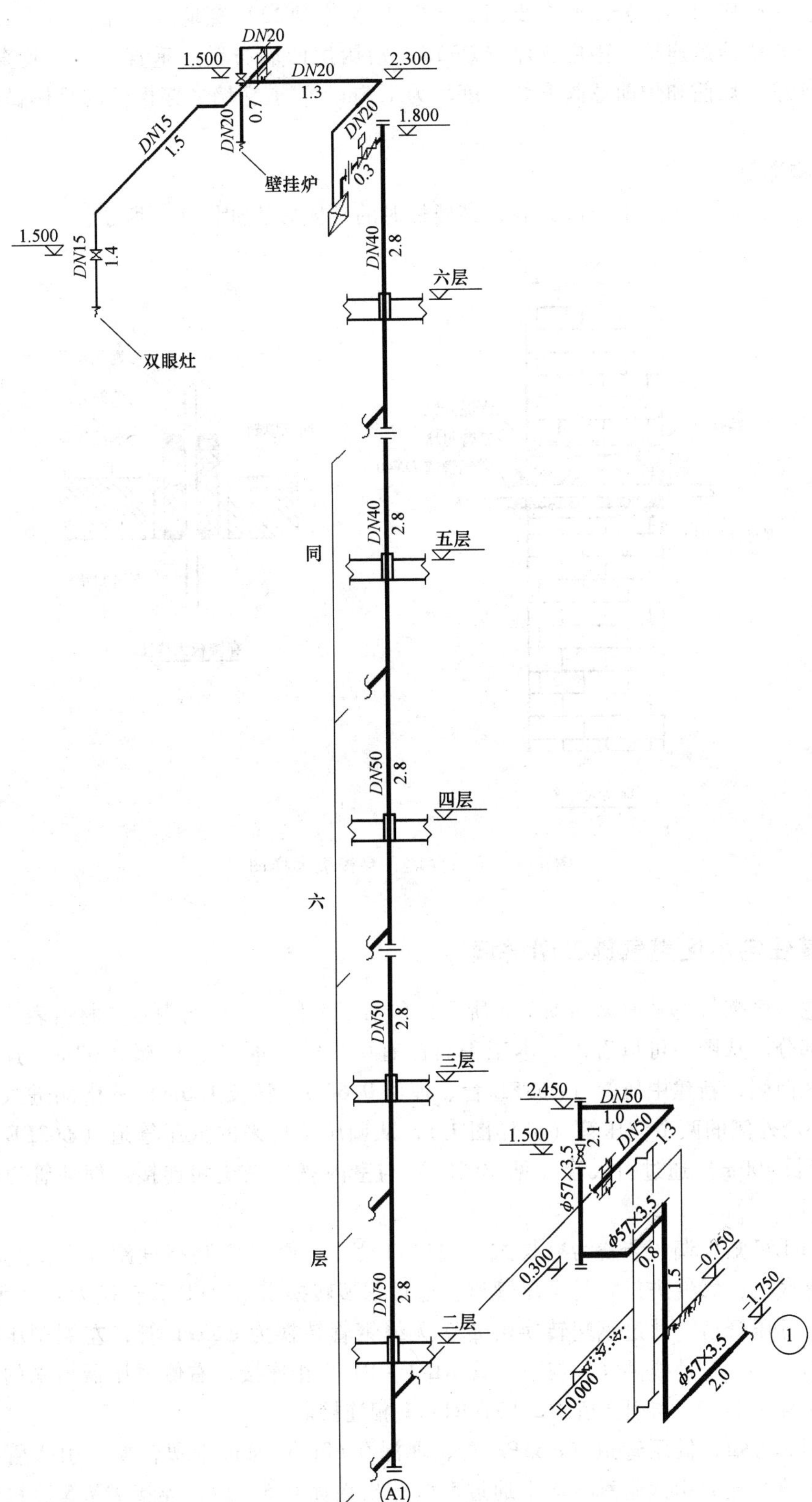

图 7-6　室内燃气管道系统图

水平敷设，在厨房西北角分成两个支路，北向支路（*DN*20）穿墙进入阳台后垂直向下，垂直管道末端与壁挂炉连接，南向支路（*DN*15）沿厨房西墙布置后垂直向下，垂直管道末端与双眼灶连接，灶前和炉前球阀安装高度均为1.5m。管道穿墙、穿楼板的具体做法如图7-7所示。

3. 大样详图

上述平面图和系统图中管道穿墙、穿楼板时的具体做法如图7-7所示。

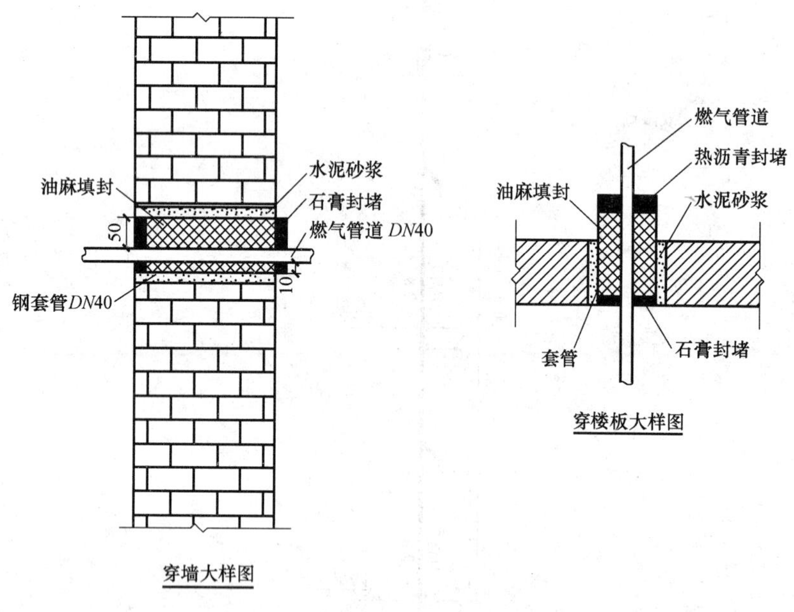

图7-7　管道穿墙、穿楼板大样图

7.3.2　某住宅小区燃气施工图解读

某住宅小区燃气总平面图如图7-8所示，包括了设计施工说明内容、材料表、总平面图和详图四部分。从图中可以看出：本工程与已有中压管（ϕ150，埋深0.62m）连接，接管处位于小区南侧，新建中压管（ϕ63PE管、埋深0.60m、管长120m）从南侧进入位于小区2号楼西外墙外侧的两个调压箱（见详图①），从调压箱出来的低压管道（ϕ63PE管、埋深0.60m、管长400m）通过引入管（见详图②）与室内燃气系统相连接。埋地管道的具体做法见断面图。

由详图①可知，调压装置为壁挂式，进出口设置球阀（安装高度距地面1.0m），连接方式是底进底出；燃气进口管是中压管道，通过钢塑转换由ϕ63PE管转换为ϕ57无缝钢管，燃气出口是低压管道，通过钢塑转换由ϕ57无缝钢管转换为ϕ63PE管；左侧调压器出来的低压管道为2、4、6号楼供气，与引入管RL-1～RL-9相连接，右侧调压器出来的低压管道为1、3、5号楼供气，与引入管RL-10～RL-21相连接。

由详图②可知，低压管道（ϕ63PE管、埋深0.60m）通过钢塑转换与引入管（ϕ32无缝钢管）垂直相连，引入管垂直向上通过套管穿出地面0.5m后，连接*DN*25镀锌钢管与室内燃气管道连接。

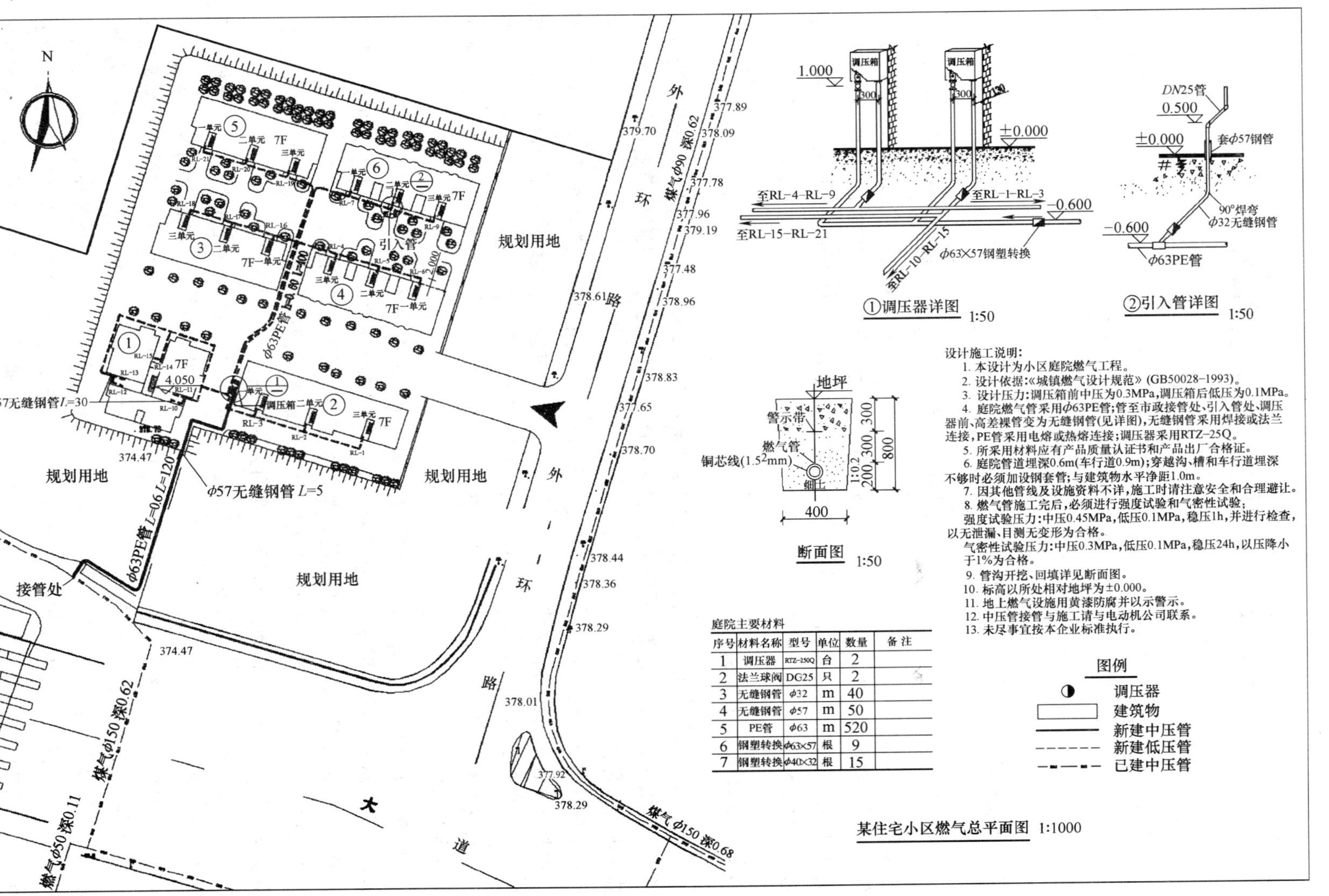

庭院主要材料

序号	材料名称	型号	单位	数量	备注
1	调压器	RTZ-250Q	台	2	
2	法兰球阀	DG25	只	2	
3	无缝钢管	φ32	m	40	
4	无缝钢管	φ57	m	50	
5	PE管	φ63	m	520	
6	钢塑转换	φ63×57	根	9	
7	钢塑转换	φ40×32	根	15	

图7-8 某住宅小区燃气总平面图

第 8 章　建筑电气工程图

建筑电气工程是建筑设备工程的重要组成部分，为建筑物提供能源、动力、照明、监控、防雷接地和信息传输。本章主要介绍各类建筑电气工程图的图示内容、表达特点以及阅读方法；在此基础上，对各类建筑电气工程图进行详细解读。

8.1　建筑电气工程图综述

电气工程的门类繁多，如果细分会有几十种。其中，我们常把电气装置安装工程中的照明、动力、变配电装置、35kV 及以下架空线路及电缆线路、桥式起重机电气线路、电梯、通信系统、广播系统、电缆电视、火灾自动报警及自动消防系统、防盗保安系统、空调及冷库电气装置、建筑物内计算机监测控制系统及自动化仪表等，与建筑物关联的新建、扩建和改造的电气工程统一称作建筑电气工程。

8.1.1　建筑电气图分类

建筑电气工程图是建筑电气工程施工、预决算的基本依据，也是学习、掌握建筑电气的必备知识。因此，阅读和绘制建筑电气工程图是建筑设备工程技术人员的重要技能之一。电气施工图可以分为：

（1）电气总平面图　电气总平面图是在建筑总平面图上表示电源及电力负荷分布的图样，主要表示各建筑物的名称或用途、电力负荷的装机容量、电气线路的走向及变配电装置的位置、容量和电源进户的方向等。通过电气总平面图可了解该项工程的概况，掌握电气负荷的分布及电源装置等。一般大型工程都有电气总平面图，中小型工程则由动力平面图或照明平面图代替。

（2）电气系统图　电气系统图是用单线图表示电能或电信号接回路分配出去的图样，主要表示各个回路的名称、用途、容量以及主要电气设备、开关元件及导线电缆的规格型号等。通过电气系统图可以知道该系统的回路个数及主要用电设备的容量、控制方式等。建筑电气工程中系统图用得很多，动力、照明、变配电装置、通信广播、电缆电视、火灾报警、防盗保安、计算机监控、自动化仪表等都要用到系统图。

（3）电气设备平面图　电气设备平面图是在建筑物的平面图上标出电气设备、元件、管线实际布置的图样，主要表示其安装位置、安装方式、规格型号数量及接地网等。通过平面图可以知道每幢建筑物及其各个不同的标高上装设的电气设备、元件及其管线等。建筑电气平面图用得很多，动力、照明、变配电装置、各种机房、通信广播、电缆电视、火灾报警、防盗保安、计算机监控、自动化仪表、架空线路、电缆线路及防雷接地等都要用到平面图。

（4）控制原理图　控制原理图是单独用来表示电气设备及元件控制方式及其控制线路的图样，主要表示电气设备及元件的起动、保护、信号、联锁、自动控制及测量等。通过控制原理图可以知道各设备元件的工作原理、控制方式，掌握建筑物的功能实现的方法等。控制原理图用得很多，动力、变配电装置、火灾报警、防盗保安、计算机监控、自动化仪表、电梯等都要用到控制原理图，较复杂的照明及声光系统也要用到控制原理图。

(5) 二次接线图（接线图）　二次接线图是与控制原理图配套的图样，用来表示设备元件外部接线以及设备元件之间的接线。通过接线图可以知道系统控制的接线及控制电缆、控制线的走向及布置等。动力、变配电装置、火灾报警、防盗保安、计算机监控、自动化仪表、电梯等都要用到接线图。一些简单的控制系统一般没有接线图。

(6) 大样图　大样图一般是用来表示某一具体部位或某一设备元件的结构或具体安装方法的，通过大样图可以了解该项工程的复杂程度。一般非标准的控制柜、箱，检测元件和架空线路的安装等都要用到大样图，大样图通常均采用标准通用图集。剖面图也是大样图的一种。

(7) 电缆清册　电缆清册是用表格的形式表示该系统中电缆的规格、型号、数量、走向、敷设方法、头尾接线部位等内容，一般使用电缆较多的工程均有电缆清册，简单的工程通常没有电缆清册。

(8) 设备材料表　设备材料表一般都要列出系统主要设备及主要材料的规格、型号、数量、具体要求或产地。但是表中的数量一般只作为概算估计数，不作为设备和材料的供货依据。

(9) 设计施工说明　设计施工说明主要标注图中交代不清或没有必要用图表示的要求、标准、规范等。

上述图样类别具体到工程上则根据工程的规模大小、难易程度等原因有所不同。其中，系统图、平面图、原理图是必不可少的，也是读图的重点，是掌握工程进度、质量、投资及编制施工组织设计和预决算书的主要依据。

此外，电气工程包括强电——电力和照明工程，弱电——各种信号和信息的传递和交换工程。强电系统包括变配电系统、动力系统、照明系统、防雷系统等，弱电系统包括通信系统、电视系统、建筑物自动化系统、火灾自动报警与灭火系统、安全防范系统等。因此，电气工程图也可以分为强电图样和弱电图样。

8.1.2　建筑电气图一般规定

1. 建筑电气施工图的特点

完整的建筑电气施工图包括图样目录、设备材料表、设计施工说明、系统图和平面图。

在建筑电气工程图中的电气元件和电气设备并不采用比例画其形状和尺寸，均采用图形符号进行绘制，《电气简图用图形符号》（GB/T 4728—1998）规定了电气图中常用的图形符号。按照该规范要求，符号应按模数关系绘制：以 $M=2.5$mm 的倍数 0.5M、1M、1.5M、2M 等长度作为边长或直径，角度为 30°或 60°。

为了进一步对设计意图进行说明，在电气工程图上往往还有文字标注和文字说明，对设备的容量、安装方式、线路的敷设方法等进行补充说明，《电气技术中的文字符号制订通则》（GB/T 7159—1987）规定了电气文字符号的制定原则和常用的文字符号。

2. 建筑电气施工图的图线和比例

建筑电气工程图中的图线宽度 b 一般为 0.7mm 或 1.0mm，各图线的用途参见表 8-1。

表 8-1 建筑电气施工图常用线型

名称	线 型	线宽	用 途
粗实线	————————	b	主回路线、一次线路
中实线	————————	$0.5b$	交流配电线路、二次线路
细实线	————————	$0.25b$	建筑物轮廓线、一般线路
点画线	——·———————·——	$0.25b$	控制线和信号线、建筑轴线、分界线、围框线
双点画线	——··———————··——	$0.25b$	50V 以下电力、照明线路
虚线	----------------	$0.25b$	事故照明线、直流配电线、钢索或屏蔽等，不可见轮廓线、不可见导线

除平面图外，一般电气简图不按比例绘制。平面图常用比例为：1:10、1:20、1:50、1:100、1:200、1:500 等。

8.1.3 建筑电气图常用符号

《电气简图用图形符号》（GB/T 4728—1998）规定了电气图中常用的图形符号，操作与效应图例见表 8-2，电线和电缆图例见表 8-3，常用开关、插座、配电箱和照明灯具的图例分别见表 8-4 ~ 表 8-7。

表 8-2 操作与效应图例

说 明	图 例	说 明	图 例	说 明	图 例
热效应		电磁效应		手动控制	
推动操作		受限手动控制		拉拔操作	
旋转操作		紧急开关		手轮操作	
钥匙操作		热执行器操作		电动机操作	M

表 8-3 电线和电缆图例

说 明	图 例	说 明	图 例
向上引线		向下引线	
向上引线		向上下引线	
自上向下引线		自下向上引线	
电缆中的导线为 3 根		五根导线，箭头所指两根位于同一电缆中	

（续）

说　明	图　例	说　明	图　例
胶合导线	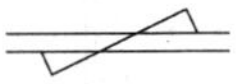	保护线	
柔性导线		中性线	
保护和中性共线	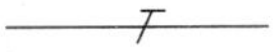	具有保护线和中性线的三相配线	
屏蔽导线		导线、电线、电缆、线路等的一般符号	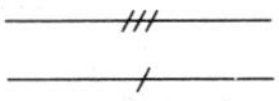
直流电路，110V，两根铝导线截面积为 $120mm^2$	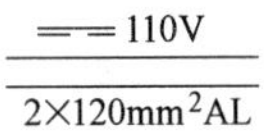 $=$ 110V $2\times120mm^2$AL	三相交流电，50Hz，380V，三根导线截面积为 $120mm^2$，中性导线截面积为 $50mm^2$	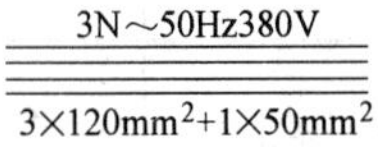 3N～50Hz380V $3\times120mm^2+1\times50mm^2$

表 8-4　开关图例

说　明	图　例	说　明	图　例	说　明	图　例
一般符号	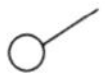	单极开关	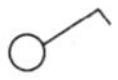	双极开关	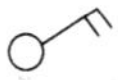
三极开关	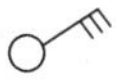	暗装单极开关		暗装双极开关	
暗装三极开关		密闭防水双极开关	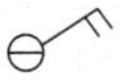	防爆三极开关	
具有指示灯开关		双控开关	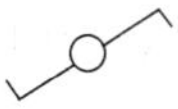		

表 8-5　插座图例

说　明	图　例	说　明	图　例	说　明	图　例
单相插座		暗装		密闭（防水）	
防爆		带接地插孔的单相插座		暗装	
密闭（防水）		防爆		带接地插孔的三相插座	
暗装		密闭（防水）		防爆	
插座箱（板）		多个插座（示出 3 个）	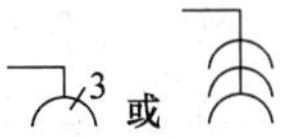 3 或	具有护板的插座	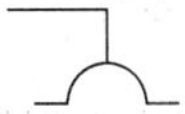
具有单极开关的插座	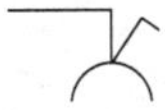				

表 8-6 配电箱图例

说 明	图 例	说 明	图 例	说 明	图 例
屏、台、箱、柜一般符号		动力或动力—照明配电箱（注：需要时符号内可标示电源种类符号）		信号板、信号箱（屏）	
照明配电箱（屏）（注：需要时允许涂红）		事故照明配电箱（屏）		多种电源配电箱（屏）	
直流配电盘（屏）		交流配电盘（屏）		电源自动切换箱（屏）	
架空交接箱		落地交接箱		壁龛交接箱	
分线盒的一般符号		熔断器箱		组合开关箱	
自动开关箱					

表 8-7 照明灯具图例

说 明	图 例	说 明	图 例	说 明	图 例
一般灯具：最低照度（示出15lx）	15	荧光灯一般符号		3 管荧光灯	
5 管荧光灯	5	防爆荧光灯		在专用电路上的事故照明灯	
自带电源的事故照明灯装置（应急灯）		球形灯		局部照明灯	
矿山灯		安全灯		隔爆灯	
深照型灯		广照型灯		防水防尘灯	
顶棚灯		花灯		弯灯	
壁灯					

《电气技术中的文字符号制订通则》（GB/T 7159—1987）规定了电气文字符号的制定原则，常用的电气文字符号见表8-8。

表8-8 常用的电气文字符号

装置和元器件种类	装置和元器件名称	文字符号 单字母	文字符号 双字母
组成部件	控制台	A	AC
	高压开关柜		AH
	低压配电屏		AL
	照明配电箱		AL
	动力配电箱		AP
	信号箱		AS
	接线箱		AW
	插座箱		AX
变换器	压力变换器	B	BP
	温度变换器		BT
电容器	电容器	C	
其他元器件	照明灯	E	EL
	空气调节器		EV
保护器件	具有瞬时动作的限流保护器件	F	FA
	具有延时动作的限流保护器件		FR
	熔断器		FU
信号器件	光指示器	H	HL
	指示灯		HL
	红色指示灯		HR
	绿色指示灯		HG
	黄色指示灯		HY

装置和元器件种类	装置和元器件名称	文字符号 单字母	文字符号 双字母
继电器、接触器	交流继电器	K	KA
	热继电器		KH
	中间继电器		KI
	接触器		KM
	延时继电器		KT
	温度继电器		KT
测量设备	电流表	P	PA
	电度表		PJ
	电压表		PV
	温度计		PH
电力电路的开关器件	断路器	Q	QF
	负荷开关		QL
	隔离开关		QS
	漏电保护器		QR
控制、记忆、信号电路的开关器件选择器	控制开关	S	SA
	选择开关		SA
	按钮开关		SB
	停止按钮		SS
	液位传感器		SL
	压力传感器		SP
	温度传感器		ST
变压器	电流互感器	T	TA
	电力变压器		TM
	电压互感器		TV

8.1.4 电气设备及线路标注

1. 绝缘导线的表示

低压供电线路及电气设备的连线，多采用绝缘导线。按绝缘材料分有橡胶绝缘导线和塑料绝缘导线等。线芯的材料有铜芯和铝芯，有单芯和多芯。导线的标准截面有0.2mm²、0.3mm²、0.4mm²、0.5mm²、0.75mm²、1mm²、1.5mm²、2.5mm²、4mm²、6mm²、10mm²、16mm²、25mm²、35mm²、50mm²、70mm²、95mm²、150mm²、185mm²等。常用的绝缘导线的型号、名称、用途见表8-9。

2. 电缆的表示

电缆按用途分有电力电缆、通用（专用）电缆、通信电缆、控制电缆、信号电缆等。按

表 8-9 常用绝缘导线

型号	名称	用途
BXF(BLXF)	氯丁橡胶铜铝(芯)线	适用于交流 500V 及以下,直流 1000V 及以下的电气设备和照明设备之间
BX(BLX)	橡胶铜芯(铝)芯线	
BXR	铜芯橡胶软线	
BV(BLV)	聚氯乙烯铜(铝)芯线	适用于各种设备、动力、照明的线路固定敷设
BVR	聚氯乙烯铜芯软线	
BVV(BLVV)	铜(铝)芯聚氯乙烯绝缘和护套线	
RVB	铜芯聚氯乙烯平行软线	适用于各种交直流电器、电工仪器、小型电动工具、家用电器装置的连接
RVS	铜芯聚氯乙烯绞型软线	
RV	铜芯聚氯乙烯软线	
RX、RXS	铜芯、橡胶棉纱编织软线	

绝缘材料分有纸绝缘电缆、橡胶绝缘电缆、塑料绝缘电缆等。电缆的结构主要有三个部分，即线芯、绝缘层和保护层，保护层又分为内保护层和外保护层。电缆的结构、特点和用途可通过型号表示出来，其型号表示方法见表 8-10，外护层数字代号含义见表 8-11。

表 8-10 电缆型号字母含义

类别	绝缘种类	线芯材料	内护层	其他特征
电力电缆(不表示)	Z-纸绝缘	T-铜	Q-铅套	D-不滴流
K-控制电缆	X-橡胶绝缘		L-铝套	F-分相护套
P-信号电缆	V-聚氯乙烯		H-橡胶套	P-屏蔽
Y-移动式软电缆	Y-聚乙烯	L-铝	V-聚氯乙烯套	C-重型
H-市内电话电缆	YJ-交联聚乙烯		Y-聚乙烯套	

表 8-11 电缆外护层数字代号含义

第一个数字		第二个数字	
代号	铠装层类型	代号	外被层类型
0	无	0	无
1		1	纤维绕包
2	双钢带	2	聚氯乙烯护套
3	细圆钢丝	3	聚乙烯护套
4	粗圆钢丝	4	

3. 线路标注

电力线路和照明线路的编号、导线型号、规格、根数、敷设方式、管径、敷设部位等的表示，可以在图线旁直接标注线路安装代号。其基本格式是

$$a-b(c\times d+c\times d)e-f$$

式中 a——线路的编号，见表 8-12；

b——导线的型号；

c——导线的根数；

d——导线的截面积（mm^2）；

e——配线方式和穿管管径（mm），参见表8-13；

f——线路的敷设部位，见表8-14。

例如，“WP1-BV(3×50+1×35)CT-CE”表示为1号动力线路，导线型号为铜芯塑料绝缘线，3根导线截面为50mm^2、1根导线截面为35mm^2，沿顶板面用电缆桥架敷设。“WL2-BV(3×2.5)SC15-WC”表示为2号照明线路，导线型号为铜芯塑料绝缘线，3根导线截面2.5mm^2，穿钢管敷设，管径为15mm，沿墙暗敷。

表8-12 标注线路用文字符号

线路名称	文字符号	线路名称	文字符号
控制线路	WC	电力线路	WP
直流线路	WD	声道(广播)线路	WS
应急照明线路	WE	电视线路	WV
电话线路	WF	插座线路	WX
照明线路	WL		

表8-13 线路配线方式文字符号

配线方式	旧代号	新代号	配线方式	旧代号	新代号
用瓷瓶或瓷柱敷设	CP	K	穿半硬塑料管敷设	ZVG	FPC
用塑料线槽敷设	XC	PR	穿塑料波纹电线管敷设		KPC
用钢线槽敷设		SR	用电缆桥架敷设		CT
穿水煤气管敷设		RC	用瓷夹敷设	CJ	PL
穿焊接钢管敷设	G	SC	用塑料夹敷设	VT	PCL
穿电线管敷设	DG	TC	穿金属软管敷设		CP
穿硬质塑料管敷设	VG	PC			

表8-14 线路敷设部位文字符号

敷设部位	旧代号	新代号	敷设部位	旧代号	新代号
沿钢索敷设	S	SR	沿屋架或跨屋架敷设	LM	BE
沿柱或跨柱敷设	ZM	CLE	沿墙面敷设	QM	WE
沿顶棚或顶面板敷设	PM	CE	在能进入吊顶内敷设	PNM	ACE
暗敷设在梁内	LA	BC	暗敷设在柱内	ZA	CLC
暗敷设在墙内	QA	WC	暗敷设在地面内	DA	FC
暗敷在屋面或顶板内	PA	CC	暗敷在不能进入吊顶内	PNA	ACC

4. 用电设备标注

电力和照明设备用图形符号表示后，一般还在图形符号旁加注文字符号，用以说明电力

和照明设备的型号、规格、数量、安装方式、离地高度等。其标写格式如下

$$\frac{a}{b} \quad 或 \quad \frac{a}{b}+\frac{c}{d}$$

式中 a——设备编号；

b——额定功率（kW）；

c——线路熔断片或自动开关释放的电流（A）；

d——安装标高（m）。

5. 动力、照明配电设备标注

配电箱的文字标注为

$$a\frac{b}{c} \quad 或 \quad a-b-c$$

当需要标注引入线的规格时，则标注为

$$a\frac{b-c}{d(e\times f)-g}$$

式中 a——设备编号；

b——设备型号；

c——设备功率（kW）；

d——导线型号；

e——导线根数；

f——导线截面（mm^2）；

g——安装标高（m）。

例如，“AP4—(XL-3-2)—40”表示4号动力配电箱，其型号为XL-3-2，功率为40kW。“$5\frac{(\mathrm{Y200L-4})-30}{\mathrm{BL}(3\times35)\mathrm{SC40-FC}}$”表示这台电动机在系统内的编号为5，是Y系列笼型异步电动机，机座中心高200mm，机座为长机座，4极，额定功率30kW，三根35mm^2的橡胶绝缘铝芯导线穿直径为40mm的焊接钢管，沿地板埋地敷设引入电源负荷线。

6. 照明灯具标注

照明灯具的标注形式为

$$a-b\frac{c\times d\times l}{e}f$$

式中 a——灯具数；

b——型号；

c——每盏灯的灯泡数或灯管数；

d——灯泡容量（W）；

e——安装高度（m）；

f——安装方式，见表8-15，若吸顶安装，安装方式f和安装高度不需标注；

l——光源种类。

例如，“$9-\mathrm{YZ40RR}\frac{2\times40}{2.5}\mathrm{Ch}$”表示该房间或区域内安装9只型号为YZ40RR的荧光灯，每只灯2根40W灯管，用链吊安装，安装高度2.5m（指灯具底部与地面距离）。

表 8-15 照明灯具安装方式文字符号

安装方式	旧代号	新代号	安装方式	旧代号	新代号
线吊式		CP	嵌入式(不可进入顶棚)	R	R
自在器线吊式	X	CP	顶棚内安装	DR	CR
固定线吊式	X1	CP1	墙壁内安装	BR	WR
防水线吊式	X2	CP2	台上安装	T	T
吊线器式	X3	CP3	支架上安装	J	SP
链吊式	L	Ch	壁装式	B	W
管吊式	G	P	柱上安装	Z	CL
吸顶式或直附式	D	S	座装	ZH	HM

7. 开关、熔断器标注

开关、熔断器的一般标注形式为

$$a\frac{b}{c/i} \quad 或 \quad a-b-c/i$$

当需要标注引入线的规格时，则标注为

$$a\frac{b-c/i}{d(e\times f)-g}$$

式中 a——设备编号；

b——设备型号；

c——额定电流（A）；

i——整定电流（A）；

d——导线型号；

e——导线根数；

f——导线截面（mm^2）；

g——导线敷设。

例如，“m3—(DZ20Y—200)—200/200 或 m3 $\frac{\text{DZ20Y}-200}{200/200}$” 表示设备编号为 m3，开关型号为 DZ20Y—200，即额定电流为 200A 的低压空气断路器，断路器的整定值为 200A。“m3 $\frac{\text{DZ20Y}-200-200/200}{\text{BV}\times(3\times50)\text{K}-\text{BE}}$” 表示设备编号为 m3，开关型号为 DZ20Y—200 的低压空气断路器，整定电流为 200A，引入导线为塑料绝缘铜线，三根 $50mm^2$，用瓷瓶式绝缘子沿屋架敷设。

8.1.5 建筑电气图识读方法

建筑电气的读图顺序通常是设计施工说明、电气总平面图、电气系统图、电气设备平面图、控制原理图、二次接线图和电缆清册、大样图、设备材料表和图例。阅读时以系统图为主，平面图为辅。

(1) 总电气平面图 阅读总电气平面图时，要注意并掌握以下有关内容：建筑物名称、编号、用途、层数、标高、等高线、用电设备容量及大型电动机容量台数、弱电装置类别、电源及信号进户位置；变配电所位置、变压器台数及容量、电压等级、电源进户位置及方式、系统架空线路及电缆走向、杆型及路灯、拉线布置、电缆沟及电缆井的位置、回路编号、主要负荷导线截面及根数、电缆根数、弱电线路的走向及敷设方式、大型电动机及主要用电负荷位置以及电压等级、特殊或直流用电负荷位置、容量及其电压等级等；系统周围环境、河道、公路、铁路、工业设施、电网方位及电压等级、居民区、自然条件、地理位置、海拔等；设备材料表中的主要设备材料的规格、型号、数量、进货要求、特殊要求等；文字标注、符号意义以及其他有关说明、要求等。

（2）电气系统图　阅读变配电装置系统图时，要注意并掌握以下有关内容：进线回路个数及编号、电压等级、进线方式（架空、电缆）、导线电缆规格型号、计量方式、电流、电压互感器及仪表规格型号数量、防雷方式及避雷器规格型号数量；进线开关规格型号及数量、进线柜的规格型号及台数、高压侧联络开关规格型号；变压器规格型号及台数、母线规格型号及低压侧联络开关（柜）规格型号；低压出线开关（柜）的规格型号及台数、回路个数用途及编号、计量方式及标志、有无直控电动机或设备及其规格型号台数起动方法、导线电缆规格型号，同时对照单元系统图和平面图查阅送出回路是否一致；有无自备发电设备或连续不间断供电电源（UPS），其规格型号容量与系统连接方式及切换方式、切换开关及线路的规格型号、计量方式及仪表；电容补偿装置的规格型号及容量、切换方式及切换装置的规格型号。

（3）动力系统图　阅读动力系统图时，要注意并掌握以下内容：进线回路编号、电压等级、进线方式、导线电缆及穿管的规格型号；进线盘、柜、箱、开关、熔断器及导线规格的型号、计量方式及标志；出线盘、柜、箱、开关、熔断器及导线规格型号、回路个数用途、编号及容量，穿管规格、起动柜或箱的规格型号、电动机及设备的规格型号容量、起动方式，同时核对该系统动力平面图回路标号与系统图是否一致；自备发电设备或 UPS 情况；电容补偿装置情况。

（4）照明系统图　阅读照明系统图时，要注意并掌握以下内容：进线回路编号、进线线制（三相五线、三相四线、单相两线制）、进线方式、导线电缆及穿管的规格型号；照明箱、盘、柜的规格型号、各回路开关熔断器及总开关熔断器的规格型号、回路编号及相序分配、各回路容量及导线穿管规格、电流互感器规格型号，同时核对该系统照明平面图回路标号与系统图是否一致；直控回路编号、容量及导线穿管规格、控制开关型号规格；箱、柜、盘有无漏电保护装置，其规格型号，保护级别及范围；应急照明装置的规格型号台数。

（5）弱电系统图　弱电系统图通常包括通信系统图、广播音响系统图、电缆电视系统图、火灾自动报警及消防系统图、保安防盗系统图等，阅读时，要注意并掌握以下内容：设备的规格型号及数量、外线进户对数、电源装置的规格型号、总配线架或接线箱的规格型号及接线对数、外线进户方式及导线电缆穿管规格型号；系统各分路送出导线对数、房号插孔数量、导线及穿管规格型号，同时对照平面布置图，核对房号及编号；各系统之间的联络方式。

8.2　建筑设备控制电路图解读

在建筑设备工程的设计、施工、调试以及运行管理过程中，需要专业人员读懂相关设备的电气控制图，以深入了解设备的工作原理，下面介绍典型设备电气图的识读。

8.2.1 电动机控制电路图解读

电动机控制有点动与长动控制和正反转控制（如图 8-1 所示）：

1. 点动与长动控制

图 8-1a 所示中 KM 为一接触器，接触器实质是一个电磁开关，当接触器线圈得电时，在电磁铁作用下，动合触点闭合，动断触点打开。在图 8-1b 所示中与 SB 并联了一个 KM 辅助动合触点，当 KM 得电后 SB2（起动按钮）由于辅助触点的闭合而失去了作用，称该辅助触点为自锁触点。

2. 正反转控制

电动机的转动方向取决于通入三相绕组中电流的相序，所以只要对调接到电动机上三根相线的任意两根线的位置就可改变电动机的转向。图 8-1c 所示中，SB2 为正转起动按钮，注意到在 KM1（正转接触器）的控制回路中串入了 KM2 的辅助触点，这样做的目的是为了防止 KM1、KM2 同时得电而发生短路事故。这两个触点具有相互制约的作用，称为互锁触点。

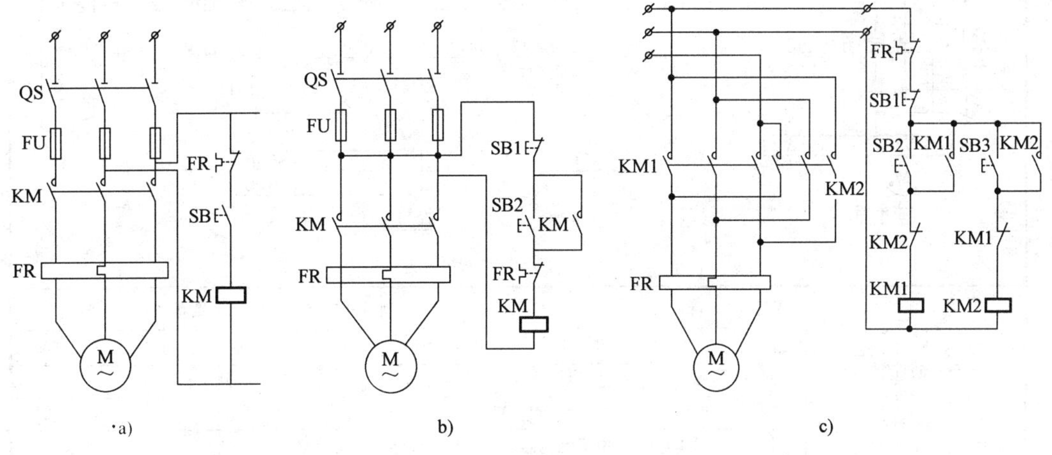

图 8-1 电动机控制电路图

8.2.2 风机控制电路图解读

某排风兼排烟风机控制原理如图 8-2 所示，包括三部分内容：风机主电路、风机控制原理和主要控制设备表。

由风机主电路可知，当 1KM 主触电闭合，2KM、3KM 主触点断开时，U1、V1、W1 接三相电源，U2、V2、W2 端空着，此时风机低速运行，正常排风；当 1KM 断开，2KM、3KM 闭合时，U1、V1、W1 短接，U2、V2、W2 接三相电源，此时风机高速运行，排出火灾烟气。

由控制原理图可知风机的控制方法如下：

1. 手动

当选择开关 SAC 置于“手动”位置时，①②接通、⑤⑥接通，在就地控制箱旁可以起

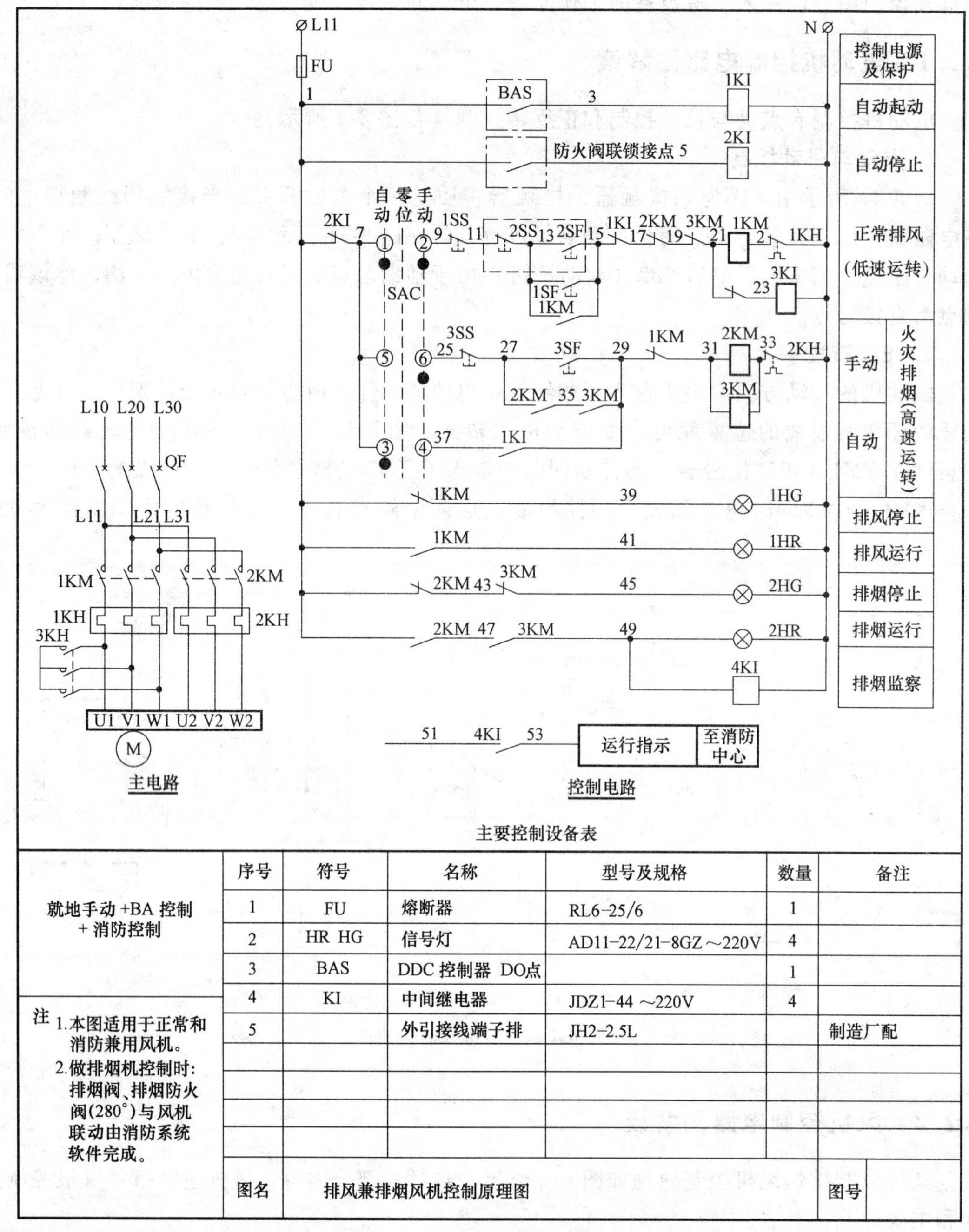

主要控制设备表

就地手动 +BA 控制 + 消防控制	序号	符号	名称	型号及规格	数量	备注
	1	FU	熔断器	RL6-25/6	1	
	2	HR HG	信号灯	AD11-22/21-8GZ ～220V	4	
	3	BAS	DDC 控制器 DO点		1	
	4	KI	中间继电器	JDZ1-44 ～220V	4	
注 1.本图适用于正常和消防兼用风机。2.做排烟机控制时：排烟阀、排烟防火阀(280°)与风机联动由消防系统软件完成。	5		外引接线端子排	JH2-2.5L		制造厂配
	图名	排风兼排烟风机控制原理图			图号	

图 8-2 风机控制原理图

动风机，使其低速排风或高速排烟：

（1）正常排风 操作起动按钮 1SF（或 2SF，这里设置了两个起动按钮并联，互为备用），接触器 1KM 通电吸合，13 与 15 间的 1KM 动合触点闭合，完成自保持；1KM 的主触点闭合，风机起动，低速运转，正常排风运行；同时 1、41 间的 1KM 动合触点闭合，指示灯 1HR 接通，显示红色；1、39 间的 1KM 断开，1HG 指示灯灭。操作停止按钮 1SS（或者

2SS），IKM 断电，1KM 主触点断开，停止排风；1、39 间的 1KM 接通，1HG 指示灯显示绿色；同时 1、41 间的 1KM 动合触点断开，指示灯 1HR 灭；这里两个停止按钮串联，只要一个起作用就可以断开电路。

（2）火灾排烟　发生火灾时，操作起动按钮 3SF，2KM、3KM 通电吸合，27、29 之间的 2KM、3KM 动合触点闭合，完成自保持；17、19、21 之间的 2KM、3KM 动断触点动作，断开电路，1KM 断电，1KM 的主触点断开。同时主触点 2KM、3KM 闭合，风机高速运转，排除火灾烟气。同时 1、47、49 间的 2KM、3KM 动合触点闭合，指示灯 2HR 接通，显示红色；中间继电器 4KI 得电，51、53 间得 4KI 动合触点闭合，通知运行中心和消防中心。

2. 自动

将选择开关置于“自动”位置，①②接通、③④接通。当火灾发生时，接入消防中心 BAS 的 1、3 间触点闭合，中间继电器 1KI 得电，37、29 间的 1KI 动合触点闭合，15～17 间的 1KI 断开，1KM 断电，其主触点断开；29～33 间的 1KM 触点闭合，2KM、3KM 通电吸合，其主触点闭合，风机高速运转，排除火灾烟气。当烟气温度达到 280℃时，防火阀联锁接点（1、5 之间）闭合，中间继电器 2KI 得电，2KI 常闭触点（1、7 之间）断开，风机停止运行。

8.2.3　水泵控制电路图解读

两台给水泵补水，一用一备，在建筑设备工程中经常遇到。例如，生活给水、消防给水、锅炉给水、供热供冷管路的定压补水。水泵通常由高位水箱的水位或管网中某点的压力进行控制。下面以设有高位水箱的生活给水泵为例进行介绍。

低水位起动泵，高水位停泵。工作泵发生故障，备用泵延时自动投入使用，故障报警。生活水泵是起停频繁的水泵，常设计成两台，一用一备，互为备用，备用延时自动投入使用、自动转换的工作方式，以使其使用时间大体相当。其主电路与控制原理如图 8-3 所示。

由控制原理图可知，水泵的运行由水源水位器 1SL 和屋顶水箱液位器 2SL、3SL 控制，具体的控制过程如下：

1）在 1 号泵控制回路中，当选择开关 SAC 置于自动位置时，③④接通、⑤⑥接通。当水箱内水在低水位时 3SL 接通，继电器 2KA 通电吸合，并与 3SL 并联的常开触点接通自保持。此时若水源水池有水，1 号泵运行供水，水源水池液位器 1SL 不接通，而延时继电器 1KT 得电，其瞬时动作常开触点接通，完成自保持，其延时常开触点经延时后闭合使继电器 3KA 得电吸合并自保持，处于等待状态。

2）当屋顶水箱水位达到规定水位时，2SL 打开，继电器 2KA 断电使 1～13 与 1～15 常开触点 2KA 释放断开，接触器 1KM 断电，1 号泵停机。

3）当屋顶水箱水位再次下降后，2SL 复位闭合，3SL 受压而闭合，2KA 再次得电吸合，由于 3KA 处于闭合状态，所以接触器 2KM 得电，2 号泵起动运行供水，从而实现了两台水泵自动轮换供水。

继电器 3KA 是使两台水泵轮换工作的主要元件，它是否吸合，决定了两台泵中哪一台工作，分两种状况来说明：一是如果 1 号泵在起动时发生故障，接触器 1KM 刚通电便跳闸（如过载故障）或未吸合，作为备用的 2 号泵经 1KT 延时后，继电器 3KA 吸合，接触器 KM 通电吸合，2 号泵起动；二是如果 1 号泵的故障是发生在运行一段时间之后，故障时，时间继电器 1KT 的延时已到，继电器 3KA 已经吸合，此时，1 号泵的接触器一旦故障跳闸，其常闭触头 1KM 复位，2 号泵将立即起动。从而实现了备用投入功能。

两台泵的故障报警回路是以继电器 2KA 已经吸合为前提（若 2KA 没有吸合，则水泵不运行，报警没有意义），1 号泵的故障报警是接触器 1KM 常闭触点和继电器 3KA 常闭触点串联；2 号泵的故障报警是接触器 2KM 常闭触点和继电器 3KA 常开触点串联。若要求某一水泵运行，如因故不能运行便报警。当水源水池的水位过低已达到消防预留水位时，水位控制器 1SL 闭合，使继电器 1KA 得电吸合，强迫所有泵停机，并同时报警，以通知值班人员进行检查。

继电器 5KA、6KA 分别为控制两台泵的停泵指示。手动控制时，选择开关 SAC 的①②、⑦⑧两路接通。

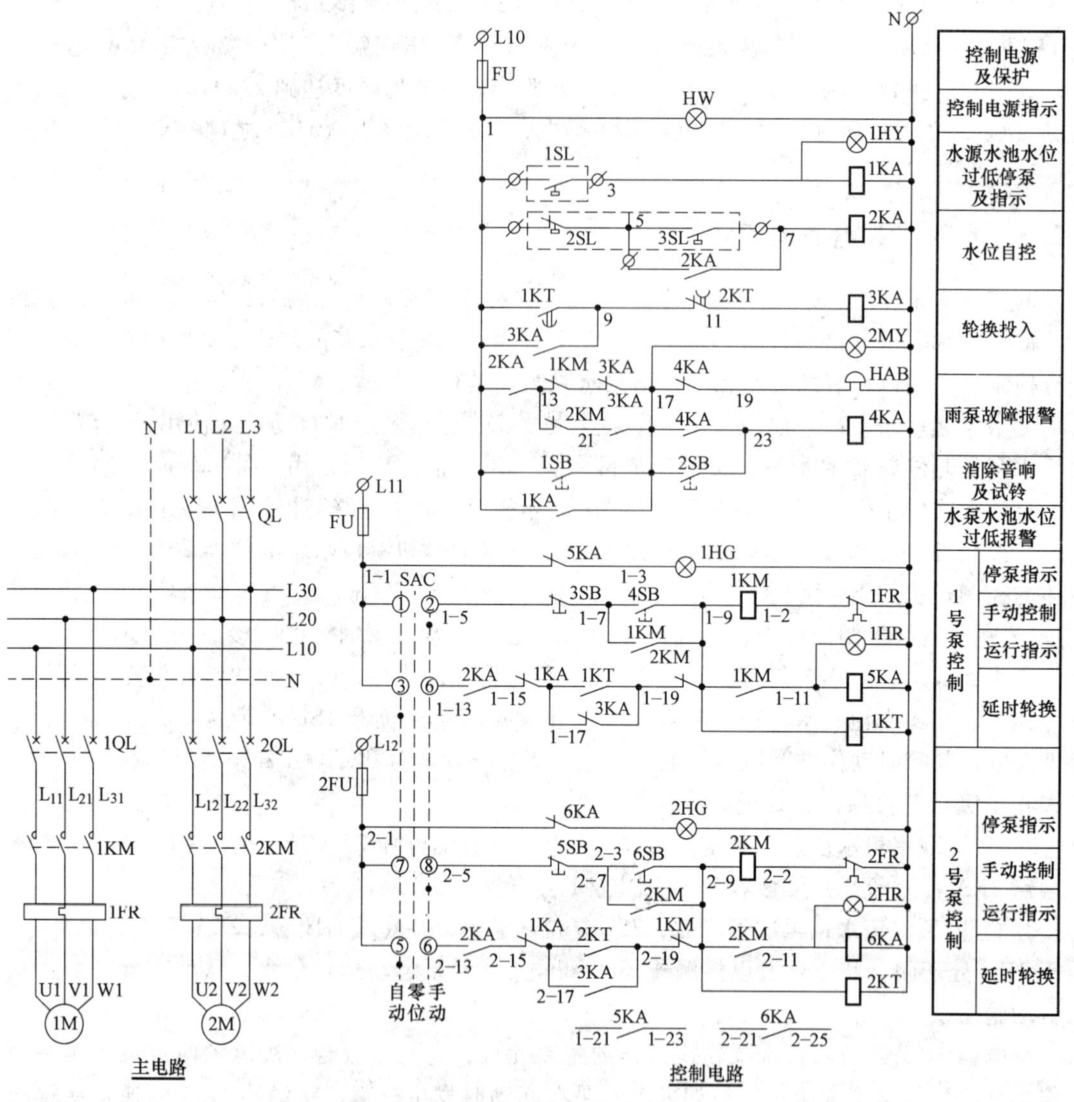

图 8-3 水泵控制原理图

8.2.4　空调机组控制电路图解读

四管制空气处理机组送冷热风、加湿控制电路如图 8-4 所示。

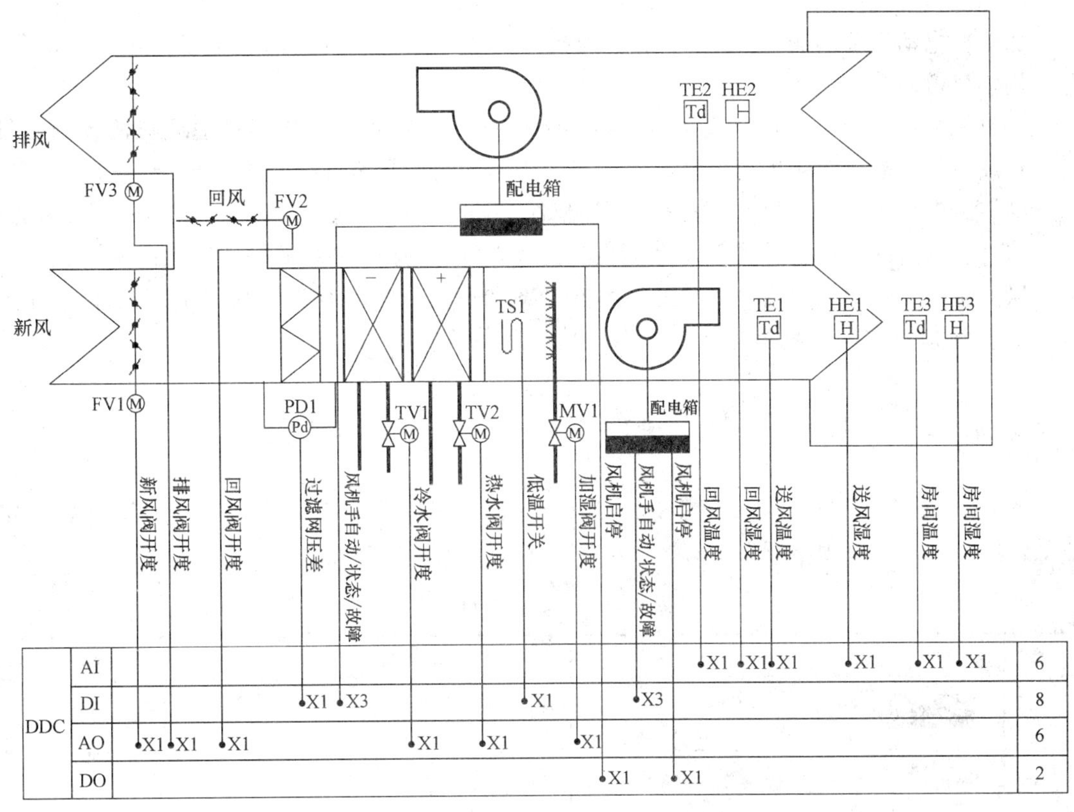

图 8-4　空调机组控制原理图

该系统有一台送风机向管道内送风，另有一台回风机把室内污浊空气抽回风道。一部分回风直接排到室外（称为排风），剩下的回风与室外新风混合，经过滤、冷却（或加热）、加湿处理后，送入室内与保持室内空气的温度和湿度。

图 8-4 的上方是空调系统图，下方是 DDC 控制接线表。DDC 上有四个输入输出接口：两个是数字量接口，数字输入接口 DI 和数字输出接口 DO；另两个是模拟量接口，模拟输入接口 AI 和模拟输出接口 AO。根据传感器和执行器的不同，分别接不同的输入输出接口。DDC 是一台工业用控制计算机，它根据事先编制的控制程序对系统进行检测和控制。

从图 8-4 左侧开始，DDC 的三个模拟输出口 AO 是三台电动调节风阀的控制信号，其中，FV1、FV2 和 FV3 分别是新风阀、回风阀和排风阀，调整三台风阀的开闭程度，可以控制三路风管中的风量，使系统中的风量保持恒定。

数字输入口 DI 接压差传感器 PD1 的信号线，监测空气过滤器前后压差的变化，如果过滤器使用时间过长发生堵塞，会出现压差信号，提示系统检修。

回风机的配电箱连接三个数字输出口 DO 和一个数字输入口 DI，是回风机的控制信号线，对风机的起动、停止进行控制，对风机的工作和故障状态进行监测。

表冷器电动调节阀 TV1 以及空气加热器电动调节阀 TV2 的控制信号线分别接 DDC 的两个模拟输出口 AO，调整两个水阀的开闭程度，可以控制冷、热水流量，用来调整风道内空气的温度。

防冻开关 TS1 的信号线接 DDC 的数字输入口 DI。

加湿器电动调节阀 MV1 的控制信号线接 DDC 的模拟输出口 AO，可以控制蒸汽流量，进而调整风道内空气的湿度。

送风机的配电箱连接三个数字输出口 DO 和一个数字输入口 DI，是送风机的控制信号线，对风机的起动、停止进行控制，对风机的工作和故障状态进行监测。

回风的温度传感器 TE2 和湿度传感器 HE2 分别接 DDC 的模拟输入口 AI，用于监测回风的温湿度；送风的温度传感器 TE1 和湿度传感器 HE1 分别接 DDC 的模拟输入口 AI，用于监测送风的温湿度；空调房间内的温度传感器 TE3 和湿度传感器 HE3 分别接 DDC 的模拟输入口 AI，用于监测室内的温湿度。

8.3 某住宅楼电气工程图解读

图 8-5 ~ 图 8-15 所示为某住宅楼的电气施工图，主要设备材料表见表 8-16。该住宅楼地上六层，地下一层为车库。

表 8-16 主要设备材料表

编号	图例	名　称	规格及型号	安装方式
1	■	总电表箱	铁制非标箱，见系统图	下沿距地 0.5m 暗装
2	MEB	总等电位箱	《等电位箱联结安装》02D501-2	距地 0.3m 暗装
3	RZX	单元弱电总箱（小棚层）	铁制非标箱 900×600×160	下沿距地 1.6m 暗装
4	CRD	楼层弱电接线箱（标准层）	铁制非标箱 800×600×160	上沿距顶 0.5m 暗装
5	⊗	户弱电分配器箱	HIB-21A	距顶 0.5m 暗装
6	DJ	对讲系统不间断电源	设备配套带来	下沿距地 1.8m 暗装
7		对讲门口主机	设备配套带来	设于大门上
8		电控锁	设备配套带来	设于大门上
9	■	户配电箱	ACP	底边距地 1.8m 暗装
10	LEB	卫生间局部等电位箱	《等电位箱联结安装》02D501-2	距地 0.3m 暗装
11	K	单相三孔空调插座	RL86Z13A16	距地 2.0m 暗装

（续）

编号	图例	名　　称	规格及型号	安装方式
12	L	单相三孔空调插座	RL86Z13A16	距地 0.3m 暗装
13	Y	单相三孔油烟机插座	RL86Z13A10	距地 2.0m 暗装
14		单相二三孔普通插座	RL86Z223A10	餐厅距地 1.0m 暗装 卧室客厅距地 0.3m 暗装
15	X	单相三孔防溅洗衣机插座	86Z13F10I	距地 1.6m 暗装
16	R	单相三孔防溅热水器插座	86Z13F10I	距地 1.8m 暗装
17	Q	单相二孔防溅插座排气扇	RL86Z12A10	距地 2.0m 暗装
18		单相三孔插座	RL86Z13A10	吸顶安装
19	S	声光控制灯（楼梯）	40W	吸顶安装
20		吸顶式节能灯	36W	吸顶安装
21		防水圆球灯	40W	吸顶安装
22		花灯	3×40W	吸顶安装
23		座灯头	40W	吸顶安装
24		单联单控开关	RL86K11-10	距地 1.3m 暗装
25		双联单控开关	RL86K21-10	距地 1.3m 暗装
26		三联单控开关	RL86K31-10	距地 1.3m 暗装
27		密闭单联单控开关（防水防溅型）		距地 1.3m 暗装
28	TV	单孔电视插座		距地 0.3m 暗装
29		单孔信息插座	RJ45	距地 0.3m 暗装
30	TP	双孔电话插座		距地 0.3m 暗装
31		户对讲分机	设备配套	距地 1.4m 暗装
32	—T—	CATV 线		
33	—H—	电话线		
34	—X—	宽带线		
35	—D—	可视对讲系统总线		
36	—Z—	家庭总线		

1. 配电系统图（如图 8-5 所示）

该工程分单元自室外穿钢管埋地引入 380V/220V 电源，电缆型号为 VV22-4 ×70 SC100 FC，导线进户处做重复接地，自重复接地后 PE 线与 N 线应严格分开，低压配电接地系统采用 TN-C-S 系统。电源引入单元的总配电箱 AL，配备总控四极断路器 125/125/4P，该箱有 15 个支路：

1）线路型号为 BV-3 ×10 PC25 FC WC 的支路接该单元地下车库的配电箱 AL1。

2）配备电能表 DD862-4，220V 10（40）A 和单极断路器 63C16/1P 的支路（线路型号 BV-3 ×2.5 PC16）供该单元各层楼梯间公用照明使用。

3）配备电能表 DD862-4，220V 10（40）A 和双极断路器 32C16/2P 的支路分成三个回路（线路型号 BV-3 ×2.5 PC16），分别供该单元对讲、闭路电视和弱电机柜用电。

4）其余 12 个支路（线路型号 BV-3 ×10 PC25 W（F）C）供该单元各层住户使用。每个支路配备电能表 DD862-4，220V 10（40）A 和单极断路器 C63/40/1P，接一个户配电箱 HX。

地下车库配电箱 AL1 有四个回路 ck1 ~ ck4，分别供四个车库的照明和插座用电。每个回路上配备单相电能表一块，型号 DD862-4，220V 5（20）A，额定电流 5A，最大负载 20A；电能表后设双极低压断路器作为控制和保护，型号 32C16/2P。各个回路的导线为三根 2.5mm^2 的聚氯乙烯铜芯线，穿管径为 16mm 的硬质塑料管，暗敷在墙内、地面内。

户配电箱 HX 内配备双极低压断路器 63C40/2P，该箱有 6 个回路，n1 为该户的照明回路，c1 为该户厨房插座回路，c2 为该户卫生间插座回路，c3 为该户其余插座回路，k1 和 k2 为该户两个空调插座回路。以 n1 为例，该回路配备单极低压断路器 63C16/1P，回路的导线为两根 2.5mm^2 的聚氯乙烯铜芯线，穿管径为 16mm 的硬质塑料管，暗敷在墙内、顶板内。

2. 有线电视系统图（如图 8-6 所示）

自单元室外人孔井埋地引进 SYV-75-9 型同轴电缆，接入单元小棚层综合弱电箱内的前端箱，穿管径为 40mm 或 50mm 的焊接钢管（中间单元为 50mm 管径，其余单元为 40mm 管径）。自前端箱引出 SYV-75-9 型同轴电缆（穿管径为 40mm 的 PC 管）至各层弱电设备箱内的电视层分支器，再分成两路，分支电视电缆选用 SYV-75-5 型，穿管径 20mm 的 PC 管，沿地面、沿墙暗敷设至家庭信息接入箱内的电视分支器（详见图 8-8）。

3. 电话、宽带网络系统图（如图 8-7 所示）

（1）电话系统　由单元室外人孔井引来 80 对 HYV 型电话电缆，穿管径为 50mm 的钢管敷设，接入小棚层综合弱电箱内的配线架。自单元综合弱电箱引出 24 对 RVB-2 ×0.5 铜芯软线，分别穿不同管径的 PC 管，单独式引向每层家庭信息接入箱内的跳线架（详见图 8-8）。

（2）网络系统　自单元室外人孔井引进六芯多模光纤至小棚层综合弱电箱内的配线架，并预埋 SC40 钢管。自单元综合弱电箱配线架引出的网络线为 24 对超五类双绞线（型号 HYUTP5E）穿 4 根 PC 管保护暗敷设，放射式引向每层家庭信息接入箱内的跳线架（详见图 8-8）。

4. 家庭信息箱系统图（如图 8-8 所示）

该系统为全五类综合布线系统，支持数据和电话系统。该系统为每户提供 1 根 4 对对绞

照明配电系统图
总配电箱 AL(3台)
P_e=78kW
K_x=0.7 COSφ=0.8
I_{js}=103.7A
380V/220V W22-4×70SC100 FC TIM1N-125/125/4P
300mA
RT18/50A×4
CPM100TA
RD≤10
DD862-4 220V
10(40)A TIB1-C63/40/1P
BV-3×10 PC25 W(F)C
TIB1-32C16/2P
BV-3×2.5 PC16
对讲电源
闭路电视用电
弱电机柜用电
TIB1-C63C16/1P
公用照明
TIB1-C63/40/1P
BV-3×10 PC25 FC WC
非标铁制箱
中心距地1.7m嵌墙安装
户配电箱HX
6F
5F
4F
3F
2F
1F
AL1(3台)
每小时按1000W计算
P_e=4kW
I_{js}=22.73A
DD862-4 220V
5(20)A TIBIL-32C16/2P
ck1 BV-3×2.5 PC16 W(F)C 至车库
ck2 BV-3×2.5 PC16 W(F)C 至车库
ck3 BV-3×2.5 PC16 W(F)C 至车库
ck4 BV-3×2.5 PC16 W(F)C 至车库
中心距地1.7m嵌墙安装 非标铁制箱
户配电箱HX(36台)
一六层
每户按6kW计
TIB1-63C40/2P
TIB1-63C16/1P n1 BV-2×2.5 PC16 W(F)C 照明
TIBIL-32C20/2P c1 BV-3×4 PC20 W(F)C 厨房用插座
TIBIL-32C20/2P c2 BV-3×4 PC20 W(F)C 卫生间用插座
TIBIL-32C20/2P c3 BV-3×4 PC20 W(F)C 普通插座
TIBIL-32C20/2P k1 BV-3×4 PC20 W(F)C 空调插座
TIB1-63C20/2P k2 BV-3×4 PC20 W(F)C 空调插座
ACP
底边距地1.8m暗装

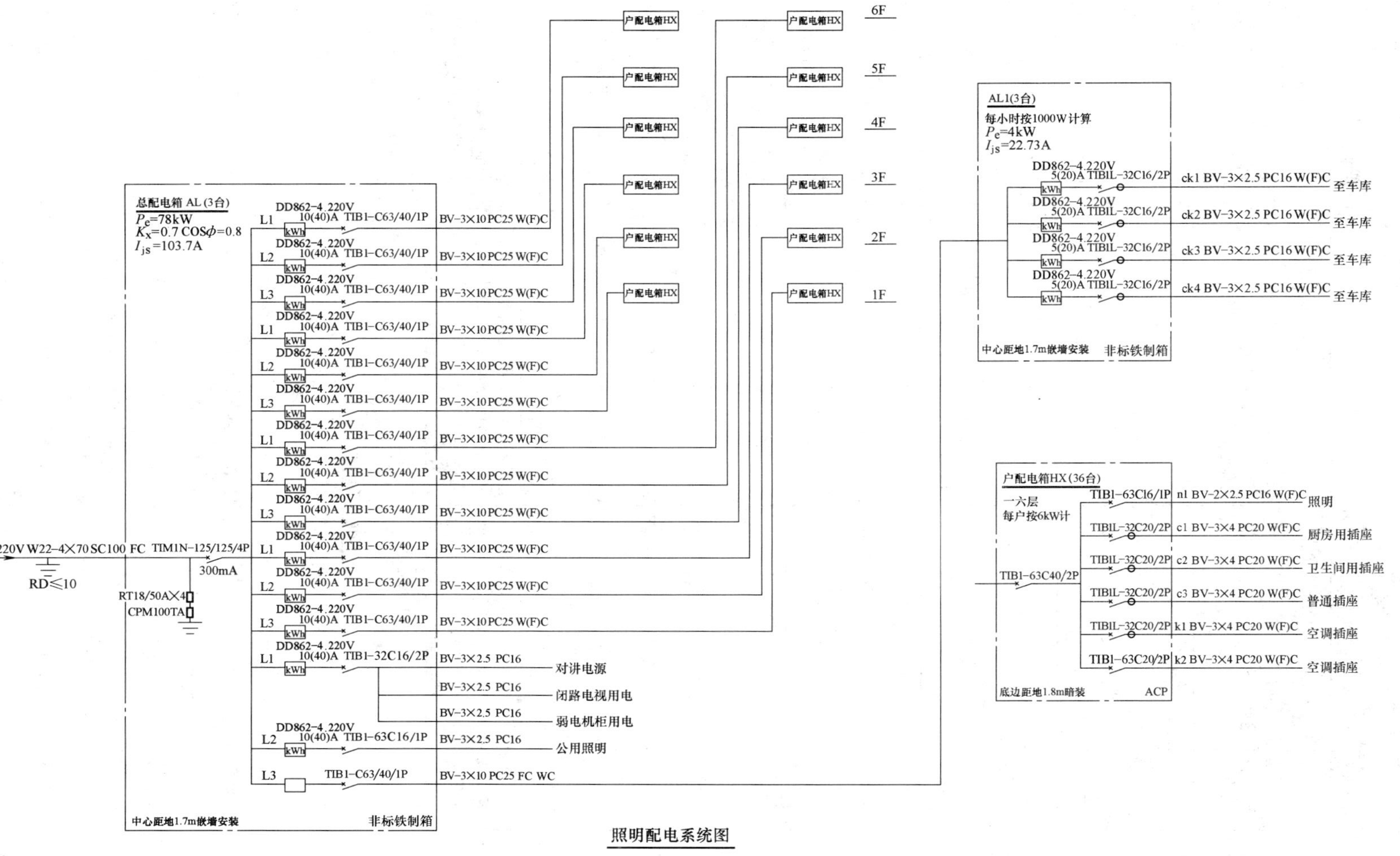

图 8-5 配电系统图

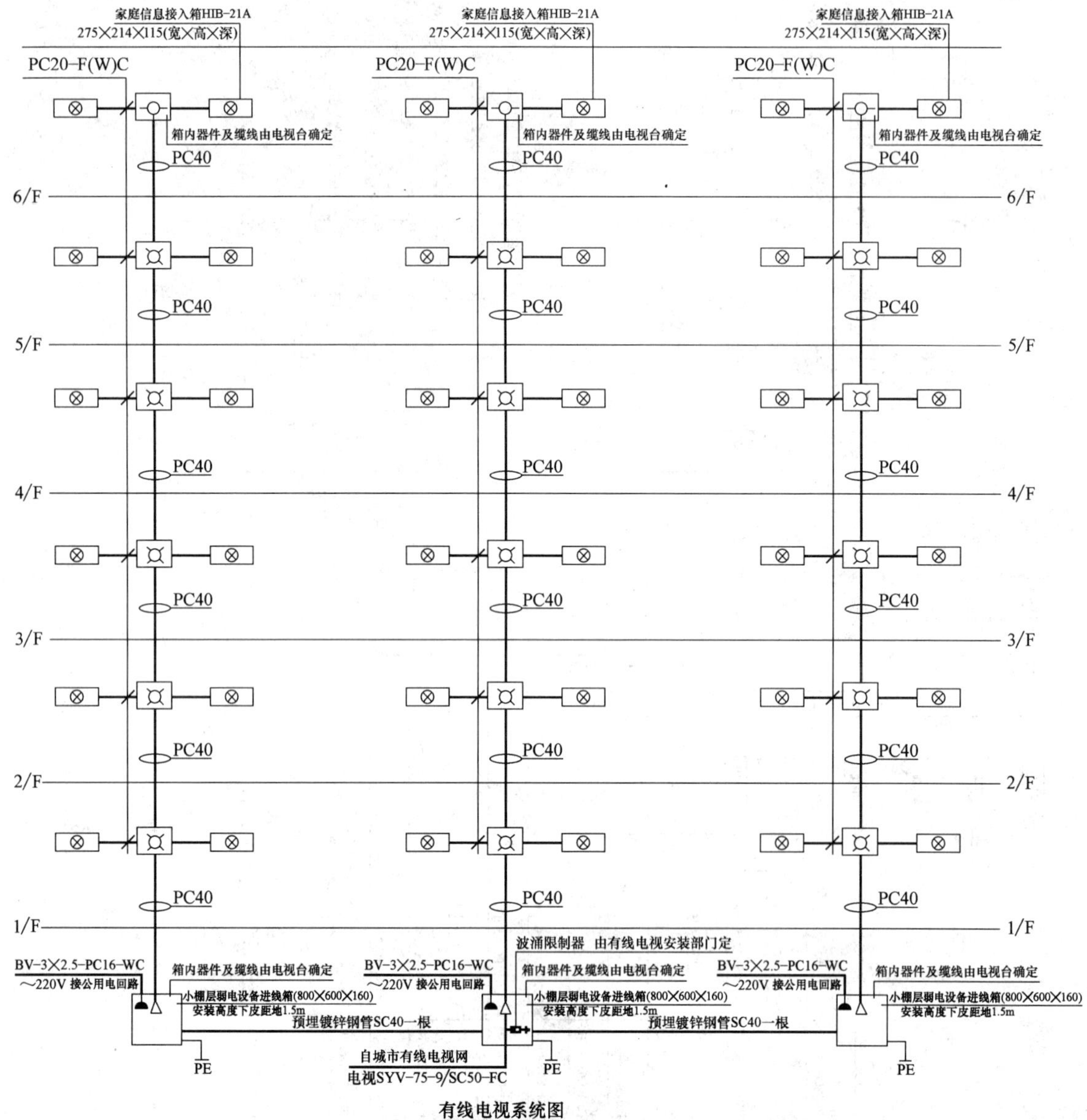

图 8-6 有线电视系统图

电缆；每户设配线架箱，住户信息插座的数量详见图 8-13。每户设一个电视分支器，将信号分配到输出端——电视插座，数量详见图 8-13。

5. 可视对讲系统图（如图 8-9 所示）

每单元设一套普通可视对讲系统，对讲主机及电控锁均设于单元大门上，对讲分机设于各户。楼层隔离器均设于各层弱电分线箱内。电源线路引自单元配电箱 AL1 为 BV-3×2.5-PC16，信号线路 SYV-75-5-1 和 RWP-6×1.0 穿管径为 25mm 的 PC 管引至楼层隔离器，再由管径为 32mm 的 PC 管引至单元电源箱 DJ，最终自电源箱穿管径为 32mm 的焊接钢管引至小区管理主机。

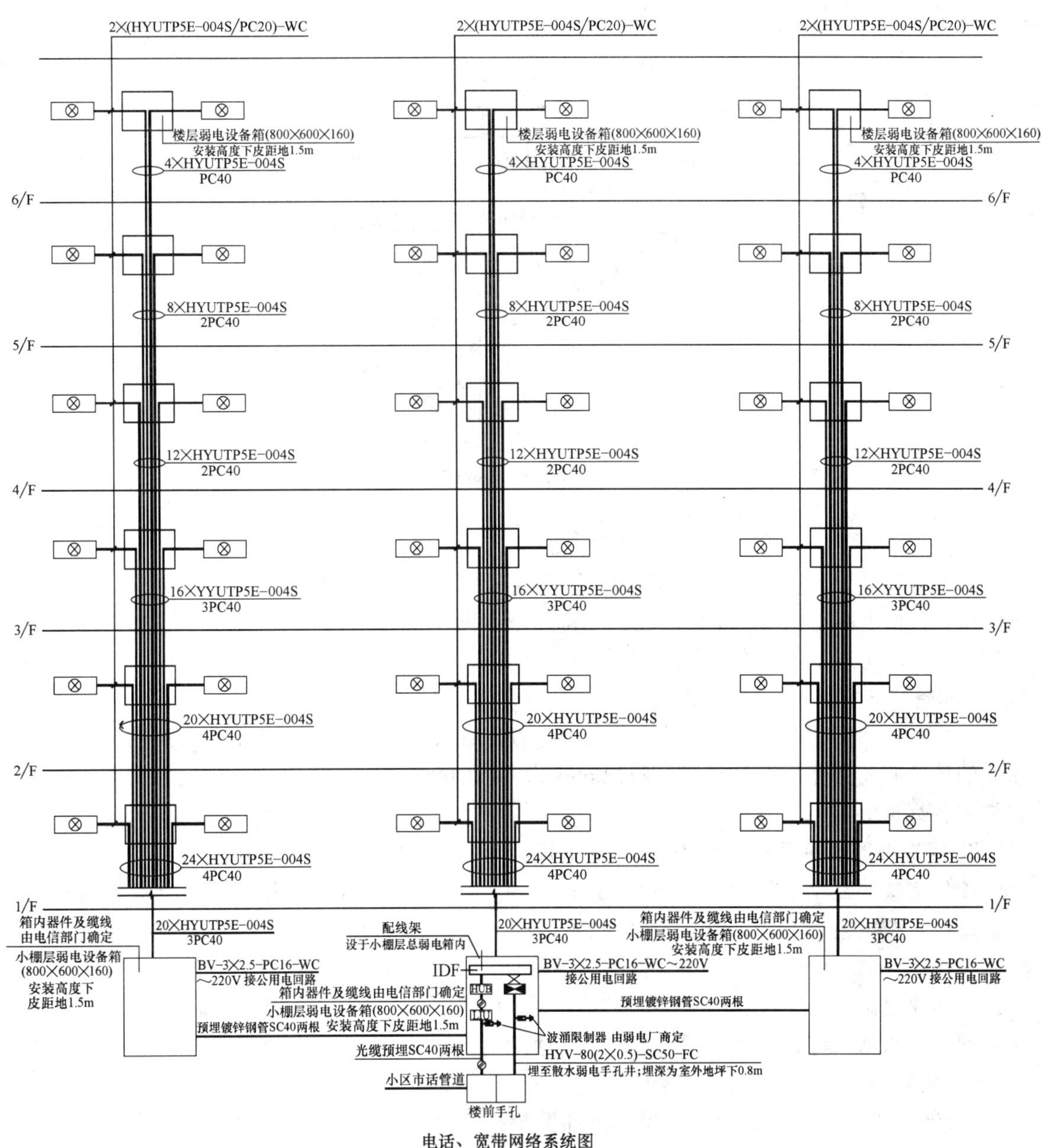

图 8-7　电话、宽带网络系统图

6. 车库层电气干线平面图（如图 8-10 所示）

该图反映了每个单元电源的引入位置、对讲联网线的引出位置，以及总配电 AL、车库照明配电箱 AL1、总等电位箱 MEB、小棚层单元弱电总箱 RZX、对讲系统不间断电源 DJ、对讲门口主机和电控锁的平面位置。图中还标注了预埋线路的穿管管径和向上引线的位置。

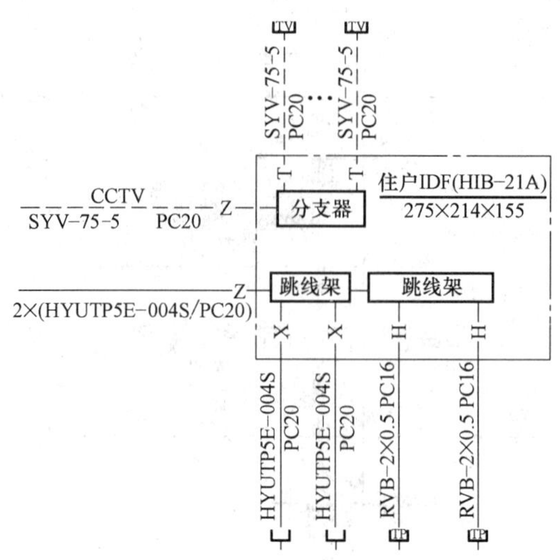

图 8-8　家庭信息箱系统图

7. 车库层照明平面图（如图 8-11 所示）

地下车库共设三个配电箱 AL1，每个配电箱供四间车库的照明电源，分出四个回路 ck1～ck4。每个回路供一间车库的照明电源，带有两个单相二三孔普通插座（距地 1.0m 暗装）、一个单相三孔插座（吸顶安装）、一个座灯头（吸顶安装）和一个单联单控开关（距地 1.3m 暗装）。

车库层楼梯间的照明分别由总配电箱 AL 的公用照明回路供电。每个公用照明回路在车库层的楼梯间有两盏声光控制灯（吸顶安装），并在楼梯间左侧沿墙向上引线，为一～六层楼梯间各灯送电。

8. 标准层照明平面图（如图 8-12 所示）

该住宅楼共三个单元，每个单元两户，每户一个配电箱 HX，设置在每户室内的进门处。每个户配电箱有 6 个回路，n1 为照明回路，c1 为厨房插座回路，c2 为卫生间插座回路，c3 为其余插座回路，k1 和 k2 为空调插座回路。为了使图面线条清晰，图 8-12 中左侧三户室内仅绘制了回路 n1，而右侧三户室内绘制了其余五个回路，应结合起来阅读。n1 回路有两盏防水圆球灯、四盏吸顶式节能灯，均吸顶安装，分别由六个单联单控开关（距地 1.3m 暗装）控制；该回路还为客厅的一盏花灯（吸顶安装）及其三联单控开关（距地 1.3m 暗装）供电。c1 回路有一个单相三孔油烟机插座（距地 2.0m 暗装）和三个单相二三孔普通插座（距地 1.3m 暗装）。c2 回路有一个单相三孔防溅洗衣机插座（距地 1.6m 暗装）和一个单相三孔防溅热水器插座（距地 1.8m 暗装）。c3 回路有十个单相二三孔普通插座（距地 1.3m 暗装）。k1 回路有一个单相三孔空调插座（距地 0.3m 暗装）。k2 回路有两个单相三孔空调插座（距地 2.0m 暗装）。

此外，每个楼梯间有一盏声光控制灯（吸顶安装）由公用照明回路供电。总配电箱引出的配电干线和公用照明回路均在楼梯间两侧自下向上引线。

9. 标准层弱电平面图（如图 8-13 所示）

每层每个单元设置一个楼层弱电接线箱 CRD，位于楼梯间的东北角。结合图 8-8 可知，从 CRD 分出两路家庭总线（线路编号 Z），分别引入左右两户的户弱电分配器箱。从户弱电

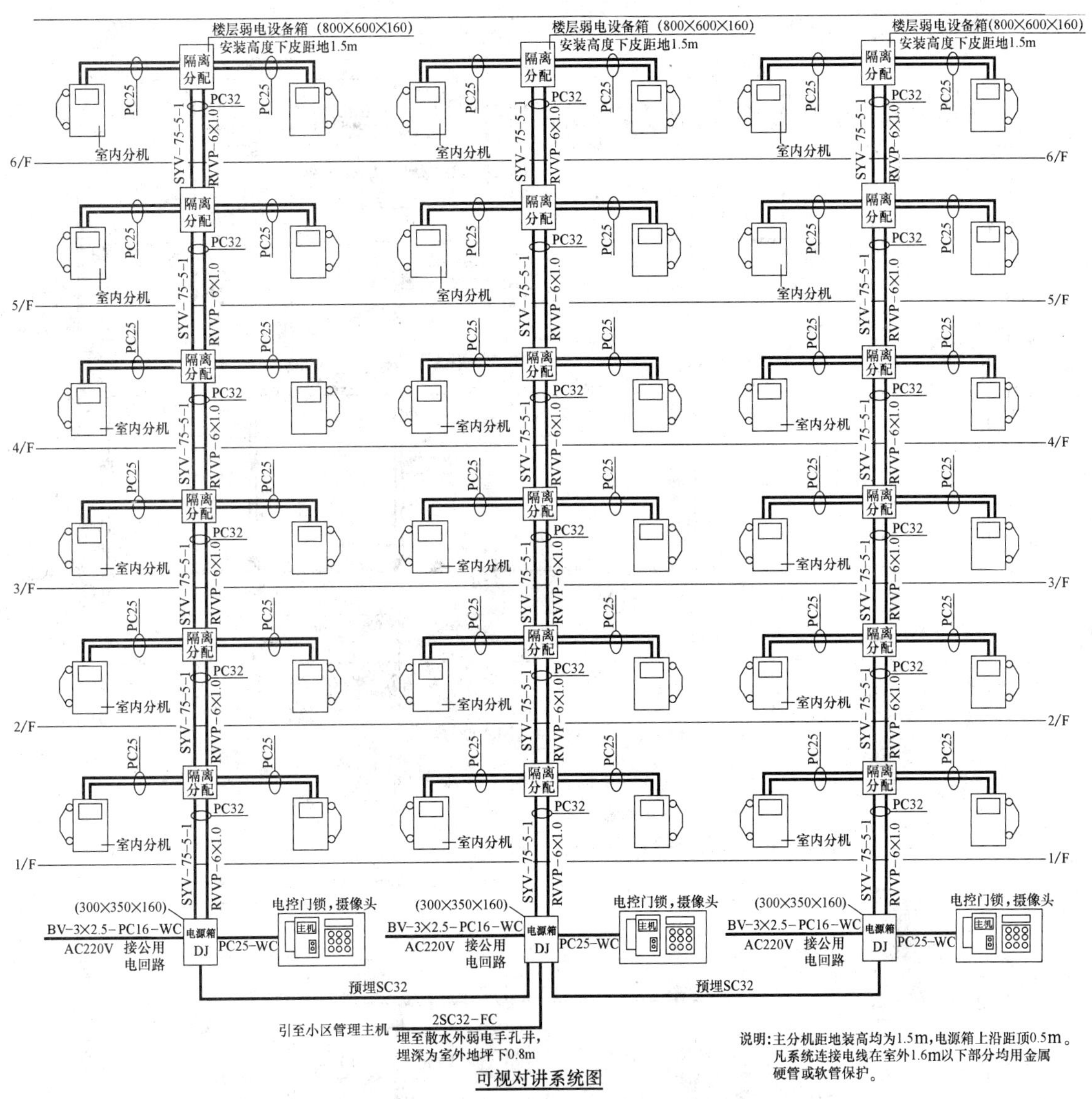

图 8-9　可视对讲系统图

分配器箱引出六个线路：两个 H + X 线路、三个 T 线路和一个 H 线路。H + X 线路穿管径 20mm 的 PC 管引至卧室内的一个双孔电话插座和一个单孔信息插座；三个 T 线路分别引至两个卧室和客厅的单孔电视插座；H 线路引至客厅内的一个双孔电话插座。楼层弱电接线箱 CRD 还引出两个可视对讲线路（线路编号 D），分别引至左右两户室内设置的户对讲分机。

图中所有线路的型号规格由左下角的图例表可知。

10. 防雷接地平面图（如图 8-14、图 8-15 所示）

该住宅楼按三类建筑物防雷设置。屋顶设避雷带，避雷网采用直径 10mm 的镀锌圆钢。所有突出建筑物的金属结构与避雷网做好电气联结，进出建筑物的金属管道需与接地线做好电气联结（用镀锌扁钢-40 ×4）。

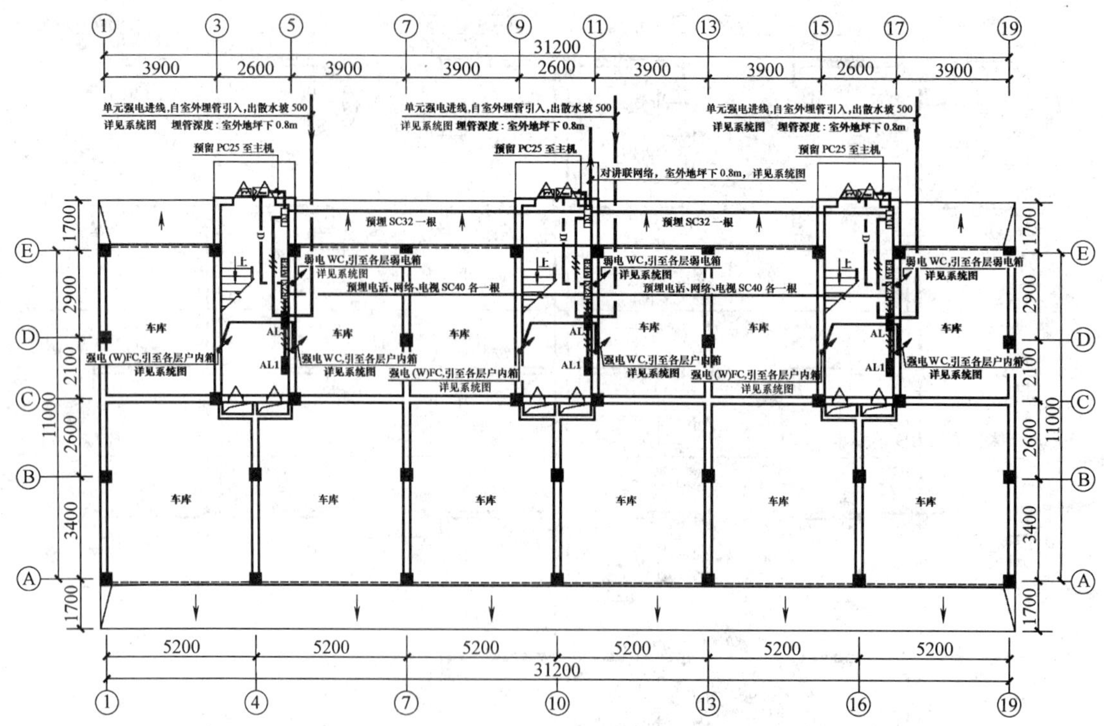

车库层电气干线平面图 1:100

图 8-10 车库层电气干线平面图

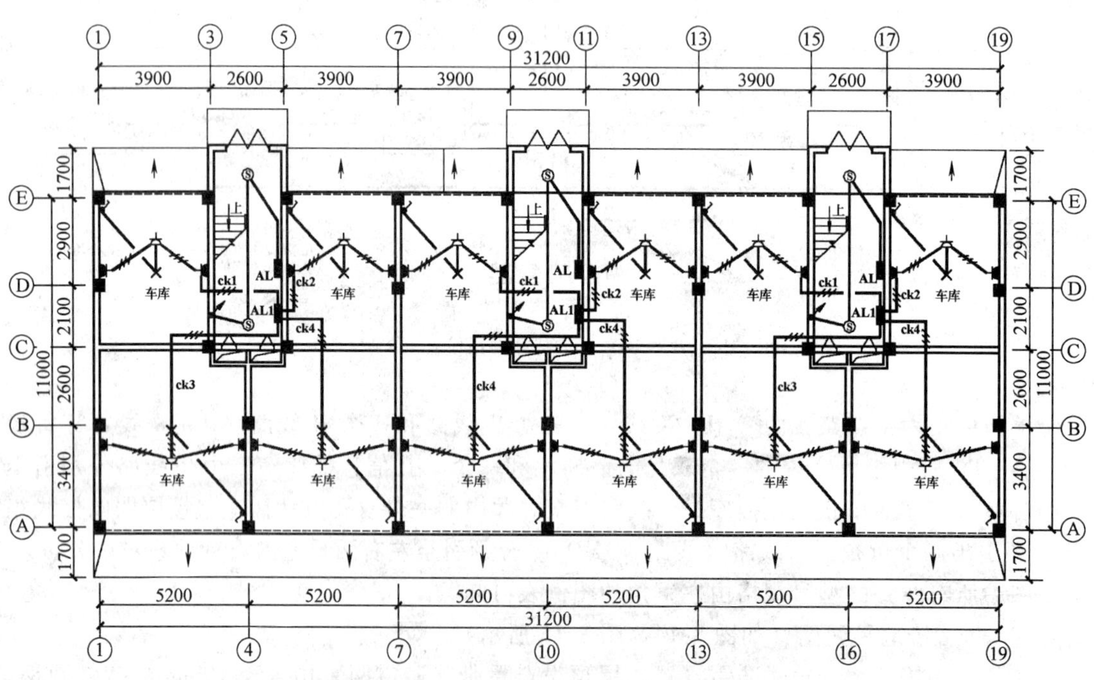

车库层照明平面图 1:100

说明:车库插座安装高度为距地1.0m暗装。

图 8-11 车库层照明平面图

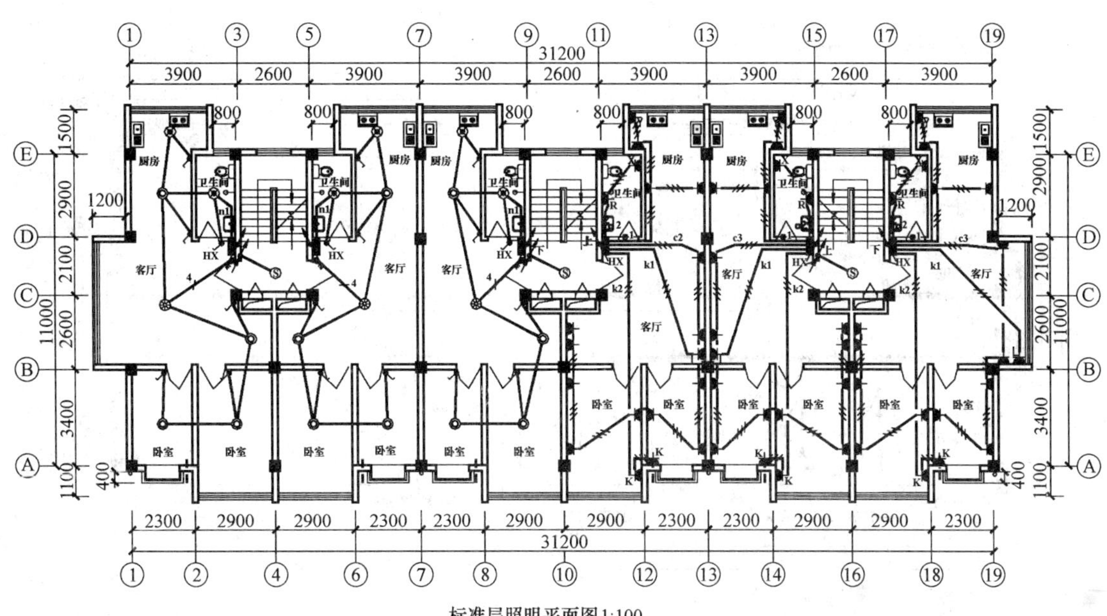

图 8-12　标准层照明平面图

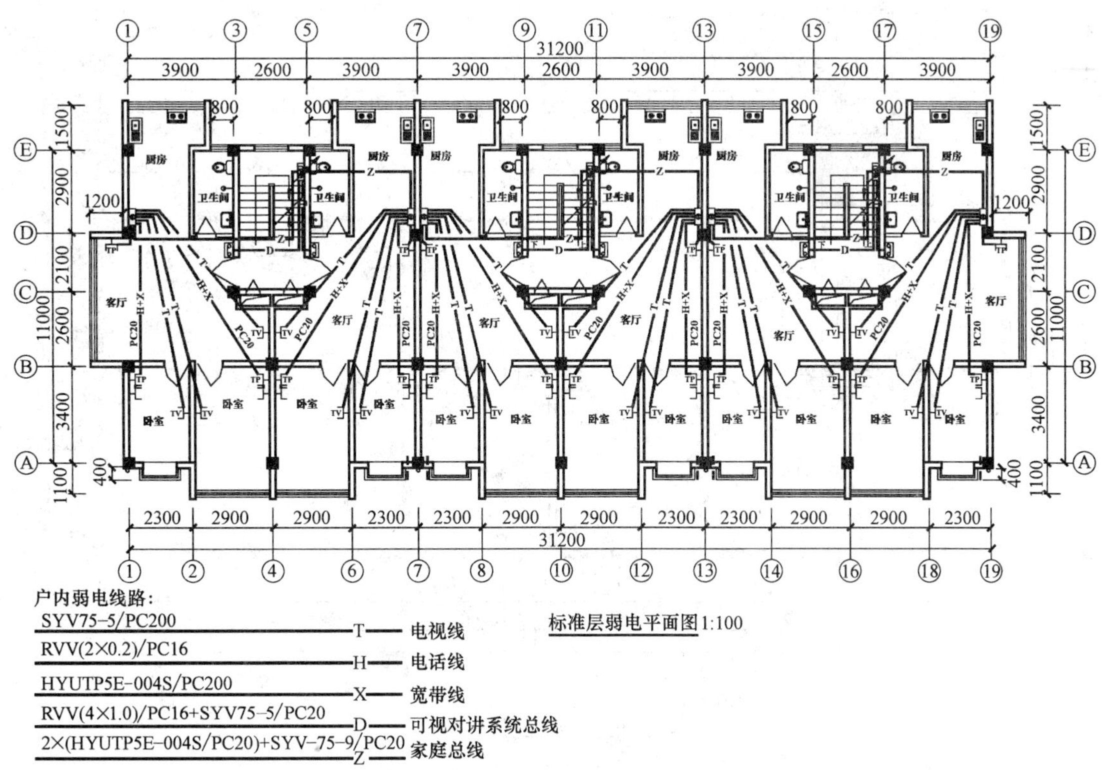

图 8-13　标准层弱电平面图

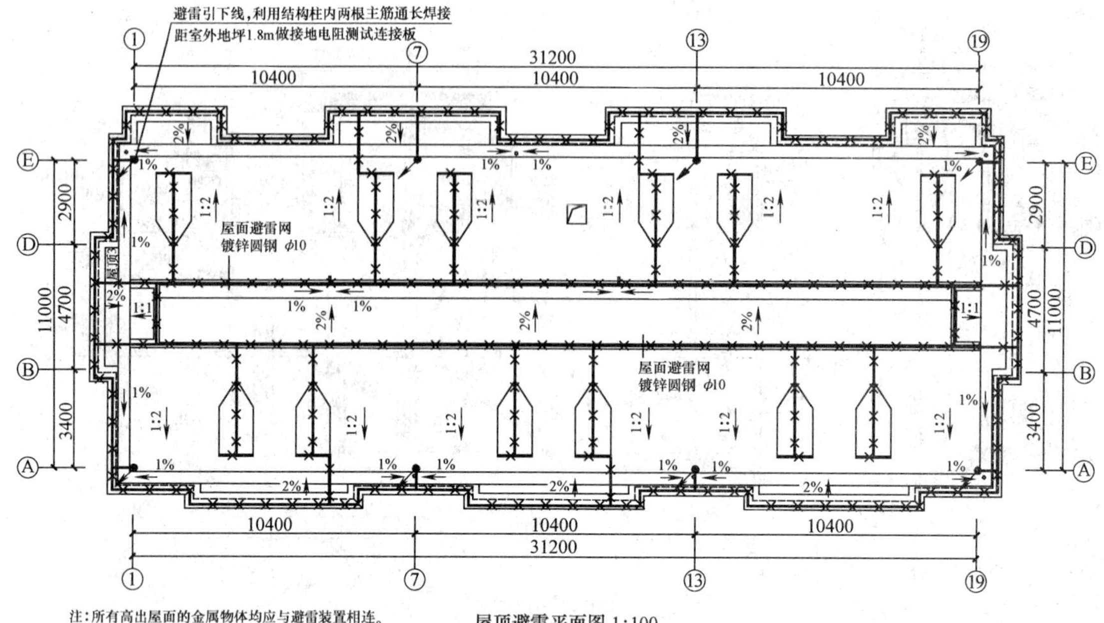

图 8-14 屋顶避雷平面图

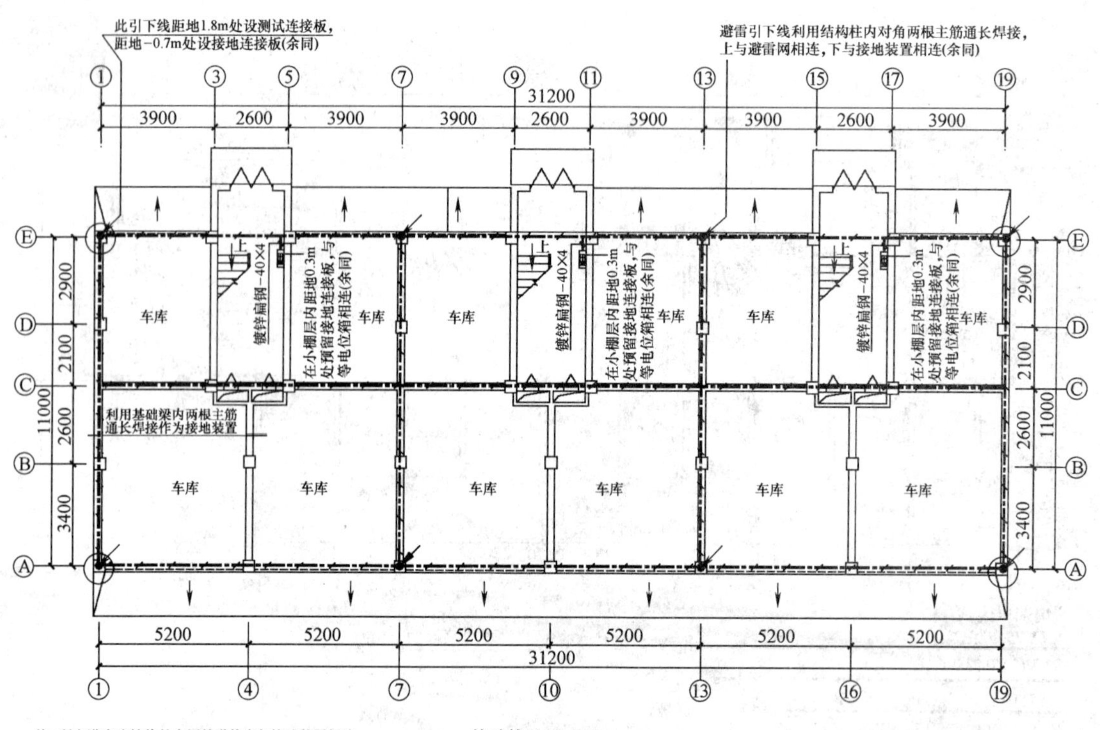

图 8-15 基础接地平面图

共做8根避雷引下线，利用柱内2根主筋，上端与避雷网焊接，下端与接地系统焊接。地下车库层外墙侧壁内两根水平主筋环形焊接，与引下线焊接连通作水平接地体。引下线在距室外地坪1.8m处做接地电阻测试点，在距室外地坪下0.8m处引出连接板供补打人工接地体用。综合接地电阻不大于1Ω。

本工程采用总等电位接地系统，每单元地下车库层设总等电位箱MEB，在小棚层内距地0.3m处预留接地连接板，与等电位箱相连。所有卫生间均预埋等电位联结端子箱，卫生间插座PE线引至等电位端子板（参见图8-12）。

此外，避雷接地系统须形成可靠电气通路，所有金属件必须镀锌，所有接点必须电焊，焊点处做防锈处理。所有强、弱电进户箱均应设浪涌限制器（参见各系统图）。

参考文献

[1] 于国清．建筑设备工程 CAD 制图与识图［M］．北京：机械工业出版社，2009．
[2] 谭伟建，王芳．建筑设备工程图识读与绘制［M］．北京：机械工业出版社，2004．
[3] 邵宗义．高校建筑设备工程毕业设计指导与题库［M］．北京：中国建筑工业出版社，2006．
[4] 王子茹，黄红武．房屋建筑设备识图［M］．北京：中国建材工业出版社，2001．
[5] 何伟良，王佳，杨娜．建筑电气工程识图与实例［M］．北京：机械工业出版社，2007．
[6] 陈文斌，章金良．建筑工程制图［M］．上海：同济大学出版社，2005．
[7] 高明远，岳秀萍．建筑设备工程［M］．北京：中国建筑工业出版社，2008．
[8] 孙一坚．工业通风［M］．北京：中国建筑工业出版社，1994．
[9] 赵荣义，等．空气调节［M］．北京：中国建筑工业出版社，2009．
[10] 吴味隆，等．锅炉及锅炉房设备［M］．北京：中国建筑工业出版社，2006．